우리를 둘러싼 바다

The Sea Around Us

레이첼 카슨 전집 2
우리를 둘러싼 바다

초판 1쇄 인쇄일 2018년 1월 25일   초판 1쇄 발행일 2018년 1월 30일

지은이 레이첼 카슨 | 옮긴이 김홍옥
펴낸이 박재환 | 편집 유은재 김예지 | 관리 조영란
펴낸곳 에코리브르 | 주소 서울시 마포구 동교로 15길 34 3층(04003) | 전화 702-2530 | 팩스 702-2532
이메일 ecolivres@hanmail.net | 블로그 http://blog.naver.com/ecolivres
출판등록 2001년 5월 7일 제10-2147호
종이 세종페이퍼 | 인쇄·제본 상지사 P&B

ISBN 978-89-6263-170-8 04450
ISBN 978-89-6263-165-4 세트

책값은 뒤표지에 있습니다.   잘못된 책은 구입한 곳에서 바꿔드립니다.

우리를 둘러싼 바다

레이첼 카슨 지음 | 김홍옥 옮김

에코리브르

차례

1961년판 머리말

>>>>>>>>>

바다는 언제나 우리 인간의 마음과 상상력을 자극해왔고, 심지어 오늘날에도 지구상에서 마지막까지 거대한 미개척지로 남아 있다. 우리가 온갖 노력을 기울였음에도 바다는 더없이 광막하고 접근하기 까다로운 영역이라 오직 그중 극히 일부만을 탐험했을 뿐이다. 심지어 이 원자력 시대의 막강한 기술 발전조차 상황을 크게 바꿔놓지는 못했다. 바다 탐사에 대한 관심이 고조된 것은 해양에 대한 우리 지식이 위태로울 정도로 박약하다는 사실이 분명해진 제2차 세계대전 기간이었다. 우리는 선박이 항해하고 잠수함이 지나다니는 해저 세계의 지형을 초보적인 수준으로밖에 이해하지 못했다. 움직이는 바다의 역학에 관해서는 그보다 더 아는 게 없었다. 분명 조석과 해류와 파도의 작용을 예견하는 능력이 군사 활동의 성패를 좌우했음에도 말이다. 이렇듯 실질적 필요성이 명확히 드러나자 미국을 비롯한 선도적 해양 강국들은 바다를 과학적으로 연구하는 데 더 많은 노력을 기울이기 시작했다. 다급한 필요에 의해 탄생한 대부분의 도구나 장비는 해양학자들이 해저의 등고선을 그리고, 심해의 운동을 연구하고, 해저 바닥의 표본을 채취하는 수단을 제공했다.

이처럼 연구가 급물살을 탄 결과, 바다에 관한 과거의 개념 상당수가 잘못되었다는 사실이 밝혀지기 시작했다. 20세기 중반에는 바다에 관한 새로운 그림이 등장했다. 그러나 바다는 여전히 화가가 자신의 원대한 구상에 대한 전반적 얼개만 그려놓았을 뿐 상당 부분을 제대로 붓질도 하지 않은 채 비워둔 거대한 캔버스나 마찬가지였다.

이것이 내가 1951년 《우리를 둘러싼 바다》를 집필할 무렵, 우리가 해양 세계에 대해 갖고 있는 지식의 현주소였다. 그때 이후 이러한 공백은 상당 부분 채워졌고 새로운 발견이 이뤄지기도 했다. 재판인 이 책에서는 새로 발견된 주요 조사나 연구 결과를 본문의 알맞은 자리에 각주 형태로 처리했다.

해양학은 1950년대에 눈부시게 발전했다. 이 시기에 유인 잠수구(manned vehicle)가 해저 가장 깊은 지점까지 내려갔다. 잠수함이 얼음 밑으로 북극 해분(海盆) 전체를 횡단한 것도 이 시기에 일어났다. 새로운 산맥이 다른 산맥과 연결되어 지상에서 가장 길고도 웅장한 산맥(계속 이어진 채 지구를 에워싸고 있다)을 이루는 현상 등 그때껏 몰랐던 새로운 해저 지형이 속속 드러났다. 바다 깊은 곳에서 숨어 흐르는 강, 요컨대 미시시피강의 무려 1000배에 달하는 아표층(亞表層) 해류도 발견되었다. 국제 지구 관측년(1957년 7월부터 1958년 12월까지 18개월간―옮긴이) 동안, 섬과 해안에 자리한 몇백 개의 관측 기지뿐 아니라 40개국에서 동원한 선박 60척이 서로 협력해 더없이 유익한 바다 연구 작업을 펼쳐나갔다.

그러나 지금껏 이룬 성과는 고무적이긴 하지만, 지구 표면의 대부분을 차지하는 광대한 바다를 탐사함으로써 앞으로 성취해야 할 것에 비하면 극히 미미한 수준에 그친다. 1959년 미국과학아카데미(National Academy of Science) 해양학위원회(Committee on Oceanography)에 소속된 일군의 저명한 과학자들은 "인간이 바다에 대해 알고 있는 지식은 바다가 인간에게 미치는 중요성에 비하면 보잘것없는 수준"이라고 밝혔다. 위원회는 1960년대에는 해양에 대한 기초 연구를 2배 넘게 늘려야 한다고 미국 정부에 권고했다. 그러면서 이보다 적게 투자할 경우 다른 나라에 비해 "미국 해양학의 위상이 위험에 빠질 것"이며 "미국이 향후 해양 자원을 이용할 때 불리한 위치에 처할 것"이라는 의견을 내놓았다.

현재 구상 중인 프로젝트 가운데 가장 흥미로운 것은 해저에 4~5킬로미터 깊이의 구멍을 뚫어 지구 내부를 탐사하려는 시도다. 미국과학아카데미가 후원하는 이 프로젝트는 지금껏 여러 도구를 동원해 시도한 것보다 훨씬 더 깊이 지각과 맨틀의 경계면까지 뚫고 들어갈 예정이다. 지질학자들은 이 경계면을 모호로비치치 불연속면(Mohorovicic discontinuity), 좀 더 일반적으로는 그냥 '모호면'이라고 부른다. 1912년 모호로비치치라는 유고슬라비아 사람이 이것을 발견한 데서 연유한 이름이다. 모호면은 지진파 속도가 크게 달라지는 지점인데, 이는 지구 내부의 물질 조성이 거기서부터 크게 바뀐다는 것을 뜻한다. 모호면은 해양 지각 아래보다 대륙 지각 아래에 훨씬 더 깊이 자리하고 있다. 따라서 심해 해저에 구멍을 뚫는 것은 필시 까다롭겠지만, 그래도 해양 지각에서 작업하는 편이 한결 유망하다. 모호면 위쪽은 비교적 가벼운 암석으로 이뤄진 지각이고, 그 아래쪽은 약 2880킬로미터 두께의 맨틀이 뜨거운 지구 핵을 에워싸고 있다. 지각의 조성에 관해서는 충분하게 알려져 있지 않으며, 맨틀의 성질은 오로지 간접적인 방식으로만 추정하고 있는 실정이다. 따라서 그 경계면까지 뚫고 들어가 실제 표본을 채집하면 우리가 살아가는 지구의 특성을 이해하는 데 획기적인 진척을 이룰 수 있다. 아울러 이는 우주에 관한 지식까지도 확장해줄 것이다. 다른 행성들도 지구와 내부 구조가 비슷하리라 여겨지기 때문이다.

다양한 전문가들의 공동 연구를 통해 바다 관련 지식이 차차 쌓여감에 따라 서서히 형성되던 새로운 개념이 더더욱 힘을 얻었다. 10여 년 전만 해도 사람들은 흔히 심해를 영원히 고요한 장소라고 설명하곤 했다. 심해는 느릿느릿 흐르는 해류 외에는 그 어떤 활발한 물의 움직임에도 방해받지 않는 깊고 어두운 장소라고, 천해(淺海: 해안에서 수심 200미터에 이르는 얕은 바다-옮긴이)나 해수면과는 전혀 다른 세계라고 말이다. 그런데 이제 이러한 그림은 심해가 움직이고 변화하는 장소임을 말해주는 그림으로 빠르게 대체되고 있다. 이 새로운 개념은 한층 더 흥미진진할 뿐 아니라 우리 시대가 마주하고 있는 긴급한 문제에 많은 것을 시사한다.

　좀더 역동적이고 새로운 개념에 따르면, 심해저는 해분의 경사면을 타고 빠르게 쏟아지는 이류(泥流)나 혼탁류로 이뤄져 있다. 또한 심해저는 해저 산사태나 내부 조석(internal tide: 바닷속에서 일어나는 조석-옮긴이)에 영향을 받기도 한다. 어떤 해저 산맥의 산등성이나 산마루는 해류 활동으로 침전물이 말끔하게 씻겨나간 모습이다. 지질학자 브루스 히젠(Bruce C. Heezen)은 해류의 활동을 "낮은 산비탈을 덮쳐 그 굴곡을 모두 뭉개버린 알프스산맥의 눈사태"에 비유했다.

　심해 평원은 대륙이나 그것을 둘러싼 얕은 바다와 동떨어진 게 아니라 대륙 가장자리에서 생성된 침전물이 쌓이는 곳으로 드러났다. 광대한 지질 시대 동안 혼탁류의 영향을 받아 심해저의 해구(海溝)나 우묵한 장소에 침전물이 쌓였다. 이러한 개념은 이제껏 우리를 헷갈리게 만든 몇 가지 현상을 이해하게끔 도와준다. 왜 암석 해안이 침식 작용으로 깎여나가거나 파도에 의해 분쇄된 결과 생겨난 모래 퇴적물이 해양 한복판의 바닥에 쌓여 있는가? 왜 심해와 통하는 해저 협곡 어귀의 퇴적물에 육지의 자취랄 수 있는 나뭇조각이나 낙엽 따위가 들어 있는가? 그리고 왜 견과류,

나무의 잔가지나 껍질이 섞인 모래가 아무런 상관도 없을 것 같은 심해 평원에서 발견되는가? 우리는 폭풍우·홍수·지진 등을 계기로 퇴적물을 실은 해류가 기세 좋게 아래로 쏟아져 내려간다는 사실을 통해 한때 풀리지 않았던 이러한 현상을 설명해주는 메커니즘을 알아냈다.

바다가 역동적이라는 사실이 알려진 것은 몇 십 년 전의 일이지만, 바닷물의 운동을 어렴풋하게나마 이해하기 시작한 것은 불과 얼마 되지 않는다. 이는 지난 10년간 발전한 빼어난 장비 덕택이다. 이제 우리는 해수면과 해저 사이에 드리운 어두운 지역도 예외 없이 해류의 영향을 받는다고 생각한다. 멕시코 만류 같은 강력한 표층 해류조차 우리가 짐작하는 것과는 아주 다르다. 멕시코 만류는 쉼 없이 흐르는 폭넓은 물줄기인 것 같지만 실은 소용돌이치거나 회오리치기도 하는, 유속이 빠르고 너비도 좁은 따뜻한 물줄기라는 사실이 드러났다. 그리고 표층 해류 바로 밑에는 저마다 속도와 방향과 유량이 제각각인 다른 해류들이 존재한다. 아울러 그 아래에는 또 다른 해류가 흐른다. 과거에는 심해저를 '영원히 고요한 장소'일 거라고 생각했지만, 정작 그곳의 바닥을 찍은 사진은 잔물결 무늬가 아로새겨진 모습을 보여준다. 이는 움직이는 바다가 침전물을 분류하고 미세한 입자를 다른 곳으로 실어 나른다는 것을 의미한다. 강한 해류로 인해 대서양중앙해령(mid-Atlantic Ridge)으로 알려진 광대한 해저 산맥의 산마루는 대부분 표면이 깎여나간 모습이다. 사진에 찍힌 해산(海山)에는 예외 없이 깊은 해류의 흔적이랄 수 있는 잔물결 무늬와 쓸려나간 자국이 새겨져 있다.

다른 사진들은 바다 깊은 곳에서도 생명체가 살아가고 있음을 생생하게 증언한다. 해저에는 동물이 이리저리 지나다닌 기다란 자취와 흔적이 보이고, 미지의 생명체가 건축한 작은 원뿔체나 굴을 파고 사는 동물이 들어앉은 구멍이 도처에 뚫려 있다. 덴마크의 연구선 갈라테아호(Galathea)는 깊은 바다에서 저인망(물밑을 훑는 그물—옮긴이)으로 살아 있는 동물들을 끌어올렸다. 깊은 바다는 최근까지만 해도 생명체가 거의 살고 있지 않아 그런 식의 표본 채취는 불가능하다고 여겨지던 곳이다. 바다의 역동적 특성을 유감없이 보여주는 이 같은 조사 결과는 결코 학자들만의 소관은 아니다. 이는 흥미롭되 쓸모없는 극적인 이야기를 자세히 들려주는 데 그치는 게 아니라 우리 시대가 당면한 주요 문제와 직접적이고도 즉각적으로 연관된 내용이다.

그간 지구의 천연자원 관리인으로서 우리 인간이 거둔 실적은 실망스럽기 그지없었다. 우리는 어쨌거나 바다가 자연을 변화시키거나 훼손하는 인간의 능력이 미치지 않는 신성불가침 영역으로 남아 있다고 믿으면서 그나마 이를 다행이라 여기며 자위해왔다. 그러나 유감스럽게도 이것은 순진하기 짝이 없는 믿음으로 드러났다. 원자의 비밀을 밝힌 현대 인류는 스스로가 깜짝 놀랄 만한 문제에 직면해 있다는 사실을 깨달았다. 바로 지금까지의 지구 역사를 통틀어 가장 위험한 물질인 원자핵 분열 부산물을 대관절 어찌할 것인가 하는 문제다. 우리는 지구가 인간이 살지 못할 곳으로 전락하지 않도록 이 치명적 물질을 처리할 수 있느냐 하는 냉혹한 문제에 직면해 있다.

오늘날 바다에 관한 그 어떤 설명도 이 불길한 문제에 주목하지 않는 한 충분하다고 할 수 없다. 바다가 매우 광대하고 얼핏 외따로 떨어져 있는 듯 보이므로 핵폐기물을 처리하는 이들은 그동안 바다에 주목해왔다. 지난 1950년대까지만 해도 우리는 원자 시대의 '저준위 방사성 폐기물'이나 오염된 쓰레기를 내다버리는 '자연의' 공간으로서 바다를 선택했다. 공적 논의도 하지 않아 일반 대중이 거의 알아차리지 못하는 사이에 벌어진 일이다. 이러한 폐기물을 담은 용기에 콘크리트를 발라 미리 지정한 장소로 이동한 다음 배 밖으로 내던진 것이다. 어떤 용기는 해안에서 160킬로미터 떨어진 곳에 투척하지만, 최근에는 불과 30여 킬로미터밖에 떨어지지 않은 외안(外岸)을 폐기 장소로 제안하는 일마저 벌어졌다. 이론상으로는 그 용기를 1.8킬로미터 깊이에 묻어야 하지만, 실제로는 그보다 훨씬 얕은 바다에 투척하는 경우도 왕왕 있었다. 그런 용기는 수명이 고작 10년 정도밖에 되지 않아 그 후에는 미량의 방사성 물질이 새어나올 것으로 짐작된다. 그러나 이 역시 추측일 뿐이다. 핵폐기물을 버리거나 혹은 다른 이들이 그렇게 하도록 허가하는 미국 원자력위원회(Atomic Energy Commission)의 한 관계자는 공식석상에서 "그 용기들이 바닥으로 가라앉는 동안 애초의 안전성을 제대로 유지하지 못하는 것 같다"고 실토했다. 실제로 캘리포니아에서 이루어진 실험을 통해 일부 용기는 압력을 받으면 불과 몇백 미터 깊이에서도 터질 수 있음이 드러났다.

그러나 이미 바다에 버린 온갖 용기, 그리고 원자과학의 실용성이 점차 커감에 따라 앞으로 버려질 용기에 담긴 내용물이 바다로 유출되는 것은 오로지 시간문제일 뿐이다. 더군다나 용기에 넣어 투척한 폐기물만이 전부가 아니다. 이제는 핵폐기물의 쓰레기장 구실을 하는 강에서도 오염된 지표수가 바다로 흘러드는 데다 원자폭탄 실험으로 발생한 방사능 낙진도 대부분 광대한 바다 표층에 내려앉고 있다.

규제 당국이야 안전하다고 큰소리치지만, 이 모든 관행은 매우 불완전한 사실에 기초하고 있다. 해양학자들은 깊은 바다로 흘러든 방사능 원소가 결국에 가서는 어떻게 될지에 대해 "그저 막연하게 추측만 할 따름"이라고 말한다. 그들은 핵폐기물이 강어귀나 연안 해역에 쌓일 경우 어떤 일이 벌어질지 파악하려면 수십 년에 걸친 집중적 연구가 필요하다고 말한다. 이제까지 보아왔듯 최근 지식은 하나같이 바다가 모든 층위에서 지금까지의 짐작보다 훨씬 더 활발하게 움직이고 있음을 밝혀냈다. 심해의 난류(亂流), 바닷속에서 여러 방향으로 겹겹이 흐르는 광대한 해류의 수평적 흐름, 해저 바닥의 광물질을 싣고 심층에서 위로 용승(湧昇)하는 물줄기, 그와 반대로 아래로 쏟아지는 어마어마한 양의 표층수……. 이 모든 과정이 어우러져 바닷물은 엄청난 규모로 뒤섞이며, 그 결과 방사능 오염 물질이 바다 전체에 골고루 퍼진다.

그러나 실제로 바다 자체가 방사능 원소를 운반하는 것은 문제의 일부에 지나지 않는다. 인간에게 미치는 위험이라는 측면에서 보면, 해양 동물이 방사능 동위원소를 체내에 축적하고 분배하는 현상이 한층 더 심각한 문제다. 바닷속에 사는 동식물은 방사성 화학 물질을 섭취해 체내에 농축하는 것으로 알려져 있지만, 그 구체적 과정에 관한 정보는 터무니없이 부족하다. 바다의 작은 생명체는 바닷물에 있는 무기물을 섭취하면서 살아간다. 그런데 이런 무기물이 제때 공급되지 않으면 방사능 동위원소가 주위에 있을 경우 이를 대신 사용한다. 그로 인해 바닷물 농도의 무려 100만 배에 달하는 방사능 동위원소를 체내에 축적하는 일도 더러 생긴다. 만약 신중하게 '최대 허용치'를 계산해본다면 결과는 과연 어떻게 될까? 작은 유기체는 큰 유기체한테 잡아먹히고, 그러한 먹이사슬은 결국 인간에까지 이른다. 핵실험 장소인 비키니섬 주변 260만 제곱킬로미터 내에 서식하는 참치는 이런 과정을 거쳐 체내에 축적된 방사능 농도가 바닷물보다 훨씬 더 높다.

해양 생물이 움직이고 이동하는 까닭에 방사능 폐기물이 원래 묻은 장소에 고이 머물러 있으리라는 안이한 가정은 한층 더 옳지 않다. 작은 생명체는 규칙적으로 밤이면 바다 표층을 향해 광범위한 수직 운동을 하고,

낮이 되면 깊은 곳으로 도로 내려가기를 되풀이한다. 그러는 동안 온갖 방사능 물질이 그들 몸에 붙거나 몸 안으로 들어갈 가능성이 있다. 물고기·바다표범·고래 같은 덩치 큰 동물은 머나먼 거리를 이동하면서 바다에 버려진 방사성 원소를 널리 퍼뜨리는 데 한몫한다.

따라서 문제는 지금껏 인정한 것보다 한층 더 복잡하고 위태롭다. 핵폐기물 처리를 시작하고 얼마 지나지 않은 비교적 짧은 기간임에도 그 토대였던 가정 중 일부가 턱없이 부정확했음이 연구 결과 드러났다. 실제로 그간 핵폐기물 처리는 우리 지식이 그 타당성을 입증할 수 있는 속도를 훨씬 더 앞질러 이뤄졌다. 일단 처리하고 나중에 조사하자는 식이야말로 재앙을 부르는 안일하기 짝이 없는 태도다. 바다에 투기한 방사성 원소는 회수 불가능하기 때문이다. 지금 저지른 잘못을 영영 돌이킬 수 없게 되는 것이다.

처음 생명체를 탄생시킨 바다가 이제 그들 가운데 한 종(인간—옮긴이)이 저지르는 활동 때문에 위협받고 있다니 참으로 얄궂은 상황이다. 그러나 바다는 설령 나쁘게 변한다 해도 끝내 존속할 것이다. 정작 위험에 빠지는 쪽은 생명 그 자체다.

1960년 10월 메릴랜드주 실버스프링에서

레이첼 카슨

감사의 글

,,,,,,,,,,

누구의 도움도 없이 홀로 광대하고 복잡하며 신비롭기 짝이 없는 주제 인 바다와 씨름하는 것은 암담할 뿐 아니라 가능하지도 않은 일이다. 만 약 나 역시 그런 처지였다면 그런 일은 해볼 엄두조차 내지 못했을 것이 다. 그러나 나는 다방면에 걸쳐 바다와 관련한 오늘날 지식의 토대와 뼈 대를 이룬 연구를 수행한 이들에게 너무나도 친절하고 관대한 도움을 받 았다. 숱한 바다 관련 문제 전문가들이 자신의 연구 분야를 다룬 장을 읽 고 폭넓은 이해에 기초한 논평과 제안을 들려주었다. 하버드 대학교의 헨리 비글로(Henry B. Bigelow)와 찰스 브룩스(Charles F. Brooks) 그리고 헨 리 스테트슨(Henry C. Stetson), 스크립스 해양연구소(Scripps Institution of Oceanography)의 마틴 존슨(Martin W. Johnson)과 월터 뭉크(Walter H. Munk) 그리고 프랜시스 셰퍼드(Francis P. Shepard), 미국자연사박물관(American Museum of Natural History)의 로버트 쿠시먼 머피(Robert Cushman Murphy)와 앨버트 아이드 파(Albert Eide Parr), 예일 대학교의 칼 던바(Carl O. Dunbar), 미국해안측량조사국(U. S. Coast and Geodetic Survey)의 마머(H. A. Marmer), 미시건 대학교의 허시(R. C. Hussey), 미국지질조사국(U. S. Geological Survey)의 조지 코히(George Cohee), 마이애미 대학교의 힐러리 무어(Hilary

B. Moore)가 그 같은 건설적인 도움을 주었다.

아울러 다른 많은 이들이 번거로움을 마다 않고 구하기 힘든 자료를 찾는 데 기꺼이 도움을 주거나 출간되지 않은 정보와 논평을 소개했으며, 그 밖에 다양한 방식으로 나의 집필 부담을 덜어주었다. 그중에서도 특별히 오슬로에 있는 노르웨이 극지연구소(Norsk Polarinstitutt)의 스베르드루프(H. U. Sverdrup), 플리머스 연구소의 쿠퍼(L. H. W. Cooper), 오슬로의 토르 헤위에르달(Thor Heyerdahl), 베르겐에 있는 어업해양연구소의 크리스텐센(J. W. Christensen)과 젠스 에그빈(Jens Eggvin) 그리고 군나르 롤레프센(Gunnar Rollefsen), 국제해양탐험협회(International Council for the Exploration of the Sea) 사무총장 블레그바드(H. Blegvad), 예테보리 해양연구소의 한스 페테르손(Hans Pettersson)에게 감사드린다. 그리고 미국 국립연구회(National Research Council)의 존 퍼트넘 마블(John Putnam Marble), 수로국(Hydrographic Office)의 리처드 플레밍(Richard Fleming), 빙엄 해양실험실(Bingham Oceanographic Laboratory)의 대니얼 메리먼(Daniel Merriman), 우즈홀 해양연구소(Woods Hole Oceanographic Institution)의 에드워드 스미드(Edward H. Smith), 미국 지질조사국의 브래들리(W. N. Bradley)와 래드(H. S. Ladd), 컬럼비아 대학교의 모리스 유잉(W. Maurice Ewing), 조지워싱턴 대학교의 포스버그(F. R. Fosberg)에게도 감사를 드린다.

앞부분에 있는 그림은 뉴욕 공공도서관의 허락을 받아 '아마존의 바다 (Il Mare di Amazones)'라는 지도에서 일부를 따온 것이다. 마머는 친절하게도 멕시코 만류에 대한 프랭클린의 오래된 해도(海圖) 복사본을 제공해주었는데, 이는 10장에 실려 있다. 3장 이후에 나오는, 심도를 나타내는 수치는 미국 어류·야생동물국(Fish and Wildlife Service)과 미국 해안측량조사국의 견해에 따른 것이다.

고맙게도 수많은 정부 및 사설 기관의 도서관 장서를 마음껏 자유롭게 이용할 수 있었다. 특별히 내무부 도서관의 참고문헌 사서 이다 존슨(Ida K. Johnson)에게 감사드린다. 그녀는 이용 가능한 문헌에 대해 어찌나 정확하게 꿰고 있던지 언제나 한 치의 어긋남도 없이 요긴한 도움을 주었다.

바다의 의미와 그 신비에 빠져들 수 있게끔 나를 북돋아준 사람은 윌리엄 비비(William Beebe)였다. 그의 우정과 격려에 힘입어 이 책을 쓸 수 있었다.

이 책을 집필하기 위한 시간을 확보하고, 작업에 쓰일 몇몇 연구에 필요한 자금을 마련할 수 있었던 것은 모두 유진 색스턴 기념재단(Eugene F. Saxton Memorial)의 펠로십 덕분이다.

1951년 1월 메릴랜드주 실버스프링에서

레이첼 카슨

서문

>>>>>>>>>

내가 《우리를 둘러싼 바다》를 처음 읽은 것은 플로리다주 웨스트팜비치 (West Palm Beach)에서 젊은 주부로 살아가고 있을 때였다. 줄곧 중서부에서 지낸 나는 플로리다 해안으로 이사 와서 처음 바다를 접했다. 바다라는 압도적 존재는 한편으론 나를 불편하게 하고, 다른 한편으론 놀라게 만들었다. 《우리를 둘러싼 바다》는 내가 위협적인 파도를 보면서 느낀 공포를 이해하고 극복하도록 도와주었다. 또한 이 책은 도시 출신인 나를 자연 세계로 안내했으며, 우리를 둘러싼 새로운 환경에 호기심을 갖도록 북돋아주었다.

해변을 거닐며 노는 우리 중 외해(外海)에서 연구를 수행하는 이들은 거의 없었지만, 우리 대부분은 누가 모래에 낙서를 끼적거려놨는지, 누가 반짝이는 조수 웅덩이나 산호초에서 혹은 파도가 끊임없이 밀려드는 모래 바닥에서 활보하며 먹이 활동을 하고 알을 낳는지 경이로운 눈길로 바라보곤 했다. 열정적이고 소상한 현장 연구를 바탕으로 자연 세계의 장엄함과 친숙함을 동시에 포착해 더없이 아름답고 유려한 문체로 풀어놓은 《우리를 둘러싼 바다》는 마치 파도처럼 내 의식을 감쌌다. 나는 이 책을 읽으면서 다른 세계에 대해뿐만 아니라 정확한 관찰을 통해 그 세계에 다가가려 애쓴 레이첼 카슨에 대해서도 잘 느낄 수 있었다. 한마디로 나는 《우리를 둘러싼 바다》와 그 후속작 《바다의 가장자리(The Edge of the Sea)》가 지금껏 읽은 것 가운데 가장 완벽한 책이라고 생각했다. 아울러 그런 생각은 지금도 변함이 없다.

막 가정을 일구고 살아가던 당시 내가 글이라는 걸 쓰게 될 줄은 상상도 못했다. 하물며 그게 자연사에 관한 글일 줄이야. 그런데 《우리를 둘러싼 바다》는 지난 20년 동안 내게 자연사에 관한 저술이라면 모름지기 이래야 한다는 이상적인 모범이 되어주었다.

지난여름이 끝나갈 무렵, 나는 노스캐롤라이나주 아우터뱅크스(Outer Banks) 최남단의 룩아웃곶(Cape Lookout) 해변에 앉아 있었다. 레이첼 카슨이 제일 좋아한 뷰포트(Beaufort) 해변에서 그리 멀지 않은 곳이었다. 나는 《우리를 둘러싼 바다》를 챙겨갔다. 그 놀라운 책이 탄생한 현장에서 아무 방해도 받지 않고 그걸 다시 읽어보고 싶었다.

북동쪽에서 밀려드는 파도를 마주한 채 카슨이 눈에 보일 듯 생생하게 그려낸 《우리를 둘러싼 바다》의 2부 '쉼 없이 움직이는 바다'를 읽었다. 카슨은 파도가 어디에서부터 밀려오는지, 어떻게 밀려오는지, 어째서 지금 보이는 그런 모습을 하고 있는지, 어떤 식으로 "멀리 떨어진 곳의 느낌"을 실어오는지 따위를 설명하면서 엄밀한 과학적 자료에 낭만을 덧입혔다. 그때 나는 북동쪽에서 밀려오는 파도가 대서양 연안에 가을의 시작을 알리는 광경에 주의를 기울였고, 책에서 다음과 같은 빛나는 구절을 만났다.

가을은 산뜻한 인광 불꽃과 더불어 바다를 찾아온다. 이즈음 파도의 물마루는 하나같이 불타는 듯 환하다. 바다 표면은 여기저기 차가운 불꽃 덩어리로 반짝이고, 그 아래로 물고기 떼가 마치 용융 금속처럼 보이는 물속을 헤엄쳐 다닌다. 더러 가을의 인광 현상은 와편모충의 봄 개체들이 짧은 반복을 거치며 빠르게 증식해 턱없이 불어난 결과이기도 하다. ……가을 낙엽이 불타는 빛깔을 뿜내다 이내 시들어 떨어지는 것처럼 가을 인광은 겨울이 다가오고 있음을 예고하는 표식이다.

나는 손가락으로 책을 넘기면서 "바람이 잔잔한 곳이자 강처럼 둘러싼 거센 해류의 방해를 받지 않는 곳", 즉 사르가소해(Sargasso Sea: 서인도제도 북동쪽의 해조 모자반이 무성한 해역—옮긴이)에 관한 구절을 읽었다. "물풀이 무성한 그 숲에서 살아가는 작은 해양 동물"과 그들의 더없이 다채로운 모습이며, 그곳에 서식하는 고둥·물고기·날치의 이야기, 그리고 콜럼버스가 본 게 바로 그 모자반 숲이었을 거라고 짐작한 대목도 눈여겨보았다.

카슨은 끝없이 이어진 채 무리 지어 떠 있는 무성한 모자반 세계를 탐험하며 바다와 거기서 살아가는 수많은 거주민에게 한없는 매혹을 느끼도록 우리를 안내한다. 아울러 공들여 글을 씀으로써 우리로 하여금 굳이 바다를 보지 않고도 바다에 대해 알 수 있게끔 해준다. 마치 우리가 바다에 잠겨 있는 듯 바닷속 전경을 실감나게 그려냄으로써 우리의 감각을 고양시키고 기분을 즐겁게 해준다. 자연을 사랑하는 순수한 작가이자 눈 밝은 해설가인 카슨은 바다 그 자체를 새롭게 지각하도록 우리를 이끌 뿐 아니라 바다가 어떻게 한 치의 어긋남도 없이 작동할 수 있는지 깊은 이해를 제공한다.

사르가소해에서 살아가는 민달팽이—껍데기가 없는 달팽이—는 특정한 모양이 없는 부드러운 갈색 몸에 테두리가 검은 동그란 점이 군데군데 박혀 있고,

둘레는 너덜거리는 피부나 주름으로 이뤄져 있다. 그래서 민달팽이가 먹이를 찾아 모자반 위를 기어 다닐 때면 거의 그 해조와 분간이 안 된다. 이곳에서 가장 사나운 육식동물 중 하나는 바로 사르가소 물고기 노랑씬벵이(*Pterophryne*)다. 노랑씬벵이는 모자반의 엽상체며 황금빛 부낭(浮囊), 몸체의 짙은 고동색, 심지어 흰 점 모양의 피각을 이룬 충관상(蟲管狀) 구조까지 똑같이 복제했다. 이 온갖 정교한 의태(擬態)는 모자반 정글에서 대살육전이 치열하게 전개되고 있음을 말해준다. 약하거나 방심한 동물에게 조금의 자비도 허락하지 않는 인정사정없는 전쟁이 펼쳐지고 있는 것이다.

우리가 1950년대 상황이 어땠는지 짐작하기는 어렵다. 따라서 카슨이 《우리를 둘러싼 바다》를 쓸 무렵 사람들이 알고 있던 게 얼마나 적었는지, 카슨이 제공한 숱한 정보가 일반 대중에게 얼마나 새로운 것이었는지 알아차리기도 어렵다. 카슨은 여러 가지 개념과 '생태학', '먹이사슬', '생물권', '생태계' 등 그때 이후 우리가 일상적으로 사용하게 된 용어를 도입했다.

룩아웃곶 해변에 홀로 앉아 책을 읽던 나는 기쁨과 슬픔을 동시에 맛보았다. 카슨은 살아가는 동안 '무지의 시대'에서 '자각의 시대'로 옮아가는 극적 전환을 겪었다. 카슨 자신이 이끌어내는 데 기여한 바로 그 전환이다. 그 사실을 떠올리자 갑자기 슬픔이 밀려와 책 읽기를 멈추었다. 카슨 이전 시대 유명한 자연주의 작가들의 글을 읽어보면, 설명 방식이 한층 단순할 뿐 아니라 무식한 것인지 순진한 것인지 분간 안 되는 내용도 더러 있음을 알 수 있다. 이제 우리는 포고〔Pogo: 월트 켈리(Walt Kelly)가 그린 정치 풍자만화의 주인공인 주머니쥐―옮긴이〕의 유명한 경구("우리의 가장 큰 적은 바로 우리 자신이다"―옮긴이)를 받아들여야 하고, 자연주의 작가들은 아름다운 일몰이나 정원 담장을 찬미하는 것 이상의 의무감을 갖고 있다는 사실, 그리고 지식은 우리가 쓰는 글에 특별하고도 비극적인 이분법을 안겨준다는 사실을 깨달아야 한다.

《우리를 둘러싼 바다》가 포세이돈의 이마에서 완전한 형태로 불쑥 튀어나왔다고 생각하면 왠지 그럴싸하다. 카슨이 익히고 받아들인 온갖 정보—이 책을 쓴 것은 40대 때였다—가 그녀의 머리 뒤쪽에 머물러 있다 별다른 노력 없이 고스란히 종이 위로 쏟아진 것처럼 보이기 때문이다. 그러나 이는 사실과 거리가 멀다. 카슨이 세세한 부분에 주목한 것, 그처럼 방대한 주제를 그토록 능란하게 구성한 것은 원고를 수없이 손질하고 오랜 기간 숙고한 결과였다. 카슨은 이렇게 썼다. "어떤 의미에서 나는 그 일을 평생토록 해왔다고 볼 수 있다. 실제로 책을 쓰는 데는 3년밖에 걸리지 않았지만 말이다."

폴 브룩스(Paul Brooks)는 카슨에 대해 쓴 통찰력 있는 책《생명의 집(The House of Life)》에서 글쓰기를 향한 카슨의 집념은 어렸을 적부터 싹트기 시작했다고 밝혔다. 어린 시절, 사교적 성격이 아니던 카슨은 글을 쓰거나 바깥 활동을 하면서 혼자 시간 보내는 걸 좋아했다. 카슨은 사람들과 사귀기보다 공부를 하거나 자신을 둘러싼 자연 세계를 탐구하는 데서 만족을 느끼는 차분한 여성이었다. 그래서인지 카슨을 생각하면 '대기만성'이라는 표현이 떠오른다.

카슨은 채텀 대학(당시에는 펜실베이니아 여자대학)에서 영문학을 전공할 계획이었다. 필수 과목으로 동물학을 수강했는데, 그걸 통해 알게 된 사실이 카슨을 매료시켰다. 대학에 다니던 중 카슨은 결국 동물학으로 전공을 바꿨다. 과학을 연구하며 글쓰기에 관심을 기울였고, 이를 평생토록 이어갔다.

과학계가 여성에게 그다지 우호적이지 않은 분위기였음에도 카슨은 용케 존스홉킨스 대학에서 장학금을 받고 석사 학위도 취득했다. 그 뒤 카슨은 우즈홀 해양연구소에서 여름 연구자로 일을 시작했다. 거기서 접한 해양생물학은 결국 카슨이 일평생 매달린 분야가 되었다. 카슨은 〈볼티모어 선(Baltimore Sun)〉에 특집 기사를 기고하기 시작했다. 그즈음 아버지가 세상을 떠나 가족에 대한 경제적 부양 의무를 고스란히 떠안은 탓이었다.

카슨은 워싱턴에 있는 어업국(Bureau of Fisheries)에 작가로 취직했다. 단순 사무직이 아닌 자리에 최초로 고용된 여성 2명 가운데 하나였다. 비록 여성이었음에도 '불구하고' 카슨은 자신이 원하는 직업을 얻을 만한 충분한 자질을 갖추고 있었다. 어업국이 '어류·야생동물국(FWS)'으로 바뀌었을 때, 카슨은 수많은 간행물을 편집하며 유능한 편집자로 성장했다. 이일은 글의 문체와 구성에 대한 판단력을 키워줘 작가로 성장하는 데 더없이 값진 공부였다. 또한 카슨이 자기 글쓰기를 연마하는 데도 도움을 주었다. 《우리를 둘러싼 바다》에서는 어색한 문장이나 문단을 찾아볼 수 없다. 모든 게 있어야 할 곳에 제대로 놓여 있다. 이런 정확성은 독자들에게 절제된 작가의 글을 읽는 즐거움을 더해준다.

어업국에서 일하고 몇 년이 지났을 무렵, 카슨은 바다에 관한 '일반적인' 글을 쓰는 일을 맡았다. 완성된 원고를 읽고 훌륭한 글임을 대번에 알아차린 카슨의 상사는 그 원고를 되돌려주면서 정부 간행물로 쓰기에는 아까우니 〈애틀랜틱 먼슬리(Atlantic Monthly)〉에 투고해보라고 제안했다. 이 글은 1937년 그 잡지에 실렸다. 독자층이 넓은 유명 잡지에 글을 실음으로써 카슨은 처음으로 자기 직업 세계 밖에서 공식적으로 인정받기에 이른다. 다른 사람들의 지지를 받은 카슨은 큰 힘을 얻었고, 자신이 가장 사랑하는 두 가지 일, 즉 해양생물학·해양학에 대한 과학적 연구와 자신만의 매혹적 문체로 그걸 글로 풀어내는 작업을 결합할 수 있을 거라고 확신했다. 이렇게 바다에 관한 책을 쓰겠다는 구상이 서서히 윤곽을 잡아가기 시작했다.

레이첼 카슨의《우리를 둘러싼 바다》의 저작권 대리인 마리 로델(Marie Rodell)은 자연·환경 작가 전문이었고, 보기 드물게 빼어난 편집자였다. 로델은 오랜 세월 카슨의 헌신적인 친구였으며, 카슨이 사망한 뒤에도 그녀가 남긴 책들을 관리했다. 둘은 사적으로도, 업무적으로도 깊은 우정을 나누었다. 그러한 우정이 여러모로 카슨의 성장에 도움을 주었음에 틀림없다. 로델은 애초《우리를 둘러싼 바다》의 원고를 사이먼 앤드 슈스터(Simon & Schuster) 출판사에 보냈다. 카슨의 처녀작《바닷바람을 맞으며(Under the Sea-Wind)》를 내기도 한 출판사였다. 〔《바닷바람을 맞으며》는 아마도 제2차 세계대전 발발 직전인 1941년에 출간한 탓이겠지만 어쨌거나 판매가 도통 신통치 않았다. 그러나 훗날《우리를 둘러싼 바다》가 나온 뒤 같은 출판사(옥스퍼드 대학 출판사)에서 재출간했을 때는 큰 성공을 거두었다.〕 사이먼 앤드 슈스터는《우리를 둘러싼 바다》의 개요와 가장 중요한 장(chapter)만 보고 퇴짜를 놓았다. 카슨은 충격을 받았을 법도 한데 도리어 로델에게 위로의 편지를 띄웠다.

생각해보면 사이먼 앤드 슈스터로부터 거절당한 건 전화위복이었다. 그 일을 계기로 다시 숙고하고, 내용을 보완하고, 더 많은 연구를 수행했기 때문이다. 1950년 마침내 옥스퍼드 대학 출판사가 대폭 보완하고 재구성한 카슨의 원고를 받아들였고, 이듬해인 1951년《우리를 둘러싼 바다》를 출간했다. 카슨은 자신이 편집자인 터라 책 출간 과정을 직접 일일이 챙겨야 한다고 우겼다. 여하튼 그토록 시시콜콜 관여한 보람이 없지는 않았다. 마침내 세상에 걸작을 내놓을 수 있었으니 말이다.

《우리를 둘러싼 바다》의 파급력과 성공은 그 책이 나온 당시 세계를 떠올리면 한층 더 놀랍다. 1950년대 초반 세계는 전반적으로 환경 문제에 그다지 관심을 기울이지 않는 분위기였다. 한국전쟁이 한창이었고, 남아프리카공화국은 인종 차별에 따른 폭동에 휩싸여 있었다. 잭슨 폴락(Jackson Pollack)은 강렬한 추상화를 새롭게 선보이고, CBS는 최초의 컬러 텔레비전 상업 방송을 내보냈다. 한편, 문단은 내면세계에 초점을 맞추고 있었다. 제롬 샐린저(Jerome D. Salinger)의 《호밀밭의 파수꾼(Catcher in the Rye)》과 앙드레 말로(Andre Malraux)의 《침묵의 소리(Voices of Silence)》가 그해(1951년)의 책으로 손꼽혔다. 뉴욕 무대에 오른 엘리엇(T. S. Elliot)의 시극 《칵테일파티(The Cocktail Party)》도 호평을 받았다.

자연 세계에 대해 목소리를 내는 경우가 없지는 않았지만 거의 무시되다시피 했다. 국립공원청(National Park Service)이 해수면 아래를 관찰하는 게 가치 있는 일임을 간파하고 처음으로 해저 공원을 짓자고 제의했다. 생태학적 인식을 담은 가장 중요한 책으로는 《우리를 둘러싼 바다》보다 2년 앞선 1949년에 출간한 《모래 군의 열두 달(A Sand County Almanac)》을 꼽을 수 있다. 안타깝게도 저자 알도 레오폴드(Aldo Leofold)가 사망한 후 나온 책이다. 만약 레오폴드가 살아 있어 책에 대해 이야기했더라면 그 영향력이 훨씬 더 컸을 거라고 가정하는 것은 부질없는 짓이다. 그 책은 앞으로도 당당히 제 몫을 할 것이다.

당시의 자연주의 작가 중에서는 에드윈 웨이 틸(Edwin Way Teale)과 윌리엄 비비가 그 분야를 선도하고 있었다. 카슨에 대해 알고 있던 둘은 그녀를 존경하고 우러러보았다. 비비는 흥미로운 자연사에 관한 글을 썼으며, 잠수구를 타고 바닷속으로 내려가 지금껏 누구도 본 적 없는 심해 생명체를 관찰했다. 비비는 대담했으며, 레오폴드처럼 기질상 늘 앞장서기를 좋아한 모험가이자 박물학자였다. 그렇지만 카슨과 달리 바다를 그저 자신의 발견에 필요한 매개체로만 여겼을 뿐 장엄한 힘 그 자체로 느끼는 단계로까지 나아가지는 못했다. 《우리를 둘러싼 바다》의 장점 가운데 하나는 카슨이 한 발 물러나 바다 자체를 전면에 내세웠다는 것이다. 그렇게 함으로써 카슨은 바다를 의인화하고, 작가의 역할을 바다가 들려주는 얘기를 받아 적는 정도로 국한했다.

조용한 성격의 전형적인 자연주의 작가 에드윈 웨이 틸은 당시 계절의 변화를 기술하기 위해 미국 전역을 탐험하는 여행길에 막 나선 참이었다. 그 여행의 기록은 훗날 풀리처상 수상으로 결실을 맺는다〔틸은 그때의 체험을 봄(《North with the Spring》), 여름(《Journey into Summer》), 가을(《Autumn across America》), 겨울(《Wandering Through Winter》) 4부작으로 정리했다. 그중 겨울을 다룬 책이 1966년 풀리처상 논픽션 부문을 수상했다―옮긴이〕. 틸은 카슨이 대단한 사람이라는 것을 단박에 알아보았다. 자연사 공동체에서는 흔한 일이지만 틸은 물론 비비도 너그러운 태도로 카슨을 격려하고 칭찬했으며, 카슨에게 정부 보조금을 신청하거나 수상에 도전해보라고 권했다. 그들은 카슨을 아낌없이 밀어주었고, 이는 분명 카슨에게 더없이 큰 힘이 되었다. 카슨은 새로운 물결이었다. 그러니만큼 그 작품의 진가를 알아본 사람은 비단 두 유명 작가만은 아니었다. 미국자연사박물관의 로버트 쿠시먼 머피, 토르 헤위에르달, 카슨이 《우리를 둘러싼 바다》를 헌정한 하버드 대학교의 저명한 해양학자 헨리 비글로도 《우리를 둘러싼 바다》가 예사롭지 않은 책임을 이내 알아차렸다.

《우리를 둘러싼 바다》로 내셔널 북 어워드를 수상했을 때, 공식 석상에 서는 것을 끔찍하게 싫어하던 이 수줍은 여성은 차분하고 유려하게 자기 자신과 작품에 대해 들려주었다. "바람, 바다, 그리고 움직이는 조석은 늘 그 모습 그대로입니다. 만약 그 속에 경이로움이나 아름다움이나 장엄함이 있다면 과학이 그걸 발견해낼 수 있습니다. 그러나 만약 그런 게 없다면 과학이 그걸 만들어낼 수는 없습니다. 제 책에 바다에 관한 시가 있다면 그건 제가 의도적으로 끼워 넣어서가 아니라 시 없이는 진정으로 바다에 관해 쓸 수 없기 때문일 겁니다."

카슨 자신도 인정했다시피 글쓰기는 언제나 고독한 작업이고, 모르긴 해도 꽤나 숫기 없는 여성에게는 한결 더 그랬을 것이다. 카슨의 작품에서는 편집자들이 더러 글에 '온기를 불어넣기 위해' 제안하곤 하는 일화나 동년배에 관한 소개와 설명을 좀처럼 찾아보기 힘들다. 카슨이 언급하는 이들은 매일매일의 의무와 유망한 발견에 매진하는 다른 과학자이지, 그녀의 삶에서 설핏 스쳐가거나 짤막한 뉴스거리로 나오면 좋을 그런 유의 사람이 아니었다. 카슨은 더러 다른 사람들과 여행을 떠나곤 했지만, 책에서는 그런 얘기와 한사코 거리를 두었다. 카슨의 산문은 기본적으로 따뜻하므로 그런 거리두기가 냉담함으로 비치지는 않았다. 카슨에게 풍광은 그 자체로 의미 있을 뿐 관찰 대상이거나 어떤 견해를 드러내기 위한 매개체가 아니었다.

카슨은 스스로를 "더디게 글을 쓰는 작가"로 소개했고 "원고를 한 편 완성하는 것보다 적극적으로 연구를 추진하는 쪽을 훨씬 더 즐긴다"고 밝혔다. 카슨은 다작을 하는 작가와는 거리가 멀었다. 카슨에겐 평생 네 권의 책을 쓸 시간밖에 허락되지 않았다.

카슨이 사망한 해인 1964년, 그녀는 방대한 주제를 책에 담아낸 학구적인 여성에서 결연하고도 집요하게 DDT에 맞서 싸우는 투사로 변해 있었다. 《침묵의 봄(Silent Spring)》은 그야말로 투쟁에 나서라는 요청이었다. 그 책은 주로 무차별적인 살충제 오용의 위험을 인식하게 함으로써 다양한 방식으로 우리 삶을 변화시켰다. 바다에 관한 3부작―《바닷바람을 맞으며》, 《우리를 둘러싼 바다》 그리고 《바다의 가장자리》―은 '바다'라는 주제에 관한 깊고도 변함없는 사랑의 결실이었다. 반면 살충제의 위험을 경고한 《침묵의 봄》은 혹독한 깨달음, 절망과 두려움의 소산이었다. 부드럽고 매혹적인 문체는 온데간데없고, 그 자리를 권위적이고 해박하고 분노한 여성의 사무적인 목소리가 대신했다. 카슨은 욕을 실컷 얻어먹고 오해를 받았다. 분별력을 잃은 거대 기업들이 카슨을 공격했다. 그러나 카슨의 연구는 유효했고, 그녀가 쓴 책은 세상에 널리 영향을 끼쳤다. 필경 누구도 이보다 더 나은 평가를 기대할 수는 없을 것이다.

카슨이 사망하고 6년 뒤 사람들은 '지구의 날'을 제정했다. 《침묵의 봄》을 둘러싼 시비 논란과 그 책에 대한 매스컴의 관심은 한층 민감해진 대중을 자극하는 데 도움을 주었다. 그러나 사람들로 하여금 생각하게 하고 장차 더 강력한 처방을 마련하기 위한 초석을 다진 것은 다름 아닌 《우리를 둘러싼 바다》였다. 《우리를 둘러싼 바다》는 《침묵의 봄》이 탄생할 수 있는 토대를 마련한 책이자 《침묵의 봄》을 비로소 이해하도록 만들어준 책이다. 카슨은 1961년 나온 개정판(바로 이 책이다)의 머리말을 새로 쓰며 이렇게 마무리 지었다.

처음 생명체를 탄생시킨 바다가 이제 그들 가운데 한 종이 저지르는 활동 때문에 위협받고 있다니 참으로 얄궂은 상황이다. 그러나 바다는 설령 나쁘게 변한다 해도 끝내 존속할 것이다. 정작 위험에 빠지는 쪽은 생명 그 자체다.

포괄적인 학술서이면서 자연 세계에 대한 찬가이자 훌륭한 문학작품 반열에 오른 책은 그 전례를 찾아보기 어렵다. 카슨의 책 같은 사례는 아직까지 거의 없다시피 하다.

《우리를 둘러싼 바다》는 얼핏 보면 혁명을 일으킬 법한 책 같지 않다. 이 책은 충실한 연구에 기초하고 있으며, 너무도 아름답게 썼을 뿐만 아니라 바다에 관한 매력적인 묘사로 가득하다. 이 책에는 창칼이 부딪치는 소리도, 공격적이거나 대립을 일삼거나 거슬리는 대목도 없다. 《우리를 둘러싼 바다》의 힘은 매혹적이고 기교적인 글쓰기, 해박하고 풍부한 사실 구성, 그리고 매순간의 신중함에서 비롯된다. 이 책은 너무도 차분하게 우리의 관심을 사로잡는다. 우리는 자신도 모르게 바다의 경이로움에 관해 배우고, 바다의 강인함과 바다가 어떻게 자연 세계 전반에 영향을 끼치는지 깊이 인식하게 된다. 카슨의 연구를 공유함으로써 생명의 상호 의존성을 더욱더 느낄 수 있다.

카슨은 현존하는 지식과 자료를 솜씨 좋게 버무려 절묘한 역작을 빚어냈다. 최근에 출간한 책 중 《우리를 둘러싼 바다》에 필적할 만한 자연사 서적은 텔레비전 마케팅(카슨은 아예 엄두조차 낼 수 없었던)의 힘에 기댄 몇 권의 책뿐이다. 《우리를 둘러싼 바다》가 대성공을 거둔 것은 순전히 학계 종사자뿐 아니라 일반 독자층에게도 호소력과 영향력 있는 언어로 쓰였기 때문이다. 카슨이 매력을 느끼고 줄곧 훈련받은 분야인 해양생물학은 많은 독자와 청중의 관심을 사로잡았다. 카슨은 먼저 자연사를, 그다음 과학을 다루는 식으로 더없이 훌륭하게 자신의 생각을 전달했다.

《우리를 둘러싼 바다》는 진지하면서도 강렬한 책이다. 카슨이 매우 능숙한 작가이긴 하지만 메시지가 다소 무거움에도 불구하고 이 책은 즉시 베스트셀러에 올랐다. 이 책은 수많은 대중에게 자연 세계에 대한 책임감을 일깨워주었다. 1951년 7월 출간한 《우리를 둘러싼 바다》는 두 달 만인 9월 〈뉴욕타임스〉 베스트셀러에 올랐다. 11월에는 10만 부가 날개 돋친

듯 팔려나갔다. 크리스마스 전날에는 단 하루 만에 4000부를 판매했다. 〈뉴욕타임스〉는 《우리를 둘러싼 바다》를 "단연 돋보이는 올해의 책"으로 꼽았다. 이듬해인 1952년 3월의 판매고는 20만 부에 달했다. 대개 이런 수치는 이례적으로 성공을 거둔 소설과 폭로성 책에나 해당할 뿐 자연사를 다룬 논픽션과는 거리가 멀다. 《우리를 둘러싼 바다》는 1952년 봄 명망 있는 존 버로스 메달과 내셔널 북 어워드를 수상했고, 장장 86주 동안 베스트셀러 목록에 올랐다. 1972년 한 논설위원은 카슨의 글이 끼친 영향을 이렇게 표현했다. "그녀가 선택한 수천 개의 단어로 인해 세상은 새로운 방향으로 나아갔다."

과학적 교양이 더욱 풍부한 오늘날의 독자도 여전히 카슨이 말한 대로 이른바 "경이로움에 대한 감각"을 갖고 《우리를 둘러싼 바다》를 읽을 수 있을 것이다. 우리가 《우리를 둘러싼 바다》를 읽는 까닭은 책이 더없이 아름답고, 지적으로 정제되어 있고, 정보가 많고, 지구의 건강을 보존하는 데 헌신해서다.

우리는 뒤늦은 깨달음으로 무릎을 치며 이 책을 읽는다. 이것이야말로 더할 나위 없는 책읽기 경험이다. 《우리를 둘러싼 바다》는 고전이 그렇듯 여러 번 되풀이 읽고 음미할 만한 책이다. 처음 읽는 독자는 이 책을 생명의 터전인 바다의 중요성에 눈을 뜨게 해주는 예술 작품으로 즐길 수 있을 것이다. 이 작품은 시간이 흐르면서 색이 바래는 게 아니라 더욱 빛을 발한다.

나를 더욱 풍요롭게 해준 《우리를 둘러싼 바다》는 개인적으로도 의미 있는 책이다. 이 책은 시종 우리에게 바다, 더 나아가 환경을 어리석게 이용할 경우의 위험성을 경고한다. 또한 글쓰기와 관련해서는 어떻게 하면 자연 세계에 대한 열정을 엄밀하면서도 서정적인 산문에 담아낼 수 있는

지 보여주는 안내자 역할도 한다. 무엇보다 《우리를 둘러싼 바다》는 언제나 즐거움을 선사한다. 이는 비길 데 없이 아름다운 글뿐만 아니라 대륙을 에워싼 채 지구 전체를 하나로 엮어주는 광막한 바다에 대한 사색에 동참하면서 맛보게 되는 즐거움이다.

앤 즈윙거(Ann H. Zwinger)

1부

The Sea Around Us

어머니 바다

OI

،،،،،،،،،،،،،،،،،،

어슴푸레한 시작

،،،،،،،،،،،،،،،،،،

땅은 아직 모양새를 갖추지 못했고, 텅 비어 있었으며,
어둠만이 깊은 바다 위에 내려앉았으니…….

—창세기

모든 시작은 으레 어슴푸레하게 마련이고, 위대한 생명의 어머니인 바다
의 시작도 마찬가지였다. 많은 이들이 지구상에 언제 어떻게 바다가 생겨
났는지 논의해왔지만 그들의 설명이 언제나 같지는 않았다. 이는 놀랄 것
도 없는 일이다. 분명 아무도 직접 보지는 못했으므로 목격자의 진술이
없는 한 의견이 분분한 건 어느 정도 부득이하다. 내가 초창기의 지구 행
성에 어떻게 바다가 생겨났는지 들려준다 해도, 그 역시 수많은 출처에서
따온 내용을 꿰맞춘 이야기일 수밖에 없다. 전체를 이루는 세부적인 사항
은 오직 우리의 상상에 달려 있다. 내 이야기는 지상에서 가장 오래된 바
위, 즉 지구가 어렸을 적에는 그 역시 어렸을 바위에 새겨진 증언, 또한
지구의 위성인 달의 표면에 새겨진 또 다른 증거, 그리고 별이 가득한 우
주와 태양의 역사에 담긴 단서에 기초한 것이다. 비록 이러한 우주적 탄
생을 지켜본 이는 아무도 없지만, 별과 달과 바위는 분명 거기에 있었고,

그것들은 지금 바다가 존재한다는 사실과 깊은 관련이 있다.

내가 지금 기록하고 있는 사건은 약 20억 년 전에 일어난 것이다. 최근의 과학에 따르면 이는 지구의 대략적인 나이인데, 바다의 나이 역시 그와 비슷할 것이다. 요즘은 방사능 물질의 감쇠율(減衰率)을 측정함으로써 지구의 지각을 형성하고 있는 암석의 나이를 알아낼 수 있다. 지상 어딘가에서—캐나다 매니토바(Manitoba)주에서—발견한 가장 오래된 암석의 나이는 약 23억 년이다. 지구의 구성 물질이 식어서 암석질 지각을 형성하는 데 약 1억 년이 걸린다고 치면, 지구 탄생과 관련한 맹렬한 사건들은 약 25억 년 전에 발생했다고 추정할 수 있다. 그러나 이는 어디까지나 최소한의 추정치에 불과하다. 지구 나이가 이보다 훨씬 더 많다는 걸 알려줄 암석을 앞으로도 얼마든지 발견할 수 있기 때문이다.▪

▪ 지구의 나이에 관한 생각은 더 오래된 암석을 계속 발견하고 연구 방법이 더욱 정교해지면서 끊임없이 바뀌고 있다. 북미에서 지금까지 가장 오래된 것으로 알려진 암석은 '캐나다 순상지(楯狀地: 주로 선캄브리아기의 암석으로 된 평평하고 넓은 지역—옮긴이)'에서 발견했다. 그 암석의 정확한 나이는 밝혀지지 않았지만, 매니토바와 온타리오(Ontario)에서 발견한 암석은 약 30억 년 전에 형성된 것으로 여겨진다. 러시아의 카렐리아(Karelia)반도와 남아프리카공화국에서는 그보다 훨씬 더 오래된 암석을 발견했다. 지질학자들은 대체로 지질 시대에 관한 현재의 개념이 미래에는 훨씬 더 늘어날 거라고 본다. 그동안 지질 시대의 다양한 시기를 잠정적으로 조정하려는 노력은 여러 차례 있어왔다(표 1.1 참조). 캄브리아기는 10년 전에 비교하면 1억 년이나 앞당겨졌다. 하지만 캄브리아기 이전 시대는 불확실함으로 가득 찬 거대한 암흑기로 남아 있다. 요컨대 암석에 화석의 자취가 남아 있지 않은 시기다. 이 기간 동안 지구상에 거주한 생명체는 거의 흔적을 남기지 않았다. 그러나 우리는 암석에 아무런 흔적이 없다 해도 간접적 증거를 통해 수많은 생명체가 살았다는 사실을 유추할 수 있다.

지질학자들은 암석 자체를 연구함으로써 표 1.1에서 원생대와 시생대로 표시한 장구한 지질 시대에 두드러진 몇 가지 굵직한 기준점을 찾아냈다. 이는 북미 동부의 그렌빌(Grenville)산맥이 10억 년 전에 형성되었음을 말해준다. 온타리오 같은 곳의 지표면에서 발견한 그 암석은 다량의 흑연(탄소의 동소체—옮긴이)을 함유하고 있다. 이는 그러한 암석이 만들어질 때 수많은 식물이 서식하고 있었음을 말없이 웅변한다. 식물은 흔히 탄소의 공급원이기 때문이다. 미국 미네소타주와 캐나다 온타리오주에 걸쳐 있던 페노키안(Penokean)산맥—과거

부모인 태양으로부터 갓 떨어져나온 새로운 지구는 소용돌이치는 구형의 기체 덩어리였다. 몹시 뜨거운 지구는 엄청난 힘이 제어하는 속도로 행로를 따라 깜깜한 우주 공간을 재빠르게 움직였다. 불타는 구형의 기체 덩어리는 서서히 식어갔다. 기체는 액화하기 시작했고, 지구는 용융 덩어리로 변했다. 이 덩어리를 이루는 물질은 결국 뚜렷한 유형들로 나뉘었다. 중심은 가장 무거운 물질, 그 주위는 무게가 중간 정도인 물질, 그리고 맨 가장자리는 가장 가벼운 물질이 차지했다. 이는 오늘날까지도 꾸준히 지속되고 있는 패턴이다. 요컨대 오늘날의 지구 역시 중심핵은 20억 년 전과 온도가 거의 비슷한 뜨거운 용융 철(molten iron), 중간층은 반가소성(半可塑性) 현무암, 상대적으로 매우 얇은 외각(外殼)은 견고한 현무암과 화강암으로 이루어져 있다.

　　어린 지구의 지각은 몇 백만 년 동안 액체 상태에서 고체 상태로 서서히 변해왔다. 그런데 이런 변화가 완결되기 전에 달의 생성이라는 획기적 사건이 일어났을 것으로 추정된다. 혹시 해변에 나가볼 기회가 있거든 밤중에 밝은 달이 바다 위를 가로지르며 바닷물을 끌어당기는 것을 느껴보라. 그리고 달 자체도 원래 지구를 이루는 물질이었으며, 지표면이 거대한 파도가 되어 우주 공간으로 떨어져나간 것이라는 사실을 떠올려보라. 아울러 달이 정말 그런 식으로 생겨났다면, 그 사건은 오늘날 우리가 알고 있는 해분이나 대륙의 형성과도 깊은 관련이 있음을 기억하라.

　　새로운 지구에는 바다가 생기기 훨씬 전부터 조석이 있었다. 지표면 전

에는 지질학자들에게 킬라니(Killarney)산맥으로 알려져 있었다―의 나이는 17억 년으로 추정한다. 한때 우뚝 솟았던 그 산맥은 지금 낮고 완만한 구릉으로 변했다. 캐나다·러시아·아프리카 등지에서는 30억 년 된 것으로 보이는 그보다 한층 더 오래된 암석을 발견했다. 이는 지구 자체가 약 45억 년 전에 형성되었을 수도 있음을 암시한다.

체를 뒤덮은 용융 액체가 태양의 중력에 이끌려 조석을 일으키면서 솟아올랐다. 그때까지 아무런 방해도 받지 않고 지구 주위를 돌던 조석은 지각이 식고 응고함에 따라 서서히 느려지고 잦아들었다. 달이 지구의 '자녀'라고 믿는 이들은 지구의 생성 초기에 이처럼 완만하게 굽이치던 걸쭉한 조석이 무슨 일인가를 계기로 속도와 운동량이 증가하면서 믿기 어려우리만큼 높이 치솟았다고 말한다. 지구에서 그때까지 있었던 것 가운데 가장 거대한 조석을 만들어낸 힘은 분명 공명 효과인 것 같다. 왜냐하면 그즈음 태양 조석의 주기가 액상 지구의 자유 진동 주기에 접근하다가 결국 일치했기 때문이다. 그리고 태양 조석은 지구 진동으로 인해 더욱 가속도가 붙었고, 하루에 두 차례씩 일어나는 조석은 늘 바로 직전 것보다 커졌다. 물리학자들은 이처럼 조석이 500년 동안 꾸준히 괴물처럼 커지다 보면 태양을 마주한 쪽의 조석이 너무 높이 용솟음쳐 불안정해지고, 그 거대한 파도가 우주 공간으로 떨어져나간다고 추정했다. 하지만 새로 형성된 이 위성은 즉시 물리 법칙의 적용을 받고 지구 주위에서 제 궤도를 따라 돈다. 이것이 바로 우리가 지금 보고 있는 달이다.

우리는 몇 가지 이유에서 지구 지각이 부분적으로 액체 상태일 때가 아니라 약간 굳어진 뒤에 그런 사건이 일어났다고 믿는다. 지금도 지구 표면에는 큰 상처가 있다. 우묵하게 파인 그 상처에 담긴 것이 바로 지금의 태평양이다. 일부 지구물리학자에 따르면, 태평양 해저는 지구의 중간층을 이루는 현무암으로 이뤄져 있는 데 반해, 다른 해양의 바닥에는 지구 외각의 대부분을 구성하는 화강암이 얄팍하게 깔려 있다. 우리는 즉각 의문을 품지 않을 수 없다. "그렇다면 태평양 바다에 있어야 할 화강암층은 어디로 간 것일까?" 이 질문에 대해서는 달이 생성될 때 그 화강암층이 떨어져나갔을 것이라는 설명이 가장 그럴싸하다. 이를 지지해주는 증거도 있다. 달의 평균 밀도는 3.3으로 5.5인 지구보다 훨씬 낮은데, 이는 달이 지구에서 무거운 철광석을 전혀 가져가지 않았으며 오직 바깥층의 현무암 일부와 화강암으로만 이뤄져 있음을 말해준다.

달의 탄생은 태평양 말고 다른 해양을 형성하는 데도 도움을 주었다. 지각 일부가 떨어져나갈 때, 남아 있던 화강암 외피에 압력이 가해졌다. 그래서 달이 떨어져나간 지구 정반대편에도 화강암 덩어리에 균열이 생겼다. 지구가 자전축을 중심으로 회전하면서 궤도를 따라 우주 공간을 떠돌자, 그 균열이 점점 더 벌어지고 화강암 덩어리들 사이가 멀어지기 시작했다. 그리고 조금씩 굳어지던 타르질(tarriness)의 현무암층이 드러났다. 이 현무암층의 바깥 부분이 점차 딱딱해지자 움직이던 대륙들이 멈추면서 넓은 바다 사이사이에 자리를 잡았다. 반대 이론도 없지는 않지만, 중요한 지질학적 증거는 오늘날 우리가 볼 수 있는 주요 해분이나 대륙의 위치가 지구 역사의 최초 시기와 별반 다르지 않다는 견해를 지지한다.

그러나 이는 어디까지나 결과론적 이야기일 뿐이다. 달이 탄생할 때는 바다가 없었기 때문이다. 서서히 식어가던 지구는 새로운 행성의 물기를 잔뜩 머금은 두꺼운 구름층에 싸여 있었다. 지구 표면은 오랫동안 너무나 뜨거웠던 터라 습기가 표면에 떨어지기 무섭게 수증기로 변하곤 했다. 끊임없이 새로워지는 짙은 구름층은 햇빛이 투과할 수 없을 정도로 두꺼웠다. 쩔쩔 끓는 암석과 소용돌이치는 구름으로 이뤄진 칠흑 같은 어둠의 세계에서, 지구 표면에 대륙이며 텅 빈 해양 분지(ocean basins)의 대략적인 얼개가 짜인 것이다.

지구의 지각이 충분히 냉각하자 비가 내리기 시작했다. 그때 이후로 그토록 엄청난 비가 쏟아진 적은 결코 없었다. 비는 며칠, 몇 달, 몇 년, 몇 세기 동안 밤낮 없이 줄기차게 내렸다. 비는 대기하고 있던 해양 분지로 흘러 들어갔고, 대륙 위에 쏟아진 빗줄기는 빠져나가 바다를 이루었다.

비가 서서히 해양 분지를 채워 불어난 초기 바다는 틀림없이 염분기가 별로 없었을 것이다. 그러나 쏟아지는 비는 대륙이 해체되는 것을 상징했다. 비가 내리기 시작한 순간부터 육지는 씻겨나가 바다로 흘러들었다. 바위를 깎아내고, 거기에 함유된 광물을 분해했다. 이처럼 바위 조각과 녹은 광물을 실어 나르는 일은 결코 멈추지 않고 이어지는 거침없는 과정이었다.

우리는 바다가 어떻게 원형질이라고 부르는 신비하고도 놀라운 물질을 만들어내는지 알지 못한다. 어둑하고 따뜻한 물속에서 무생명(non-life)으로부터 생명을 창조하는 데는 기온·압력·염도 따위가 결정적 조건이었다. 어쨌거나 그러한 조건이 딱 맞아떨어진 결과, 바다는 도가니를 끌어안고 씨름하는 연금술사도, 실험실에서 연구에 매진하는 오늘날의 과학자도 결코 할 수 없는 일을 이뤄냈다.

최초로 살아 있는 세포가 만들어지기까지 무수한 시도와 실패가 있었을 것이다. 초기 바다의 따뜻한 염분기 속에서 이산화탄소·유황·질소·인·칼륨·칼슘 따위가 특정 유기물을 만들어낸 듯하다. 아마도 이러한 유기물이 여러 이행 단계를 거친 결과, 스스로 번식하고 끝없이 생명을 이어갈 수 있는 복잡한 원형질 분자가 형성되었을 것이다. 그러나 현재로서는 누구도 그 과정을 확신할 만큼 현명하지 못하다.

최초의 생명체는 오늘날 우리가 알고 있는 박테리아 같은 단순한 미생물이었을 것이다. 생물과 무생물을 구분 짓는 보이지 않는 선을 간신히 넘은 듯한, 식물도 동물도 아닌 어중간한 형태 말이다. 이 최초의 생명체는 엽록소라는 물질을 함유하고 있었을 것 같지 않다. 식물이 햇빛을 받아 생명 없는 화학 물질을 살아 있는 물질로 전환할 때 필요한 것이 바

로 조직 속에 들어 있는 엽록소다. 그들이 살아가는 어둠침침한 세계에
는 햇빛이 거의 들지 않았다. 줄기차게 빗줄기를 쏟아내는 층운을 뚫고
들어갈 재간이 없었기 때문이다. 아마도 바다가 잉태한 최초의 자녀들은
당시 바닷물 속에 존재하는 유기물이나, 오늘날 볼 수 있는 철(iron) 박테
리아 또는 유황 박테리아처럼 직접 무기 양분(inorganic food)을 먹고 살았
을 것이다.

　구름층이 차차 걷히고 캄캄한 밤과 희뿌연 낮이 번갈아 나타나자, 마
침내 태양이 처음으로 바다 위를 비추었다. 바로 이즈음 바다에 떠다니던
몇몇 생명체가 마술을 부리는 엽록소의 능력을 얻었음에 틀림없다. 이제
그들은 햇빛 아래에서 공기 중의 이산화탄소와 바닷물을 이용해 필요한
유기물을 만들 수 있었다. 이렇게 해서 최초의 진정한 식물이 출현했다.

　엽록소는 없지만 유기 양분이 필요한 다른 일군의 생명체는 식물을 섭
취함으로써 나름대로 살아갈 방도를 찾았다. 이렇게 해서 최초의 동물이
등장했다. 지금까지 세상의 모든 동물은 태곳적 바다에서 익힌 이러한 습
성에 따라 직접적으로든 복잡한 먹이사슬을 통해서든 먹이와 생계를 식
물에 의존하는 삶을 살아간다.

　수백 년, 수백만 년의 세월이 흐르면서 끊임없이 이어져온 생명체는 갈
수록 복잡해졌다. 단순한 단세포 생물에서 분화한 세포의 집합인 생명체
가 생겨났고, 이어 섭식·소화·호흡·생식 기관을 갖춘 생명체가 등장했
다. 해면은 바닷가 바위 밑에, 산호충은 따뜻하고 깨끗한 바다에 거처를
마련했다. 해파리는 물속을 헤엄치며 떠다녔다. 갯지렁이가 생겨났다. 껍
질이 단단하고 다리가 여러 마디로 이루어진 절지동물과 불가사리도 등
장했다. 식물의 경우에도 초소형 조류(藻類)에서 진화한, 가지(branch) 있고
신기한 열매를 맺는 해조가 조석의 변화에 따라 이리저리 살랑거렸다. 이

표 1.1 지구와 지구에서 살아가는 생물의 역사

대	기(단위: 100만 년) 홈스 척도 (1959년 개정)	조산 운동	화산
신 생 대	홍적세 0~1	지금도 지각 변동이 진행 중인 미국의 서부 연안 산맥	
	제3기 1~70	알프스산맥, 히말라야산맥, 아펜니노산맥, 피레네산맥, 카프카스산맥	미국 서부에서 큰 화산 활동이 일어나 컬럼비아평원(52만 제곱킬로미터의 용암 지대) 형성. 베수비오 화산과 에트나 화산 분화 시작
중 생 대	백악기 70~135	로키산맥, 안데스산맥. 파나마 분수령 융기—간접적 결과: 멕시코 만류	
	쥐라기 135~180	시에라네바다산맥	
	트라이아스기 180~225		북아메리카 서부와 뉴잉글랜드 지방에서 다수의 화산 발생
고 생 대	페름기 225~270	뉴잉글랜드 남쪽의 애팔래치아산맥	화산 분화로 인도 데칸고원 형성
	석탄기 270~350		
	데본기 350~400	애팔래치아산맥 북부(이 지역은 한 번도 바닷물에 덮인 적 없음)	
	실루리아기 400~440	칼레도니아산맥(영국, 스칸디나비아, 그린란드—지금은 그 뿌리만 남음)	미국 메인주와 캐나다 뉴브런즈윅주에서 화산 활동 발발
	오르도비스기 440~500		
	캄브리아기 500~600		
원 생 대	600~3000±	북아메리카 동부의 그렌빌산맥(10억 년 전 형성된 이 산맥은 뿌리만 남아 있음). 페노키안산맥(미네소타, 온타리오의 로렌시아 구릉. 한때 킬라니산맥이라고 불렸지만 지금은 그 흔적만 남음—17억 년 전)	
시 생 대	3000±	최초의 산맥(미네소타와 온타리오의 로렌시아 구릉. 지금은 그 흔적만 남아 있음)—26억 년 전. 최초의 퇴적암과 화성암이 열과 압력을 받아 크게 변형되었기 때문에 이를 통해서는 역사를 가늠하기 어려움	

빙하	바다	생물의 발달
홍적세의 빙하 작용—북아메리카와 북유럽의 드넓은 지역이 얼음에 덮임	빙하 때문에 해수면이 상승과 하강을 되풀이함	인간 출현. 오늘날의 동식물 발달
	많은 육지가 바다에 잠김. 화폐석 석회암 생성—훗날 피라미드를 만드는 데 사용	인간을 제외한 고등 포유동물과 가장 고등한 식물 출현
	유럽 대부분과 북아메리카 절반이 바다에 잠김. 영국에 백악 절벽 형성	공룡과 날아다니는 파충류 멸종. 육지에는 파충류 번성
	캘리포니아 동부와 오리건 지역까지 마지막 해침이 일어남	최초의 조류 등장
		최초의 공룡 출현. 파충류 일부 바다로 회귀. 소형 원시 포유동물 등장
광범위한 적도대(赤道帶), 인도, 아프리카, 오스트레일리아, 남아메리카가 빙하로 뒤덮임	미국 서부의 광활한 지역이 바닷물에 잠김. 독일에 세계 최대의 소금 퇴적물 생성	원시 파충류 출현. 양서류 퇴조. 최초의 소철류·침엽수 등장
	미국 중부가 마지막으로 바닷물에 잠김. 거대한 석탄층 생성	양서류가 급속도로 발달. 최초의 곤충, 석탄기 식물 출현
		어류가 바다 지배. 최초의 양서류 화석 등장
	반복적 해침. 미국 동부에 암염층 형성	육지에 최초 생물 출현
	대륙이 절반 넘게 바닷물에 잠김. 북아메리카 최대의 해침	최초의 척추동물 출현. 바다에는 두족류 동물 번성
	바닷물의 진격과 후퇴 반복. 미국 대부분이 한때 바닷물에 잠김	이 시기 것으로 추정되는 분명한 화석 최초 발견. 주요 무척추동물 모두 출현
최초로 알려진 빙하기		무척추동물 등장(추정)
		최초의 생물 출현(추정)

런 고등한 해조는 파도에 의해 해안가 바위에서 떨어져나와 천해의 물살에 몸을 맡겼다.

생명체가 바다에서 진화를 거듭하는 동안, 육지에서는 여전히 아무런 생명의 흔적도 없었다. 해안에는 생명체를 유인할 만한 게 거의 없었다. 모든 것을 제공하고 포용하는 어머니 같은 바다를 마다하고 굳이 해안으로 기어 올라갈 이유가 없었던 것이다. 대지는 형용할 수 없으리만치 황량하고 생명체가 살아가기에 부적합했다. 풀 한 포기 나지 않고 삭막한 바위만 널려 있는 육지를 상상해보라. 육지엔 토양이 없었다. 토양 형성을 돕고 뿌리로 토양을 바위에 붙어 있게 해주는 식물이 자라지 않았기 때문이다. 오로지 빗소리와 대지를 휩쓰는 바람 소리만 들리고 돌무더기가 여기저기 흩어져 있는 괴괴한 대지를 상상해보라. 육지에서는 아무런 생명의 소리도 들리지 않고, 어떤 생명체도 바위 표면 위로 거처를 옮기지 않았다.

한편 지구 행성이 서서히 식자 먼저 지각의 화강암이 딱딱하게 굳었다. 그런 현상은 점차 더 깊은 층으로까지 번졌다. 지구 내부는 서서히 냉각하고 수축하면서 외각과 멀어졌다. 점점 몸집이 줄어드는 지구에 자신을 맞춰야 하는 외각은 접히고 구겨졌다. 이렇게 해서 지구상에 최초의 산맥이 등장했다.

지질학자들에 따르면, 그 어두컴컴한 시기에 '대변혁'이라 부를 정도로 대대적인 조산(造山) 운동이 적어도 두 차례 일어났다. 그런데 이는 너무 오래전의 일이라 암석에 아무런 기록도 남지 않았고, 산맥 자체도 진즉에 닳아 없어졌다. 그 후 약 10억 년 전, 지구 지각이 크게 융기하고 재조정된 세 번째 시기가 찾아왔다. 그때 생겨난 장엄한 산맥 중 오늘날까지 남아 있는 것은 캐나다 동부의 야트막한 로렌시아(Laurentia) 구릉과 캐나다 북동부 허드슨만 부근의 반반한 시골 지역에 드넓게 펼쳐진 화강암 순상지뿐이다.

조산 운동은 침식 작용을 가속화하는 데 도움을 주었다. 침식 작용으로 육지가 깎아나가고, 암석 부스러기와 거기에 함유된 광물이 바다로 흘러들었다. 융기한 산맥은 상층 대기권의 혹독한 추위에 시달리고, 서리와 눈과 얼음의 공격을 받은 암석은 금이 가고 잘게 부서졌다. 맹렬한 기세로 쏟아지는 빗줄기가 구릉 사면을 때리고, 빗물이 급류로 굽이치며 산에서 떨어져나간 물질을 실어 날랐다. 빗물의 기세를 누그러뜨리거나 막아줄 식물은 그때까지 찾아볼 수 없었다.

한편 바다에서는 생명체가 진화를 거듭했다. 우리는 화석을 보고 동식물을 식별할 수 있는데, 가장 초기 형태의 생명체는 그러한 화석을 남기지 않았다. 몸이 연조직으로 되어 있어 보존될 만큼 딱딱한 부분이 없었기 때문이다. 게다가 당시 형성된 암석층이 그 후 지구 지각의 습곡 작용으로 거대한 열과 압력을 받아 변형되었으므로 설령 암석에 화석이 들어 있다 해도 파괴되었을 가능성이 크다.

그러나 지난 5억 년 동안에는 암석이 화석 기록을 보존해놓았다. 캄브리아기 초기에는 처음으로 암석에 생명체의 역사가 새겨졌고, 바다 생명체는 발달을 거듭해 온갖 주요 무척추동물 집단으로 분화하는 단계까지 나아갔다. 하지만 척추동물이나 거미·곤충은 아직 나타나지 않았으며, 위험을 무릅쓰고 험한 육지로 진출할 만큼 진화한 동식물은 없었다. 지질 시대의 4분의 3이 넘는 기간 동안, 육지는 아무런 생명체도 살지 않는 황량한 곳으로 남아 있었다. 반면 바다에서는 생명체가 장차 육지에 상륙해 그곳을 생명이 살 만한 터전으로 만들 채비가 한창이었다. 한편, 그사이 지구는 거세게 요동쳤다. 화산이 폭발하면서 불길과 연기를 내뿜고, 산맥은 융기했다가 깎여나가고, 빙하는 지상에서 늘었다 줄었다 하고, 바다는 육지 위로 올라왔다가 빠져나가길 되풀이했다.

약 3억 5000만 년 전인 실루리아기에 이르러서야 비로소 최초의 선도적 육상 동물이 해안에 슬그머니 기어 올라왔다. 나중에 게·바다가재·곤충으로 분화할 절지동물의 일종이었다. 그것은 오늘날의 전갈과 비슷하게 생겼는데, 그 후예들과 달리 바다하고의 유대를 완전히 끊지는 않았다. 요컨대 절반은 육지에서 절반은 바다에서 지내는 희한한 생활을 했다. 이따금 아가미를 적시려 파도 속으로 뛰어들곤 했지만, 대체로 바닷물과 적절한 거리를 유지하려고 조수 속에서 쉴 새 없이 거처를 옮기는 오늘날의 달랑게와 비슷했다.

실루리아기의 강에서는 흐르는 물의 압력을 받아 몸 끝이 가늘어진 유선형의 물고기가 진화했다. 가뭄이 길어지자 물고기는 메마른 웅덩이와 석호에서 산소 부족에 대비해 공기를 저장할 부레를 발달시켰다. 공기로 호흡할 수 있는 폐를 가진 물고기는 건기에도 진흙에 몸을 숨긴 채 표면에 숨구멍을 뚫어놓아 목숨을 부지할 수 있었다.

동물이 혼자 힘으로 육지에 진출하는 데 성공했다고는 보기 어렵다. 육지의 험악한 조건을 개선하기 위해서는 먼저 식물의 도움이 필요했기 때문이다. 식물은 암석을 잘게 부숴 흙으로 만드는 과정을 거들고, 흙이 비에 씻겨나가지 않도록 막아주었다. 아울러 헐벗은 바위뿐인 생명 없는 사막을 차츰 개선했다. 우리는 최초의 육지 식물이 무엇인지에 대해 거의 아는 게 없다. 하지만 그것은 틀림없이 천해에서 살아가는 방법을 터득한 거대한 해조와 관련이 깊을 것이다. 해조는 단단하게 붙잡는 역할을 하는 부착근과 줄기를 더욱 튼튼하게 발달시켜 밀고 당기는 파도를 견뎌냈다. 아마 그 식물이 바다와 떨어져서도 살아갈 수 있겠다고 판단한 곳은 바로 물이 빠졌다 잠기기를 주기적으로 되풀이하는 해안 저지대였을 것이다. 이 사건 역시 실루리아기에 일어난 것으로 보인다.

대규모 로렌시아 조산 운동으로 융기한 산들이 점차 닳아 없어지고 산 꼭대기가 쓸려나가 저지대에 침전물이 쌓임에 따라 대륙 면적의 상당 부분이 바다 밑으로 사라졌다. 그러자 바닷물이 해분에서 흘러넘쳐 육지 쪽으로 뻗어나갔다. 이로써 무수한 생명체가 햇볕이 내리쬐는 얕은 바다에서 편안하게 살아갈 수 있게 되었다. 그런데 나중에 바닷물이 다시 깊은 해분으로 퇴각하자 수많은 생명체가 육지로 둘러싸인 얕은 만에 갇혀 오도 가도 못했다. 그중 일부는 육지에서 살아갈 방도를 마련했다. 그 당시 호수·강가·해안 습지 따위는 동식물이 낯선 조건에 적응해 살아남느냐 아니면 사라지느냐를 판가름하는 시험장이 되었다.

육지가 융기하고 바다가 서서히 퇴각하자 물고기처럼 생긴 이상한 동물이 육지에 등장했다. 그 동물은 몇 천 년에 걸쳐 지느러미는 다리로 변하고 아가미 대신 폐가 발달했다. 이 최초의 양서류는 데본기의 사암(砂巖: 입자가 모래로 이뤄진 퇴적암의 일종—옮긴이)에 자취를 남겼다.

육지와 바다 양쪽에서 일련의 생명체가 속속 등장했다. 새로운 형태의 생물이 진화하고, 몇몇 오래된 형태의 생물은 점차 수가 줄어들다 마침내 사라졌다. 육지에서는 이끼류와 양치식물 그리고 종자식물이 발달했다. 거대하고 기괴하고 무시무시한 파충류가 한동안 지상을 누비고 다녔다. 조류(鳥類)는 '공기의 바다'에서 이동하고 살아가는 방법을 익혔다. 최초의 작은 포유동물은 파충류의 눈을 피하기 위해 땅의 후미진 틈새에 몸을 숨긴 채 살았다.

육지 생활을 선택한 동물이 해안에 상륙했을 때, 그들 몸에는 바다의 유산이 남아 있었다. 이 유산은 그들이 대대손손 물려준 결과, 오늘날에

조차 모든 육지 동물의 기원이 옛 바다에 있음을 보여준다. 어류, 양서류, 파충류 그리고 온혈동물인 조류와 포유류는 하나같이 혈관에 바닷물과 거의 비슷한 비율의 나트륨·칼륨·칼슘 성분을 보유하고 있다. 단세포 생물에서 다세포 생물로 진화를 거듭하던 우리의 까마득한 선조들은 몇 백만 년 전에 처음으로 순환계(당시는 순환하는 액체가 바닷물에 불과했지만)를 발달시켰는데, 이는 그때 이후 물려받은 유산이다. 석회질로 이뤄진 우리의 단단한 골격 역시 칼슘이 풍부했던 캄브리아기 바다의 유산이다. 심지어 우리 몸의 세포를 이루는 원형질조차 태곳적 바다에서 최초의 단순한 생명체가 출현했을 때 모든 생물에 각인된 화학 구조를 지니고 있다. 그런가 하면 생명 자체가 바다에서 시작된 만큼, 우리도 저마다 어머니의 자궁이라는 작은 바다에서 생을 시작한다. 그리고 우리 인간 종은 배아 발생 단계를 거치는 동안, 아가미로 호흡하는 수중 세계의 거주민에서 육상생활이 가능한 생명체로 진화해온 과정을 고스란히 되풀이한다.

훗날 육지 동물 가운데 일부는 바다로 돌아갔다. 요컨대 수많은 파충류가 5000만 년쯤을 육지에서 지낸 뒤 약 1억 7000만 년 전인 트라이아스기에 다시 바다를 찾았다. 그들은 육중하고 무시무시한 동물이었다. 노처럼 생긴 팔다리로 바닷속을 휘젓고 다니는 녀석이 있는가 하면, 물갈퀴 발에 목이 뱀처럼 기다란 녀석도 있었다. 괴상하게 생긴 이 괴물들은 몇 백만 년 전 영영 자취를 감추었다. 그러나 우리는 바다에서 수십 킬로미터씩 헤엄쳐 다니는 거대한 바다거북을 보면 자연스럽게 그 동물들을 떠올린다. 바다거북의 등딱지에는 따개비가 덕지덕지 붙어 있다. 한참 더 세월이 흐른 뒤, 그러니까 불과 5000만 년 전쯤 포유동물 중 일부도 육지생활을 청산하고 바다로 돌아갔다. 그들의 후예가 바로 오늘날 우리가 보고 있는 바다사자·물개·바다코끼리·고래다.

육지 동물 중에는 수상(樹上) 생활을 선택한 종도 있었다. 그들의 손은 놀랄 만한 발달 과정을 거친 끝에 능수능란하게 물건을 다룰 수 있게 되었다. 게다가 그들은 비교적 덩치가 작은 포유동물한테 부족하게 마련인 체력을 상쇄해주는 뛰어난 지적 능력을 갖추었다. 마침내 그들은 광막한 아시아의 내륙 어디쯤에선가 나무에서 내려와 지상 생활을 시작했다. 그리고 지난 1백만 년 동안 현생인류와 같은 신체·두뇌·정신을 갖춘 존재로 서서히 진화했다.

마침내 인간 역시 바다로 돌아갈 나름의 방법을 강구했다. 우리는 해안가에 서 있노라면 경이로움과 호기심을 품은 채 바다를 바라본다. 이는 무의식적으로 제 혈통을 깨닫기 때문임에 틀림없다. 인간은 수 세기에 걸쳐 온갖 기술과 독창성을 발휘하고 정신적 추론 능력을 동원해 바다를 가장 깊은 부분까지 탐사하고 조사해왔다. 육체적으로는 물개나 고래처럼 바다로 되돌아갈 수 없지만, 상상 속에서나마 바다로 회귀하길 바란 것이다.

인간은 배를 만들어 위험을 무릅쓰고 바다로 나아갔다. 그런 다음 공기(air)를 챙겨가지고 천해의 해저로 내려가는 법을 터득했다. 육지 동물은 오랫동안 수중 생활에서 멀어졌으므로 숨을 쉬려면 공기가 필요하다. 인간은 들어갈 수 없어 그저 넋 놓고 내려다보기만 하던 심해를 탐험하는 법을 마침내 알아냈고, 그물을 이용해 그곳에서 살아가는 생명체를 끌어올렸다. 또한 오래전 잃어버렸으되 잠재의식 저 깊은 곳에서는 결코 완전히 잊은 적 없는 세계를 복원해줄, 인간의 눈과 귀를 대신하는 기계를 발명해냈다.

그러나 인간은 오로지 어머니 바다의 방식에 맞추어야만 그곳으로 돌아갈 수 있다. 우리는 지구에 잠시 머물면서 육지를 정복하고 약탈해왔지만, 바다마저 그런 식으로 통제하거나 변화시킬 수는 없다. 인간은 크고 작은 도시처럼 자신이 만들어낸 인공 세계에서는 더러 지구 행성의 진정한 본성을 까먹기도 하고, 인간 종이라는 존재가 지상에 머문 시간이 지구 전체 역사를 통틀어볼 때 오직 찰나에 지나지 않는다는 사실을 긴 안목에서 제대로 조망하지도 못한다. 이 모든 걸 가장 실감나게 느낄 수 있는 것은 바로 오랫동안 바다를 여행할 때다. 낮에 파도가 솟구치고 부서지기를 되풀이하면서 차츰 수평선 멀리 밀려나는 광경을 바라볼 때, 밤에 머리 위에서 떠도는 별을 올려다보며 지구가 자전한다는 사실을 깨달을 때, 혹은 바다와 하늘로만 이뤄진 세상에 홀로 남아 우리의 지구가 우주에서 얼마나 고독한 존재인지 느낄 때 말이다. 그 순간 인간은 육지에서는 결코 알 길 없는 사실, 즉 본디 자신이 속한 세계는 수중 세계요, 바다라는 외투를 걸치고 있는 행성이며, 그 안에서 대륙이란 그저 모든 걸 에워싸고 있는 바다의 표면 위로 잠시 솟아난 땅덩어리에 불과하다는 사실과 마주하게 된다.

02

▰▰▰▰▰▰▰▰▰▰▰▰▰▰▰▰▰▰

표면의 패턴

▰▰▰▰▰▰▰▰▰▰▰▰▰▰▰▰▰▰

이 바다에 감도는 달콤한 신비가 무엇인지는 알 길이 없지만,
그 부드럽고도 장엄한 일렁임은
그 아래 어떤 영혼인가가 숨어 있다는 것을 말해주는 듯하다.
—허먼 멜빌(Herman Melville)

바다에서 표층수만큼 생명체가 어리둥절할 정도로 풍부하게 살아가는 곳
은 없다. 배에 탄 당신은 갑판에서 몇 시간이고 희미하게 빛나는 해파리
의 원반을 내려다볼 수 있다. 부드럽게 고동치는 녀석들의 몸통이 당신의
시선이 가닿을 수 있는 먼 곳까지 바다 표면을 점점이 수놓은 광경을 말
이다. 또 당신은 어느 날 이른 아침에 문득 붉은 벽돌색 바다를 지나고 있
다는 사실을 깨닫기도 할 것이다. 저마다 주황빛 색소 과립을 지닌 수십
억 마리의 초소형 생명체가 빚어내는 빛깔이다. 당신은 정오가 되어도 여
전히 붉은 바다를 지날 수 있는데, 어둠이 깔리면 바닷물은 수가 한층 더
불어난 그 생명체의 인광으로 인해 으스스한 불꽃을 피워낸다.

　이따금 당신은 바다 동물이 바글대며 살아가는 광경뿐 아니라, 그들의
사납고도 무자비한 면모를 설핏 느낄 수 있다. 배의 난간 너머로 맑은 진
초록빛 바다를 무심코 내려다보던 당신은 순식간에 손가락 길이의 작은

물고기 떼가 은빛 소나기처럼 쏜살같이 스쳐 지나가는 광경을 볼 것이다. 뭔가에 쫓기는 무리가 필사적인 속도로 초록빛 바닷속을 질주할 때면 햇살이 녀석들 옆구리에 부딪쳐 쇳빛으로 반짝인다. 당신은 필경 녀석들을 쫓는 포식 동물을 찾아내지 못할 것이다. 그러나 쫓기는 작은 물고기들이 수면 위로 떠오르길 기다리면서 끼룩끼룩 울어대며 허공을 맴도는 갈매기들을 보면 그 포식 동물의 존재를 실감할 수 있다.

그런가 하면 당신은 생명체라고 여길 만한 것 혹은 생명체가 존재한다는 걸 말해주는 그 어떤 기미도 느끼지 못한 채, 바다에서나 허공에서나 아무것도 만나지 못한 채 몇날 며칠을 항해할 수도 있다. 그럴 때면 당신은 지구상에서 망망대해처럼 생명체가 존재하지 않는 곳은 없을 거라는 제법 타당한 결론에 도달할지도 모르겠다. 그러나 생명체가 없는 것처럼 보이는 바닷물을 망이 촘촘한 그물로 퍼 올려 거기에 담긴 내용물을 살펴볼 기회가 있다면, 당신은 거의 모든 표층수에 마치 미세먼지처럼 생명체가 여기저기 흩어져 있음을 깨달을 것이다. 바닷물 한 컵에는 미세한 식물 세포인 규조류가 자그마치 몇 백만 개 들어 있을 수 있다. 너무 작아서 인간의 눈에는 보이지도 않는 존재다. 혹은 바닷물 한 컵에는 자기보다 훨씬 작은 식물 세포를 먹고 사는 티끌만 한 동물이 무수히 득시글거릴지도 모른다.

만약 한밤중에 바다의 표층수를 가까이 들여다볼 기회가 있다면, 낮에는 결코 만날 수 없는 기이한 생명체가 수없이 복작대고 있다는 사실을 깨달을 것이다. 낮에는 어두컴컴한 심해에 웅크리고 있던, 새우처럼 생긴 자그마한 동물들이 마치 움직이는 등불처럼 표층수를 누비고 다닌다. 어스름한 형상의 굶주린 물고기와 검은 형체의 오징어도 보인다. 노르웨이의 민족학자(ethnologist) 토르 헤위에르달은 현대에 이뤄진 가장 특이한 여행을 하는 동안, 보통 사람으로서는 보기 힘든 광경을 목격했다. 1947년 여름, 헤위에르달은 동료 5명과 함께 발사나무 뗏목을 타고 약 6880킬로미터에 달하는 태평양 횡단 여행에 나섰다. 폴리네시아 원주민이 남아메리카에서 뗏목을 타고 건너왔다는 가설을 직접 시험해볼 요량이었다. 그들은 바다 생물이 그렇듯 가차 없이 서진(西進)하는 강한 적도 해류와 무역풍에 몸을 맡긴 채 101일 밤낮을 실제로 바다 위에서 생활했다. 헤위에르달은 수많은 나날을 바다의 일원으로 지내면서 해수면에서 살아가는 생명체를 관찰하는 부럽기 짝이 없는 경험을 했다. 나는 헤위에르달에게 그 탐험에 관해 어떻게 느꼈는지, 특히 밤바다가 어땠는지 물어보았다. 그러자 헤위에르달은 다음과 같은 편지를 보내왔다(헤위에르달은 그때의 탐험을 정리해 《콘티키》라는 책을 출간했다. 콘티키는 헤위에르달 일행이 탄 뗏목의 이름이다—옮긴이).

밝은 대낮에는 어쩌다 있는 일이지만, 밤에는 작은 오징어 떼가 꼭 날치처럼 물 밖으로 튀어 오르는 광경을 흔히 볼 수 있다. 녀석들은 수면 위 약 2미터 높이로 공중에 솟구친다. 그러다가 물속에서 그러모은 힘이 다하면 맥없이 아래로 곤두박질친다. 지느러미를 쫘악 펼친 채 미끄러지듯 날고 있는 녀석들은 멀리서 보면 영락없이 작은 날치다. 그래서 우리는 어느 날 일행 중 한 사람에게 달려들었다가 갑판에 떨어진 것이 알고 보니 (날치가 아니라) 오징어라는 사실을 확인하고서야 비로소 우리가 특별한 광경을 목격하고 있음을 깨달았다. 우리는 거의 매일 밤 갑판이나 대나무로 만든 오두막 지붕 위에서 오징어 한두 마리를 발견하곤 했다.

나는 바다 동물이 전반적으로 밤보다 낮에 더 깊은 바다로 내려간다는 것, 그리고 밤이 깊어질수록 생명체가 우리 주위에 더 많이 몰려든다는 것을 확연하게 느낄 수 있었다. 남아메리카와 갈라파고스제도의 해안에 밀려온 뼈다귀를 제외하고는 사람들 눈에 띈 적이 없는 통치(snake-mackerel, *Gempylus*)가 바닷물을 박차고 솟아오르다 떨어진 적이 두 번이나(한 번은 뗏목 위로, 한 번은 대나무 오두막 지붕 위로) 있었다. 눈이 크다는 것과 난생처음 보는 물고기라는 사실로 미루어, 나는 그것이 심해에 살면서 밤에만 표층수를 찾아오는 물고기일 거라고 생각했다.

우리는 어두운 밤에 정체를 알 길 없는 바다 동물을 수도 없이 만났다. 녀석들은 밤에만 표층수로 올라오는 심해 물고기였던 것 같다. 대체로 우리는 녀석들을 희미한 인광을 내뿜는 동물로 여겼다. 모양이 둥글고 크기는 쟁반만 한 게 대부분이었지만, 어느 날 저녁에는 뗏목〔길이 13미터, 너비 5.4미터로 우리는 이 뗏목을 '콘티키(Kon-Tiki)'라고 불렀다〕보다 클 정도로 덩치가 어마어마하고 모양이 자꾸만 달라져서 형체가 일정하지 않은 3개의 몸체를 만나기도 했다. 우리는 이런 거대한 물고기 외에도 인광이 나는 수많은 플랑크톤을 목격했다. 그중엔 크기가 1밀리미터 혹은 그보다 조금 더 큰 발광 요각류도 섞여 있었다.

바다의 온갖 층위에서 살아가는 생명체는 정교하게 조정된 얽히고설킨 일련의 관계를 통해 표층수와 긴밀하게 연결되어 있다. 햇빛이 비치는 바다 상층부에서 살아가는 규조류가 겪는 일은 180미터 아래 협곡의 바위 턱에서 살아가는 대구, 여울 바닥을 뒤덮은 멋진 깃털 달린 다채로운 빛깔의 갯지렁이 군락, 그리고 1500미터 깊이의 어두운 해저에 깔린 부드러운 연니(軟泥) 위를 기어 다니는 왕새우가 장차 겪게 될 일을 결정한다.

바다에서 살아가는 미세 식물(규조류는 그중 가장 중요하다)의 활동은 동물로 하여금 바닷물에 풍부하게 들어 있는 광물을 이용할 수 있도록 해준다. 해양 원생동물, 수많은 갑각류, 게·따개비·갯지렁이·물고기의 새끼는 규조류를 비롯한 미세 단세포 조류를 먹고 살아간다. 이 평화로운 초식동물 사이로 육식동물 사슬의 첫 단계인 작은 육식동물이 어슬렁거린다. 길이가 1센티미터 남짓인, 턱이 뾰족하고 사나워 보이는 화살벌레가 보인다. 뭔가를 붙들 때 쓰는 촉수로 무장한 까치밥나무 모양의 빗해파리, 털이 빽빽하게 달린 부속지로 물속 먹이를 걸러 먹는 크릴새우의 모습도 보인다. 바다의 힘과 뜻을 거스르지 않은 채 해류에 몸을 맡기고 떠도는 까닭에 이 기이한 생명체 집단과 그들을 먹여 살리는 바다 식물에는 '플랑크톤'('방랑하다'는 뜻의 그리스어에서 유래)이라는 이름이 붙었다.

먹이사슬은 플랑크톤에서 시작해 청어·멘하덴(menhaden: 미국 동해안에 서식하는 청어의 일종—옮긴이)·고등어 등 플랑크톤을 먹는 물고기로, 전갱이·참치·상어 등 작은 물고기를 잡아먹는 물고기로, 다양한 어류를 잡아먹는 원양 오징어로, 대형 고래(고래는 크기가 아니라 종에 따라 저마다 물고기, 새우, 미세 동식물 플랑크톤을 먹이로 삼는다)로 이어진다.

해수면은 우리 눈에야 표식도 길도 없어 보이지만, 실은 뚜렷한 몇 개의 지대(zone)로 나뉘며 표층수의 패턴은 거기서 살아가는 생명체의 분포를 좌우한다. 물고기와 플랑크톤, 고래와 오징어, 새와 바다거북, 이 모두는 따뜻한 바다와 차가운 바다, 맑은 바다와 혼탁한 바다, 인산염이 풍부한 바다와 규산염이 풍부한 바다 같은 특정 종류의 바다와 불가분의 관계를 맺는다. 먹이사슬 상층부에 포진한 동물은 이런 유대 관계에 덜 직접적으로 영향을 받는다. 왜냐하면 먹이로 희생되는 동물은 바다의 조건이 알맞아 거기서 살아가지만, 그들을 잡아먹는 육식동물은 먹이가 풍부해서 거기로 모여드는 것이기 때문이다.

그러나 지대는 불시에 바뀌기도 한다. 육안으로는 지대를 볼 수 없지만, 우리를 실은 배가 밤새 눈에 띄지 않는 지대 간 경계선을 넘을 수도 있다. 찰스 다윈이 영국 군함 비글호(Beagle)를 타고 남아메리카 해안 앞 바다를 탐험하던 어느 날 밤, 배가 돌연 열대 바다에서 남쪽의 차가운 바다로 접어들었다. 순간 느닷없이 수많은 물개와 펭귄이 배를 에워싸고 괴상한 소리를 질러대며 법석을 떨었다. 이를 소 떼가 울부짖는 소리로 착각한 당직 선원은 계산 착오를 일으켜 항로를 이탈한 배가 육지에 가까이 다가간 것일지 모른다고 생각했다.

인간의 감각으로 서로 다른 표층수의 패턴을 가장 분명하게 구분할 수 있는 기준은 바로 색깔이다. 육지에서 멀리 떨어진 외해의 짙푸른색은 공허함과 황량함을 상징한다. 연안 지역의 온갖 다채로운 색조와 어우러진 초록색은 생명을 상징한다. 바다가 파랗게 보이는 것은 물속을 떠도는 미세 입자나 물 분자에 비친 햇빛이 우리 눈에 반사되기 때문이다. 태양 광선이 깊은 바다를 비추면 스펙트럼상의 붉은 광선 전부와 노란 광선 대부분은 물에 흡수된다. 따라서 우리 눈에 되돌아오는 빛은 주로 차가운 파란색이다. 플랑크톤이 풍부한 바다는 유리 같은 투명성이 사라져 광선이 깊이 뚫고 들어가지 못한다. 연안해의 노란색·갈색·초록색은 거기서 풍부하게 살아가는 미세 조류를 비롯한 미생물의 색깔이다. 계절에 따라 붉은색이나 갈색을 함유한 특정 미생물이 불어나면, 고대부터 세계 곳곳에서 목격되곤 했던 '적조' 현상이 발생하기도 한다. 육지에 둘러싸인 바다에서는 흔히 볼 수 있는 현상이라 '붉다'는 것에 착안해 이름을 붙인 바다도 생겨났다. 예를 들면 홍해와 버밀리언해(Vermilion Sea: 'vermilion'은 주홍색이라는 뜻—옮긴이)가 그렇다.

그러나 바다의 색깔은 표층수 생물이 생존 조건을 갖추었는지 여부를 보여주는 간접적 지표에 불과하다. 바다 생명체가 어디서 살아가야 하는지는 주로 눈에 보이지 않는 다른 조건이 결정한다. 바닷물은 결코 균일한 용액이 아니다. 요컨대 어떤 바닷물은 다른 곳보다 염분기가 많은가 하면, 또 어떤 바닷물은 더 따뜻하거나 혹은 더 차갑다.

세계에서 가장 짠 바다는 단연 홍해다. 홍해는 찌는 듯한 태양과 후텁지근한 대기열 탓에 바닷물이 빠르게 증발해 염분 농도가 무려 40퍼밀〔permill: 1퍼밀은 1000분의 1. 바닷물 농도를 표시할 때는 백분율(%)보다 천분율(‰)이나 psu(practical salinity unit, 실용 염분 단위)를 주로 사용한다—옮긴이〕에 이른다. 기온이 높은 지역인 사르가소해는 육지에서 너무 멀리 떨어져 있어 강물이나 녹은 얼음이 유입되지 않고, 따라서 대양들 가운데 가장 짠 대서양 중에서도 가장 짠 바다다. 흔히 생각할 수 있듯 북극해와 남극해는 비, 눈, 녹은 얼음이 쉴 새 없이 흘러들어 농도가 옅어지므로 가장 싱거운 바다다. 미국 대서양 연안의 염도는 코드곶(Cape Cod) 앞바다가 33퍼밀이고 플로리다 앞바다가 36퍼밀인데, 이곳에서 수영하는 사람들이라면 둘의 차이를 어김없이 알아챌 수 있다.

바닷물의 온도는 극지방이 섭씨 −2도가량인 데 반해 세계에서 수온이 가장 높은 페르시아만은 약 35.5도로 차이가 크다. 거의 예외 없이 체온을 주위 바닷물 온도에 맞춰야 하는 바다 생물에게는 굉장한 차이가 아닐 수 없다. 바다 동물의 분포를 좌우하는 가장 중요한 단일 조건으로는 단연 온도 변화를 꼽을 수 있다.

아름다운 산호초는 특정 생물군의 거주 가능 여부가 수온에 의해 결정된다는 것을 가장 잘 보여주는 사례다. 오늘날 산호초는 대략 세계 지도상의 북위 30도와 남위 30도 사이 바다에서 서식하고 있는 것으로 밝혀졌다. 태곳적의 산호초 잔해가 북극 바다에서 발견되긴 했지만, 이는 다만 과거에 북극해가 열대 기후였음을 의미할 따름이다. 산호초의 석회질 구조는 수온이 21도가 넘는 바다에서만 형성될 수 있다. 우리는 산호의 북방 한계선을 북쪽으로 얼마간 옮겨야 한다. 멕시코 만류가 난류를 이동시켜 산호초가 북위 32도에 위치한 버뮤다까지 퍼져나갔기 때문이다. 한편 적도 지대에서는 남아메리카와 아프리카 서해안의 광대한 지역을 산호 서식지에서 제외해야 한다. 얕은 바다에서 차가운 물이 솟아올라 산호가 성장하기 곤란한 탓이다. 플로리다 동해안 대부분 지역에서는 차가운 연안 해류가 해안과 멕시코 만류 사이에서 남쪽으로 흐르기 때문에 산호초를 구경하기 어렵다.

열대 지방과 극지방의 바다는 서식 동물의 종류나 수에서 엄청난 차이가 난다. 열대 지방의 바다는 수온이 따뜻해 생식과 성장 과정이 빠르다. 따라서 극지방 바다에서 한 세대가 어른 개체로 성장하는 기간에 열대 지방 바다에서는 수많은 세대를 배출한다. 아울러 같은 기간 내에 유전자 돌연변이를 일으킬 가능성도 그만큼 커서 동식물의 종류가 무척 다양하다. 그러나 어떤 한 종만 따로 떼어놓고 보면 개체 수는 오히려 극지방의 바다가 훨씬 더 많다. 극지방의 바다는 무기물이 풍부한 반면, 열대 지방의 바다는 표층에 북극의 요각류 같은 플랑크톤이 별로 없기 때문이다. 열대 지방의 바다에서는 원양(pelagic, 遠洋) 동물이나 자유 유영(free-swimming) 동물이 극지방의 바다보다 더 깊은 곳에서 살아간다. 그러므로 표층에 사는 거대 동물은 먹고 자시고 할 게 별로 없다. 따라서 열대 지방의 바닷새는 고위도 지방의 어장에서 떼 지어 몰려다니는 슴새·풀머갈매기·바다쇠오리·고래새·앨버트로스 따위의 새와 수적으로 전혀 비교가 되지 않는다.

남·북극해 같은 추운 바다에서는 동물의 유생이 유영을 하는 일이 극히 드물다. 그들은 세대를 거듭하며 부모 가까이에서 정착해 결국 극소수 동물의 후손이 드넓은 해저 바닥을 뒤덮을 정도로 크게 번성하기도 한다.

바렌츠해(Barents Sea: 북극해의 일부—옮긴이)에서는 연구선이 딱 한 번의 그 물질로 규산질 해면 단일 종을 무려 1톤이나 끌어올린 일도 있다. 그리고 스피츠베르겐(Spitsbergen: 노르웨이 북쪽 북극해에 있는 노르웨이령 군도—옮긴이) 동해안에서는 융단처럼 펼쳐진 단일 종의 환형동물 군체에서 거대한 덩어리를 채집하기도 했다. 극지방 바다의 표층수에서 살아가는 엄청난 수의 요각류와 유영 달팽이는 청어, 고등어, 바닷새 무리, 고래 그리고 물개를 불러들인다.

반면 열대 지방의 바다에서 살아가는 생명체는 강렬하고 생생하고 너무도 다채롭다. 극지방의 바다에서는 바닷물이 얼음장처럼 차가워 생명체가 아주 느린 속도로 어슬렁거리며 돌아다니지만, 열대 지방의 바다는 무기질이 풍부해(이는 주로 계절마다 물이 크게 순환하고 뒤섞인 결과다) 거기서 살아가는 생명체의 형태가 더없이 다양하다. 꽤 오랜 기간 동안 온대의 차가운 바다와 극지방 바다의 생산성이 열대 지방 바다보다 훨씬 더 크다는 주장이 정설로 알려졌다. 하지만 지금은 중요한 예외들이 생겨나고 있다. 일부 열대 지방과 아열대 지방의 바다에서 그랜드뱅크스(Grand Banks)나 바렌츠해, 혹은 남극의 포경 어장에 버금갈 만큼 생명체들이 크게 번성하는 장소가 등장한 것이다. 남아메리카 서해안에서 조금 떨어진 훔볼트(Humboldt) 해류와 아프리카 서해안 앞바다의 벵겔라(Benguela) 해류가 가장 좋은 예다. 이 두 해류의 경우, 무기질을 머금은 차가운 물이 깊은 곳에서 솟구쳐 올라 바다를 비옥하게 만들고 거대한 먹이사슬을 지탱해준다.

아울러 두 해류(특히 온도와 염도의 차이가 큰)가 만나는 곳에서는 예외 없이 거세게 요동치는 불안정한 지대들이 생겨난다. 이들 지대에서는 물이 아래로 내려가기도 하고 깊은 곳에서 치솟기도 하며, 방향을 예측하기 어려운 회오리가 이는가 하면 포말이 표면에 경계선을 그어놓기도 한다. 이런 장소에서는 바다 동식물이 풍부하고 왕성하게 살아가는 모습을 너무도 뚜렷하게 관찰할 수 있다. 브룩스(S. C. Brooks)는 자신이 탄 배가 태평양과 대서양의 거대 해류가 지나는 길을 가로지를 때 그처럼 변화무쌍한 생명체를 관찰했다. 그는 당시의 경험을 다음과 같이 생생하고도 소상하게 묘사했다.

적도와 가까운 저위도 지역에서는 여기저기 떠 있는 뭉게구름이 점차 짙어져 사방이 어두워지면 불안정한 바다 너울이 일고, 돌풍을 동반한 소나기(스콜)가 오락가락하고, 새들이 나타난다. 처음에는 엄청난 쇠바다제비 떼가 보이기 시작한다. 여기저기서 다른 종류의 바다제비도 배 따위는 전혀 아랑곳하지 않은 채 사냥에 푹 빠져 있다. 그런가 하면 몇 무리의 열대 새들은 배 곁에서, 혹은 위에서 나란히 날아간다. 다양한 바다제비 무리가 여기저기 나타나는가 싶더니 마침내 한두 시간 뒤에는 사방이 온통 새 떼로 뒤덮인다. 만약 마키저스(Marquesas)제도 북쪽을 흐르는 남적도 해류처럼 육지에서 몇백 킬로미터 정도밖에 떨어지지 않은 곳이라면, 수많은 검둥제비갈매기와 큰제비갈매기도 볼 수 있을 것이다. 가끔은 잿빛 감도는 푸른색 상어가 미끄러져가는 모습이며, 커다란 자갈색 귀상어가 배를 좀더 잘 들여다보려는 듯 주위를 어슬렁거리는 광경도 보게 될 것이다. 새 떼처럼 그렇게 바싹 몰려 있지는 않지만, 날치 역시 몇 초에 한 차례씩 물살을 가르고 용솟음쳐 저마다 다른 크기와 형상, 익살스러운 몸짓 그리고 짙은 고동색과 유백색이 감도는 파랑·노랑·자주 등 더없이 현란한 빛깔과 패턴을 자랑하며 보는 이들을 황홀경에 빠뜨린다. 그러다 다시 해가 나타나면 바다는 열대 특유의 짙푸른 빛깔로 변하고, 새들은 시야에서 서서히 사라진다. 배가 계속 전진하면 바다는 언제 그랬냐는 듯 예의 그 사막 같은 풍경으로 되돌아간다.

만약 낮이 계속된다면 이처럼 확연하게 구분되는 광경을 두 차례, 혹은 심지어 세 차례, 네 차례까지 볼 수 있다. 조사해본 결과, 이러한 광경은 바로 거대 해류의 가장자리를 통과할 때 나타난다는 것을 금세 알 수 있었다…….

북대서양 항로에서도 등장인물은 다르지만 같은 연극이 펼쳐진다. 여기서는 적도 해류 대신 멕시코 만류와 그에 이은 북대서양 해류와 북극 해류가 흐른다. 여기에는 불안정한 바다 너울이나 스콜은 없지만 해수면에 드리운 유막(油膜)과 안개를 볼 수 있다. 열대 새들 대신 도둑갈매기와 다양한 종의 바다제비(흔히 슴새나 풀머갈매기라고 부른다)가 크게 무리 지어 날아다니거나 바다를 헤엄치며 돌아다닌다. ……여기서는 상어가 줄어들고 알락돌고래가 늘어난다. 알락돌고래는 물이 갈라지는 뱃머리에서 마치 배와 경주하듯 뭔지 모를 물체를 향해 집요하게 떼 지어 질주한다. 검은색과 흰색이 섞인 어린 범고래의 번쩍이는 몸뚱이며, 녀석들이 멀리서 한가롭게 떠다니다 갑자기 물줄기를 내뿜는 광경, 그리고 본디 제 거처인 열대 지방에서 멀리 떠나오긴 했지만 역시나 익살스러운 행동을 뽐내는 날치가 바다에 생기를 불어넣는다. ……우리는 모자반이 둥둥 떠다니고 군데군데 다채로운 무지갯빛 고깔해파리가 유영하는 멕시코 만류의 푸른 바다를 지나 해파리 수천 마리가 살아가는 북극 해류의 잿빛 감도는 초록 바다로 접어든다. 그리고 다시 몇 시간 뒤 멕시코 만류로 돌아온다. 해류 가장자리에 접어들면 언제나 다채로운 생명체가 해수면에서 향연을 펼치는 광경을 볼 수 있다. 이것이 바로 그랜드뱅크스가 세계에서 가장 풍부한 어장 중 하나로 손꼽히는 이유다.∎

∎ *The Condor*, vol. 36, no. 5, Sept-Oct, 1934, pp. 186-187.

해분을 휘감아 도는 해류에 둘러싸인 대양 한복판은 대체로 바다의 불모지라고 할 만한 곳이다. 거기에는 새도, 표층수에서 먹이를 구하는 물고기도 거의 없다. 실제로 물고기를 끌어들이는 표층수 플랑크톤도 찾아보기 어렵다. 이들 지역의 생물은 주로 깊은 바다에 머물러 있다. 다른 해분처럼 고기압 중심에 놓이지 않은 사르가소해만은 예외다. 사르가소해는 지상의 어떤 장소와도 다르다. 요컨대 뚜렷한 지리적 특성을 띠는 지역으로서 따로 떼어 눈여겨볼 만하다. 체서피크만(Chesapeake Bay) 어귀에서 지브롤터(Gibraltar: 에스파냐 남단의 항구 도시─옮긴이)를 잇는 선이 사르가소해의 북쪽 경계이고, 아이티에서 다카르(Dakar: 아프리카 세네갈의 수도─옮긴이)를 잇는 선이 그 남쪽 경계다. 버뮤다제도를 포함하며 대서양을 절반쯤 가로지른 곳까지 펼쳐져 있는 사르가소해는 면적이 대략 미국만 하다. 예로부터 항해하는 선박에 공포의 대상이었던 모자반은 북대서양의 거대 해류가 만들어낸 것이다. 사르가소해를 둘러싼 북대서양의 거대 해류는 몇 백만 톤의 모자반('사르가소'라는 이름은 바로 이 해조의 학명 'sargassum'에서 비롯되었다)과 그 해조를 기묘하게 닮은 갖가지 동물을 끌어들인다.

사르가소해는 바람이 잔잔한 곳이자 강처럼 둘러싼 거센 해류의 방해를 받지 않는 곳이다. 여간해서는 구름이 끼지 않는 하늘 아래 펼쳐진 사르가소해의 바닷물은 따뜻하고 염분도 많다. 연안의 강이나 극지방의 얼음에서 멀리 떨어져 염도를 낮추는 민물이 전혀 유입되지 않는 탓이다. 유입되는 것이라고는 인접한 해류, 특히 미국에서 유럽을 가로질러 흐르는 멕시코 만류나 북대서양 해류에서 흘러드는 바닷물이 고작이다. 이렇게 합류한 소량의 표층수에는 몇 달 혹은 몇 년 동안 멕시코 만류를 타고 떠돌던 동식물이 함께 실려온다.

모자반은 많은 종을 거느린 갈조류다. 엄청난 양의 모자반이 서인도제도와 플로리다 연안 앞바다의 암초나 바위 턱에 붙어 살아간다. 이 식물의 상당수는 특히 허리케인이 부는 계절이면 폭풍우에 갈기갈기 찢긴다. 그렇게 해서 떨어져나간 모자반은 멕시코 만류에 실려 북쪽으로 둥둥 떠내려간다. 모자반의 본거지인 해안 기슭에서 함께 살아가던 수많은 작은 물고기, 게, 새우, 셀 수 없을 만큼 다양한 종의 바다 동물 유생이 영문도 모른 채 그 해조에 붙어 덩달아 방랑길에 오른다.

　모자반과 더불어 새로운 거처에 이른 동물들에게는 신기한 일이 펼쳐진다. 그들은 바다 가장자리에서 살아갈 때만 해도 해수면과 겨우 몇 미터밖에 떨어지지 않은 곳에 머물렀다. 단단한 바닥에서도 그다지 멀지 않은 곳이다. 그들은 파도와 조석의 주기적 운동을 잘 알고 있다. 그리고 제 의지에 따라 모자반의 거처를 떠나 해저 바닥 위를 기거나 헤엄쳐 다니면서 먹이를 구하곤 했다. 그러나 너른 바다 한복판에 당도한 그들 앞에는 이제 완전히 딴 세상이 펼쳐져 있다. 해저 바닥은 몇 킬로미터나 떨어져 있다. 수영에 서툰 동물은 무슨 수를 써서든 모자반에 찰싹 달라붙어 있지 않으면 안 된다. 모자반은 그들을 깊은 바다로 떨어지지 않게 붙잡아주는 구명 뗏목이나 다름없다. 몇몇 모자반 종은 조상이 이곳에 정착한 이래 오랜 세월에 걸쳐 그 자신이나 다른 동물의 알이 저 아래 차갑고 어두운 바다로 가라앉지 않도록 특별한 부착 기관을 발달시켰다. 날치는 모자반으로 알을 담아두는 둥지를 만드는데, 날치의 알은 모자반의 부낭과 깜짝 놀랄 만큼 비슷하게 생겼다.

　실제로 이 모자반 숲에서 살아가는 작은 해양 동물 상당수는 서로 질세라 자신을 다른 존재와 분간하지 못하도록 정교한 위장 게임을 펼치고 있는 듯하다. 사르가소해에서 살아가는 민달팽이―껍데기가 없는 달팽이―는 특정한 모양이 없는 부드러운 갈색 몸에 테두리가 검은 동그란 점이 군데군데 박혀 있고, 둘레는 너덜거리는 피부나 주름으로 이뤄져 있다. 그래서 민달팽이가 먹이를 찾아 모자반 위를 기어 다닐 때면 거의 그해조와 분간이 안 된다. 이곳에서 가장 사나운 육식동물 중 하나는 바로 사르가소 물고기 노랑씬벵이다. 노랑씬벵이는 모자반의 엽상체며 황금빛 부낭, 몸체의 짙은 고동색, 심지어 흰 점 모양의 피각을 이룬 충관상(蟲管狀) 구조까지 똑같이 복제했다. 이 온갖 정교한 의태(擬態)는 모자반 정글에서 대살육전이 치열하게 전개되고 있음을 말해준다. 약하거나 방심한 동물에게 조금의 자비도 허락하지 않는 인정사정없는 전쟁이 펼쳐지고 있는 것이다.

해양학에서는 사르가소해에 떠다니는 모자반의 기원에 관해 오랫동안 시시비비가 분분했다. 어떤 이들은 해안의 모자반밭에서 막 떨어져 나온 것이 그 모자반을 충당한다고 주장했다. 또 어떤 이들은 서인도제도나 플로리다의 모자반밭에는 모자반이 충분치 않아서 그것만으로는 사르가소해처럼 광대한 지역을 모두 포괄하지 못할 거라고 맞섰다. 그들은 어딘가에 들러붙기 위한 뿌리도 부착근도 없이 이처럼 드넓은 바다의 삶에 적응하고, 식물답게 번식하는 법을 터득해 영생을 도모하는 모자반 집단을 우리가 발견한 것이라고 믿는다. 두 가지 모두 일리 있는 주장이다. 새로운 모자반이 해마다 조금씩 들어오는데, 그들은 일단 이 조용한 대서양 한가운데에 당도하면 끈질기게 목숨을 이어감으로써 결국 광대한 해역을 뒤덮어버리기 때문이다.

서인도제도 해안에서 떨어져나온 모자반이 사르가소해 북쪽 경계에 도달하려면 약 반년이 걸리고, 사르가소해의 안쪽 지역까지 이르려면 몇 년이 걸린다. 어떤 모자반은 폭풍우에 실려 북아메리카 해안으로 쓸려가고, 또 어떤 모자반은 뉴잉글랜드 연안에서 대서양을 가로질러 이동하는 동안 멕시코 만류가 북극으로부터 흘러온 찬 바닷물과 만나는 지점에서 얼어 죽기도 한다. 그러나 잔잔한 사르가소해에 무사히 도착한 모자반은 사실상 영생을 누린다. 미국자연사박물관의 앨버트 아이드 파는 최근 개별 모자반은 종에 따라 수십 년에서 수백 년까지 살 수 있다고 주장했다. 요컨대 오늘 그곳을 방문한 이들은 콜럼버스 일행이 본 것과 같은 모자반을 볼 가능성도 얼마든지 있다는 얘기다. 이곳 대서양 한가운데에서 모자반은 끊임없이 떠돌아다니며 성장하고, 식물답게 무사 분열(fragmentation, 無絲分裂: 염색체와 방추사가 나타나지 않은 채 핵이 둘로 나뉘는 분열—옮긴이) 과정을 거쳐 번식한다. 죽는 모자반은 분명 사르가소해 가장자리 부근의 불리한 환경으로 떠내려가거나, 아니면 사르가소해 바깥으로 이동하는 해류에 휩쓸려간 지지리도 운 나쁜 개체일 것이다.

이처럼 소실된 모자반은 해마다 먼 해안에서 떨어져나와 유입된 모자반이 그만큼, 혹은 그보다 약간 더 많이 보충해준다. 현재와 같은 어마어마한 양의 모자반(파는 그 양을 약 1000만 톤쯤으로 추정한다)이 모여 살기까지는 억겁의 세월이 흘렀을 것이다. 이처럼 모자반이 매우 넓게 퍼져 있다 해도 사르가소해는 더없이 넓은 바다다. 지나가는 선박이 걸려들길 기다리는 빽빽한 모자반 숲은 뱃사람들의 상상일 뿐 현실에서는 결코 존재한 적이 없다. 한사코 엉겨 붙는 해조에 말려들어 영원히 떠 있는 음습한 유령선 이야기도 마찬가지다.

03

>>>>>>>>>>>>>>>>>>>>

바다가 한 해 동안 겪는 변화

>>>>>>>>>>>>>>>>>>>>

새로운 해가 시작되면, 계절이 돌아온다.

—존 밀턴(John Milton)

바다 전체로 볼 때, 낮과 밤이 바뀌고 계절이 흐르고 해가 가는 것은 바다의 광대함에 비하면 아무것도 아니요, 변치 않는 바다의 영원함에 비춰보면 그 의미가 퇴색한다. 그러나 표층수는 다르다. 바다의 얼굴은 항시 변화한다. 해수면의 표정과 분위기는 시시각각 달라진다. 여러 가지 색깔과 빛 그리고 움직이는 그림자가 그 위에 어른거리고, 햇빛을 받아 반짝이고, 해거름 녘이면 신비로운 기운을 자아낸다. 표층수는 조석과 함께 이동하고, 바람의 숨결에 요동치고, 쉴 새 없이 움직이는 파도를 따라 오르내린다. 무엇보다 표층수는 계절의 변화에 발맞춰 변화한다. 북반구 온대 지방의 육지에서는 봄이 연둣빛 새순과 벙근 꽃망울 같은 새로운 생명의 약동과 더불어 시작된다. 봄의 온갖 신비와 의미는 북상하는 철새의 이주 현상에, 개구리의 합창 소리가 다시금 습지에 울려 퍼지며 혼곤한 양서류 동물을 흔들어 깨우는 광경에, 불과 한 달 전만 해도 앙상한 가지를 흔들어대던 바람이 한결 누그러진 기세로 어린 나뭇잎을 간질이는 모습에 상징적으로 담겨 있다. 우리는 이 모든 것을 육지와 관련해서만 생각하고, 바다에는 다가오는 봄을 이런 식으로 느낄 여지가 없다고 쉽게 단정 짓는다. 그러나 바다에도 어김없이 그런 징후가 있으며, 혜안을 가진 사람에게는 그 징후 역시 깨어나는 봄을 느낄 수 있는 신비로움을 선사한다.

육지와 마찬가지로 바다에서도 봄은 생명이 새로 피어나는 계절이다. 온대 지방에서는 몇 달에 걸친 긴 겨울 동안 표층수가 찬 기운을 빨아들인다. 이제 무거워진 물은 밑으로 내려가기 시작하고, 아래에 있는 따뜻한 층과 자리를 바꾼다. 대륙붕 바닥에는 무기물이 잔뜩 쌓여 있다. 무기물은 육지에서 강을 따라 실려오기도 하고, 해저에 가라앉은 바다 동물의 유해에서 생겨나기도 한다. 때론 한때 규조류를 싸고 있던 껍데기, 유동하는 방산충의 원형질, 익족류(翼足類)의 투명한 조직에서 비롯되기도 한다. 바다에서는 헛되이 낭비하는 게 하나도 없다. 모든 물질 입자는 주인을 달리해가면서 되풀이 사용된다. 봄이 오면 바닷물은 크게 뒤섞인다. 따뜻한 아래쪽 바닷물이 해수면에 무기질을 잔뜩 실어다주어 새로운 생명체가 이용할 수 있도록 준비하는 것이다.

육지 식물이 생장에 필요한 무기물을 땅에서 얻듯 모든 바다 식물은 제아무리 작은 존재라 할지라도 영양 염류나 무기질을 얻기 위해 바닷물에 의존한다. 규조류는 연약한 껍데기를 만드는 데 필요한 규산염을 어떻게든 확보해야 한다. 규조류를 비롯한 모든 미세 식물에게는 인산염이라는 무기물이 반드시 필요하다. 이들 무기물 가운데 어떤 것은 공급이 딸려 겨울철에는 생장에 필요한 최소량 이하로 떨어지기도 한다. 모든 규조류는 요령껏 이 계절을 잘 이겨내야 한다. 이들은 수를 불릴 기회는 고사하고 살아 있는 것만이라도 어떻게든 생존해야 한다는 냉혹한 현실에 직면해 있다. 엄혹한 겨울에 맞서기 위해 단단한 보호용 포자를 형성함으로써 생명의 불꽃을 살리는 문제, 이미 최소한의 생필품 말고는 아무것도 제공하지 않는 환경에 그 어떤 것도 요구하지 않고 동면 상태로 지내는 문제가 그들을 기다리고 있다. 그래서 규조류는 마치 눈과 얼음으로 뒤덮인 들판 아래 웅크리고 있다 봄이 오면 싹을 틔우는 밀알처럼 겨울 바다에서 제자리를 지키고 있다.

잠자고 있는 규조류의 '씨앗', 거름이 되는 화학 물질, 봄 햇살의 따사로움, 이것이 바다에서 봄의 개화를 재촉하는 요소다.

가장 단순한 이 바다 식물은 불시에 깨어나 믿기지 않는 속도로 증식하기 시작한다. 그들은 천문학적 규모로 수를 불린다. 봄 바다는 처음에는 규조류, 그다음에는 온갖 종류의 미세 식물 플랑크톤이 독차지한다. 이들은 어찌나 빨리 생장하는지 광대한 해역을 살아 있는 세포로 마치 담요처럼 뒤덮어버린다. 바닷물은 몇 킬로미터씩 붉은색·갈색·초록색으로 물들기도 하는데, 이는 해수면 전체가 각 식물 세포들이 함유한 미세 색소 입자의 빛깔을 띠기 때문이다.

그런데 이 미세 식물이 바다에서 막강한 영향력을 행사하는 것은 오직 일순간에 그친다. 이내 그들의 폭발적 증식에 버금가는 속도로 작은 동물인 플랑크톤이 불어나기 때문이다. 바야흐로 요각류와 화살벌레, 원양 새우와 익족류의 산란기다. 이 허기진 플랑크톤 무리는 물속을 정처 없이 배회하면서 식물 플랑크톤을 닥치는 대로 먹어치우고, 다른 한편 더 덩치 큰 동물한테 잡아먹히기도 한다. 이제 봄을 맞은 표층수는 드넓은 양식장으로 변한다. 저 아래 놓인 대륙 가장자리의 구릉이나 계곡에서, 여기저기 흩어져 있는 여울이나 모래톱에서 수많은 해저 동물의 알과 새끼가 해수면으로 헤엄쳐 올라온다. 심지어 다 자라서는 바닥에 붙어사는 생활을 하려고 도로 밑으로 내려갈 동물조차 생애 첫 몇 주 동안만큼은 자유롭게 유영하는 플랑크톤 사냥꾼으로 살아간다. 봄이 깊어지면 물고기·게·홍합·새날개갯지렁이의 새끼인 새로운 유생 무리가 날마다 해수면으로 헤엄쳐 올라와 원래의 플랑크톤과 한동안 뒤섞여 지낸다.

녀석들이 끊임없이 게걸스럽게 먹어대는 통에 표층수의 풀밭은 이내 바닥이 나고 만다. 규조류는 점차 희박해지고, 다른 단순 식물도 그들과 함께 자취를 감춘다. 그러나 이 와중에도 어느 한 가지 유형만은 급속하게 세를 불린다. 그들은 갑자기 미친 듯이 세포 분열을 해서 바다 전역을 독차지한다. 그렇게 해서 봄이면 바닷물은 한동안 젤리처럼 생긴 갈색 덩어리로 얼룩지고, 어부의 어망에는 물이 뚝뚝 떨어지는 *끈적끈적한* 갈색 점액만 들러붙을 뿐 물고기는 한 마리도 걸려들지 않는다. 악취를 풍기는 이 찐득찐득한 조류라면 딱 질색이라는 듯 청어 떼가 이를 피해 멀리 달아나기 때문이다. 그러나 보름달이 채 초승달로 바뀌기도 전에 미세 조류인 이 파에오시스티스(*Phaeocystis*)의 봄철 대규모 발생은 이내 막을 내리고 바닷물은 도로 깨끗해진다.

봄철에 바다는 이주하는 물고기 떼로 북적인다. 녀석들 중 일부는 알을 낳기 위해 큰 강의 어귀로 몰려가서 물살을 거슬러 오르기도 한다〔이런 현상을 소상(遡上)이라고 한다 — 옮긴이〕. 지금까지의 삶터이던 깊은 태평양 바다를 벗어나 굽이치는 컬럼비아강의 상류를 찾아가는 '봄 소상(spring-run)' 왕연어, 체서피크만·허드슨강·코네티컷강을 향해 달리는 섀드(shad: 청어의 일종 — 옮긴이), 뉴잉글랜드 연안의 100여 개 하천을 헤엄쳐 오르는 에일와이프(alewife: 청어의 일종 — 옮긴이), 페놉스코트(Penobscot)강과 케네벡(Kennebec)강을 더듬더듬 찾아가는 연어 등이 그러한 물고기다. 몇 달 혹은 몇 년 동안 오직 바다라는 드넓은 장소밖에 모르고 살아온 물고기다.

그런데 이제 봄 바다와 어른이 된 그들의 몸이 본래 태어난 곳으로 돌아가도록 그들을 이끄는 것이다.

그 밖의 여러 신비한 현상도 한 해의 흐름과 연관이 있다. 빙어 떼는 깊고 차가운 바렌츠해에 모여드는데, 바다쇠오리·풀머갈매기·세가락갈매기 떼한테 쫓기다 결국 그들의 먹이가 된다. 대구는 로포텐(Lofoten: 노르웨이 북서부의 제도—옮긴이) 제방까지 다가갔다 아일랜드 해안 앞바다로 모여든다. 겨울철에 대서양이나 태평양 전역을 누비고 다니면서 먹이를 잡아먹던 새들이 몇몇 작은 섬에 속속 집결한다. 불과 며칠 만에 산란기를 맞은 새들이 모조리 그런 섬에 도착한다. 고래 무리가 크릴새우 떼가 산란하고 있는 연안 모래톱 비탈에 불쑥 나타나기도 한다. 녀석들은 아무도 모르는 곳에서 아무도 모르는 길을 따라 찾아온다.

규조류의 수가 줄어들고 상당수의 동물 플랑크톤과 대부분의 물고기가 산란을 마치면, 표층수 생물들은 삶의 고삐를 서서히 늦추면서 한여름의 느긋함에 몸을 맡긴다. 여러 해류가 만나는 지점을 따라 수천 마리의 창백한 보름달물해파리(Aurelia) 떼가 몰려와 바다 위 몇 킬로미터를 삐뚤빼뚤한 띠로 장식한다. 새들은 초록 바다 깊은 곳에서 그들의 희미한 형체가 빛을 받아 일렁이는 광경을 굽어본다. 한여름에 붉은 대형 유령해파리(Cyanea)는 골무만 한 크기에서 우산만 한 크기로 급성장한다. 유령해파리는 촉수를 길게 늘어뜨린 채 리듬감 있게 수축과 이완을 반복하면서 바닷속을 누빈다. 그리고 제 갓 속에 숨어 지내며 함께 여행하는 어린 대구나 해덕(haddock: 북대서양에 서식하는 대구의 일종—옮긴이) 무리를 보살피기도 한다.

이따금 눈부시게 빛나는 또렷한 인광이 여름 바다를 환히 밝히기도 한다. 원생동물의 일종인 야광충이 들끓는 바다에서는 바로 녀석들이 이 같은 여름 인광의 주인공이다. 이때는 각종 물고기·오징어·돌고래 따위가 마치 빛나는 유령 옷을 걸치고 쏜살같이 질주하는 불꽃처럼 바다를 가득 메운다. 그런가 하면 여름 바다는 거대한 개똥벌레 떼가 날아다니는 어두운 숲속처럼 수백만 개를 헤아리는 자그마한 빛들로 무수히 반짝거릴 때도 있다. 이 풍광의 주역은 바로 멋진 발광 새우, 곧 북방크릴(Meganyctiphane) 떼다. 얼음장처럼 차가운 물이 심해에서 위로 솟구쳐 해수면에 흰 잔물결을 만들어내는 춥고 어두운 바다에서 살아가는 녀석들이다.

식물 플랑크톤이 풍부한 북대서양 바다 위에서는 빙빙 맴을 돌기도 하고 물속으로 자맥질했다 다시 떠오르기를 되풀이하는 작은 갈색 깝작도요(phalarope)의 메마른 재잘거림이 초봄 이래 처음으로 들려온다. 북극 툰드라 지방에서 둥지를 틀고 새끼를 기르던 깝작도요 선발대가 돌아오고 있는 것이다. 그들 대부분은 육지에서 멀리 떨어진 망망대해 위로 남진을 계속해 적도를 넘어 결국 남대서양에 이를 것이다. 그리고 거기에서 큰 고래들이 이끄는 장소로 따라갈 것이다. 고래가 있는 곳에는 어김없이 이 낯설고 작은 새들을 살찌울 플랑크톤 떼가 우글거리기 때문이다.

가을에 접어들면 해수면에서도, 깊은 초록색 바닷속에서도 여름이 끝났음을 알리는 또 다른 움직임이 나타난다. 안개 자욱한 베링해에서는 물개 떼가 이동한다. 녀석들은 알류샨열도 사이로 난 위험천만한 길을 통과한 뒤 드넓은 태평양을 향해 남쪽으로 여행하는 중이다. 그들이 떠나온 베링해의 바다 위로는 나무 한 그루 없는 작은 화산섬 2개가 덩그마니 솟아 있다(프리빌로프제도의 주요 섬인 세인트폴섬과 세인트조지섬을 말함—옮긴이). 그 섬들은 이제 잠잠해졌지만, 지난여름 몇 달 동안 새끼를 낳고 기르기 위해 해안으로 기어 올라온 물개 수백만 마리가 울부짖는 소리로 한시도 조용할 틈이 없었다. 동태평양에 서식하는 물개란 물개가 죄다 헐벗은 바위와 푸석푸석한 흙밖에 없고 면적이 몇 제곱킬로미터에 불과한 두 섬에 구름 떼처럼 몰려든 것이다. 그들은 이제 바닷속 대륙붕단(大陸棚端: 대륙붕의 가장자리, 즉 대륙붕과 대륙사면을 가르는 경계 지점－옮긴이)의 깎아지른 듯한 벼랑(거기서부터 암석 기단이 깊은 바다로 가파르게 치닫는다)을 찾아 다시 남쪽으로 방향을 틀었다. 북극의 겨울 바다보다 훨씬 더 캄캄한 곳이지만, 녀석들은 거기서 물고기를 배불리 잡아먹으며 아무 탈 없이 살아갈 것이다.

가을은 산뜻한 인광 불꽃과 더불어 바다를 찾아온다. 이즈음 파도의 물마루는 하나같이 불타는 듯 환하다. 바다 표면은 여기저기 차가운 불꽃 덩어리로 반짝이고, 그 아래에서는 물고기 떼가 마치 용융 금속처럼 보이는 물속을 헤엄쳐 다닌다. 더러 가을의 인광 현상은 와편모충의 봄 개체들이 짧은 주기로 빠르게 증식해 턱없이 불어나기 때문이기도 하다.

가끔은 불타오르는 바다가 불길함을 의미할 때도 있다. 북아메리카의 태평양 연안 앞바다에서 이는 바다가 기괴하고 끔찍한 독성 물질을 지닌 미세 식물, 곧 와편모충 고니아울락스(Gonyaulax)로 들끓고 있다는 뜻일지도 모른다. 고니아울락스가 연안의 플랑크톤 무리 중에서 가장 우세해지고 나흘쯤 지나면, 인근의 어패류 일부가 독성을 띤다. 바닷물에서 먹이를 걸러 먹을 때 독성을 지닌 플랑크톤도 함께 섭취하기 때문이다. 홍합은 고니아울락스 독소를 간(liver)에 축적하는데, 이는 인간의 신경계에 스트리크닌(strychnine: 중추신경 흥분제로 쓰이는 독성 물질－옮긴이)과 비슷한 반응을 일으킨다. 사정이 이렇다 보니 태평양 연안의 거주민은 고니아울락스가 번성할 가능성이 있는 여름이나 초가을에는 외해에 노출된 해안에서 채취한 조개는 안 먹는 게 상책이라고 여긴다. 백인이 정착하기 훨씬 전부터 인디언은 이 사실을 잘 알고 있었다. 바다에 붉은 줄이 생기거나 밤중에 파도 속에서 신비로운 청록색 불꽃이 깜박이기 시작하면 인디언 추장들은 지체 없이 그 경고 신호가 사라질 때까지 홍합을 먹지 말라고 명령했다. 그들은 심지어 해변을 따라 간간이 보초를 세워 조개를 잡으러 왔지만 바다의 언어를 읽을 줄 모르는 내륙 사람들에게 주의를 주기도 했다.

그러나 바다에서 반짝이는 불빛은 그걸 만들어낸 장본인에게야 어떤 의미일지 몰라도 인간에게는 그리 해될 게 없다. 그런데 망망대해를 떠다니는 배의 갑판(바다와 하늘로만 이루어진 광막한 세상에서 유일하게 인간의 손길이 빚어낸 작은 관측 지점)에서 바라보면 그 불빛은 어쩐지 으스스하고 섬뜩하다. 인간은 자만심 탓인지 잠재의식 속에서 달도 별도 해도 아닌 불빛은 뭐든 인간이 만들어낸 것이려니 하고 넘겨짚는 경향이 있다. 해안에서 보는 불빛, 물 위에서 움직이는 불빛은 으레 다른 어떤 인간이 충분히 납득할 만한 무슨 목적을 위해 불을 붙여 사용하고 있는 빛이라고 여기는 것이다. 그러나 이는 인간으로서는 도무지 알 길 없는 여러 가지 이유로 반짝이다 잦아들고 켜졌다 꺼지기를 거듭하는 빛이요, 막연한 불안에 떨며 동요하는 인간이 세상에 출현하기 훨씬 전부터 억겁의 세월 동안 존재해온 빛이다.

찰스 다윈이 비글호 갑판에 서서 이와 같은 인광을 관찰한 것은 브라질 동부 연안 앞바다에서 남쪽으로 항해하던 어느 날 밤의 일이다. 그는 일기에 다음과 같이 기록했다.

더없이 밝은 빛을 발하는 바다는 무척이나 아름답고 경이로웠다. 낮에는 그저 거품처럼 보이던 바닷물 전체가 밤이 되자 창백한 빛으로 이글거렸다. 비글호는 뱃머리로 두 번인가 액체 인(燐)이 만들어낸 큰 파도에 맞섰으며, 배가 지나간 자취는 우윳빛 여파를 길게 드리웠다. 눈길 닿는 곳까지 모든 파도의 물마루는 밝게 빛났고, 수평선 바로 위에 펼쳐진 하늘은 반사광 때문인지 나머지 하늘만큼 깜깜해 보이지는 않았다. 바다가 열을 받아 녹아내리고 불길에 휩싸인 것 같은 광경을 굽어보고 있노라니 밀턴이 묘사한 '혼돈과 무질서'의 공간이 저절로 떠올랐다.■

가을 낙엽이 불타는 빛깔을 뽐내다 이내 시들어 떨어지는 것처럼 가을 인광은 겨울이 다가오고 있음을 예고하는 표식이다. 편모충을 비롯한 미세 조류는 새로이 생명의 꽃을 피운 짧은 기간이 지나면 수가 크게 줄어들면서 뿔뿔이 흩어진다. 새우나 요각류도, 화살벌레나 빗해파리도 마찬가지다. 해저에서 살아가는 동물의 유생은 진즉에 발달을 마치고 고락을 함께할 존재를 찾아 나선다. 심지어 본디 떠돌아다니던 물고기 떼조차 표층수를 버리고 더 따뜻한 저위도 지방으로 이주하거나, 아니면 그와 비슷한 온도대를 찾아 대륙붕단 아래 깊고 조용한 바다로 떠난다. 녀석들은 거기서 거의 동면에 견줄 무력감에 빠진 채 겨우내 그 느낌에 젖어 지낼 것이다.

이제 표층수는 사나운 겨울바람의 노리갯감 신세로 전락한다. 바람이 거대한 폭풍 해일을 몰고 와 그 물마루를 따라 포효한 뒤 포말과 물보라를 일으키며 부서질 때면, 모든 생물이 영영 그곳을 떠난 것만 같다.

조지프 콘래드(Joseph Conrad: 1857~1924, 폴란드 태생의 영국 해양소설가—옮긴이)는 겨울 바다의 분위기를 이렇게 묘사했다.

■ *Charles Darwin's Diary of the Voyage of H. M. S. Beagle*, edited by Nora Barlow, 1934 edition, Cambridge University Press, p. 107.

드넓은 수면 전반에 드리운 잿빛, 바람이 할퀸 파도의 얼굴, 잔뜩 헝클어진 흰 머리채처럼 이리저리 넘실대는 거대한 거품 덩어리는 강풍에 시달리는 바다를, 마치 빛 이전에 창조된 것처럼, 광채도 생기도 없고 무료함에 지친 백발의 노인네로 보이게끔 만든다.▪

그러나 황량하고 칙칙한 겨울 바다라고 희망의 조짐이 아예 없는 것은 아니다. 육지가 겨울이면 언뜻 생명이 다한 것처럼 보여도 그게 순전한 착각임을 우리는 알고 있지 않은가. 초록의 낌새라곤 전혀 느낄 수 없는 앙상한 나뭇가지를 유심히 들여다보라. 그러면 가지마다 잎눈 자리가 있어, 추위와 위험으로부터 안전하게 보호하려 겹겹이 싸맨 연둣빛 새싹이 봄이면 앞다퉈 돋아나는 마술을 펼쳐 보이리라는 걸 알 수 있을 것이다. 나무 몸통에서 꺼칠꺼칠한 껍질을 한 조각 떼어보라. 그러면 거기서 곤한 겨울잠에 빠져 있는 곤충을 보게 될 것이다. 눈 밑에 묻혀 있는 땅을 파헤쳐보라. 그러면 이듬해에 메뚜기로 깨어날 알, 풀·약초·참나무로 자라날 종자가 숨죽이며 겨울을 나는 모습을 볼 수 있을 것이다.

마찬가지로 겨울 바다를 생명도 희망도 없는 암울한 상태로 여기는 것 역시 착각이다. 우리는 바다의 주기가 완전히 한 바퀴 돌았으며, 그 안에 바다를 되살릴 수단이 있음을 도처에서 확인할 수 있다. 겨울 바다는 새 봄에 대한 약속을 담고 있다. 차가운 바닷물이 몇 주 전 너무 무거워져 바닥으로 내려간 결과, 봄이라는 드라마의 서막을 알리는 물의 역전을 촉발했기 때문이다. 해저 바닥의 바위에 찰싹 달라붙은 식물 같은 작은 물체—요컨대 봄이 오면 새로운 해파리 세대를 출아(出芽)해 표층수로 올려

▪ *The Mirror of the Sea*, Kent edition, 1925, Doubleday-Page, p. 71.

보낼, 거의 형체가 없는 폴립(polyp)—에도 새로운 생명에 대한 약속이 들어 있다. 해저 바닥에서 겨울잠을 자는 굼뜬 요각류한테도 작은 몸 안에 축적한 여분의 지방으로 겨우내 목숨을 부지하고, 바다 표면을 할퀴는 폭풍을 피해 살아남으려는 무의식적인 목적이 숨어 있다.

사람들 눈에는 보이지 않지만, 회색빛 몸뚱어리의 대구는 이미 추운 바다를 지나 산란 장소로 이동한 상태다. 녀석들이 낳은 유리처럼 투명한 둥근 알은 지금 표층수로 올라가는 중이다. 겨울 바다라는 혹독한 세계에서조차 알은 급격하게 분열하기 시작하고, 원형질 알갱이 하나하나는 결국 살아 움직이는 새끼 대구로 바뀔 것이다.

우리는 무엇보다 표층수에 남아 있는 미세먼지 같은 생명체, 즉 따스한 햇살과 영양을 공급해줄 화학 물질만 있으면 또다시 봄의 마술을 펼치게 될, 눈에 보이지 않는 규조류의 포자에서 봄의 태동을 확신할 수 있다.

04

,,,,,,,,,,,,,,,,,,,,,,,

해가 들지 않는 바다

,,,,,,,,,,,,,,,,,,,,,,,,

대형 고래들이 미끄러지듯 헤엄쳐 오는 곳,
나아가라, 나아가라, 눈 부릅뜨고!

―매슈 아널드(Matthew Arnold)

햇빛 비치는 드넓은 바다의 표층수와 해양 바닥의 숨은 구릉과 계곡, 그 사이에 낀 공간이야말로 바다에서 가장 알려지지 않은 영역이다. 온갖 신비와 풀리지 않는 문제를 간직한 이 깊고 어두운 바다는 지구의 상당 부분을 차지하고 있다. 지구 표면의 4분의 3 이상이 바다다. 유령처럼 파리한 햇살이 저 아래 해저까지 닿는 얕은 대륙붕 지역과 여기저기 흩어져 있는 모래톱과 여울을 모두 뺀다 해도 지구상의 절반가량은 깊이가 몇 킬로미터에 이르는, 해가 들지 않는 바다다. 세상이 시작된 이래 내내 어둠에 잠겨 있는 곳이다.

　지금껏 이곳은 다른 어떤 영역보다 더 고집스럽게 비밀을 꽁꽁 숨겨왔다. 인간은 온갖 지혜를 짜내며 덤벼보았지만 겨우 그 문지방까지밖에 닿지 못했다. 잠수 헬멧을 쓰면 우리는 약 18미터 아래에 있는 바다 밑바닥을 걸을 수 있다. 잠수복을 제대로 갖춰 입으면 최대 150미터 정도까지 내려가는 것도 가능하다. 그러나 필요한 산소를 공급해주는 장비 따위로 중무장해야 하므로 거의 몸을 가누기 어렵다. 역사상 오직 2명의 남성만 빛이 비치는 한계 너머까지, 살아서, 내려가보았다. 윌리엄 비비와 오티스 바튼(Otis Barton)이 바로 그들이다. 두 사람은 1934년 잠수구를 타고 버뮤다제도 인근 외해에서 약 910미터 아래까지 내려갔다. 1949년 여름에는 바튼 혼자 벤소스코프(benthoscope)라는 해저 탐사용 강철구를 타고 캘리포니아 앞바다에서 1350미터 깊이까지 내려갔다.∎

∎ 바다 깊은 곳을 직접 탐사해보려는 인간의 꿈은 지난 10년에 걸쳐 실현되었다. 끈질긴 노력과 풍부한 상상력으로 가득 찬 비전 그리고 공학 기술이 어우러져, 깊은 바다의 엄청난 수압을 견뎌내고 불과 몇 년 전만 해도 엄두조차 못 내던 영역까지 인간 관찰자를 데려다줄 잠수기가 탄생했다.

심해 탐사 분야의 선구자는 기구를 타고 성층권 진입에 성공함으로써 이미 유명세를 타고 있는 스위스 물리학자 오귀스트 피카르(Auguste Piccard) 교수다. 그는 전선 끝에 매달려 내려가는 잠수구 대신, 바다 위에서 조종하는 장치 없이 독자적으로 자유롭게 움직일 수 있는 심해 탐사 기구를 만들자고 제의했다. 그렇게 해서 지금까지 심해 탐구선(bathyscaphe) 세 대가 세상에 나왔다. 관찰자들은 금속 용기에 매달린 내압 구(球)에 탑승하는데, 그 금속 용기에는 거의 압축이 불가능할 만큼 가벼운 유체 고옥탄 가솔린이 들어 있다. 철 알갱이로 채운 사일로(silo)가 잠수기의 균형을 잡아주는 바닥짐 노릇을 한다. 철 알갱이는 전자석(electromagnet, 電磁石)에 의해 서로 붙어 있는데, 잠수부가 수면 위로 돌아갈 준비를 마치고 단추를 누르면 결합이 풀린다. 'FNRS-2'로 알려진 최초의 심해 탐구선은 벨기에 국립과학연구기금(Fonds National de la Recherche Scientifique)의 지원으로 제작했다. ('FNRS-1'은 역시 같은 기금의 지원을 받아 제작한 피카르의 성층권 탐사용 기구 이름이다.) 'FNRS-2'는 무인 실험 잠수를 통해 큰 가능성을 보여주었지만, 몇 가지 결함도 함께 드러냈다. 나중에 만든 잠수기에서는 그러한 결함을 바로잡았다. 두 번째 심해 탐구선 'FNRS-3'는 벨기에와 프랑스 정부가 체결한 조약에 따라 만들었는데, 피카르와 자크 쿠스토(Jacques Cousteau)가 제작 과정을 지휘했다. 피카르 교수는 'FNRS-3'를 채 완성하기도 전에 이탈리아로 건너가 트리에스테(Trieste)라는 이름의 세 번째 심해 탐구선을 만들기 시작했다.

'FNRS-3'와 트리에스테는 1950년대에 인간을 태우고 심해 가장 깊은 곳까지 내려감으로써 역사에 남을 만한 엄청난 일을 해냈다. 1953년 9월, 피카르 교수와 그의 아들 자크 피카르(Jacques Piccard)는 트리에스테를 타고 지중해에서 3119미터 깊이까지 내려갔다. 종전 기록을 갑절이나 끌어올린 수치였다. 1954년에는 프랑스인 조르주 오우(George Houot)와 피에르앙리 빌름(Pierre-Henri Willm)이 'FNRS-3'를 타고 아프리카 다카르 앞바다에서 훨

그간 억세게 운 좋은 몇몇 사람만이 깊은 바다에 직접 들어갈 수 있었다. 하지만 빛 투과량, 압력, 염도, 온도를 측정하는 정밀한 해양 도구 덕분에 우리도 이제 출입이 허락되지 않는 이 으스스한 지역을 상상으로나마 재구성해볼 수 있게 되었다. 표층수는 몰아치는 돌풍에 속절없이 영향을 받고, 밤과 낮의 오고감을 느끼고, 해와 달의 인력에 반응하고, 계절에 따라 변화한다. 그러나 깊은 바다는 설령 변화가 일어난다 해도 그 속도가 무척이나 더딘 장소다. 햇빛이 미치는 한계 그 아래에는 빛과 어둠이 번갈아 교차하는 일도 없다. 차라리 바다 자체처럼 오래된 밤이 영원히 이어지는 곳이라 불러 마땅하다. 칠흑 같은 바닷속에서 끊임없이 더듬거리며 생활하는 생물 대부분에게 제 터전은 대체 어떻게 비칠까? 그곳은 필시 먹을 게 부족하고 구하기도 어려운 배고픔의 장소일 것이다. 또 상존하는 적들로부터 몸을 피할 곳도 없고, 태어나서 죽을 때까지 제가 속한 특정 바다층에 감옥처럼 갇힌 채 어둠 속에서 하염없이 전진만 해야 하는 장소일 것이다.

사람들은 흔히 깊은 바다에서는 아무것도 살 수 없다고 말하곤 했다. 분명 누구나 쉽게 수긍할 만한 주장이었다. 반론의 증거를 들이대지 않는 이상 도대체 누가 그런 장소에 생명체가 살고 있다고 우길 수 있단 말인가.

1세기 전, 영국의 생물학자 에드워드 포브스(Edward Forbes)는 이렇게

씬 깊은 3986미터 지점까지 내려갔다. 1958년 미해군연구소(United States Office of Naval Research)는 피카르 부자에게서 트리에스테를 사들였다. 트리에스테는 이듬해에 괌으로 옮겨졌다. 그 부근에는 음향 측심 결과, 해양에서 가장 깊은 지점으로 밝혀진 마리아나 해구(Mariana Trench)가 있었다. 1960년 1월 23일, 자크 피카르와 돈 월시(Don Walsh)를 태운 트리에스테는 그 해구의 바다까지, 그러니까 무려 해수면 아래 1만 740미터(거의 11킬로미터에 달하는 깊이) 지점까지 내려가는 쾌거를 이루었다.

적었다. "바닷속을 점점 더 깊이 내려가면 거주민 수가 차츰 줄어드는데, 이는 지금 우리가 생명체들이 모두 절멸했거나 아니면 가까스로 목숨을 부지한 존재가 간간이 일으키는 가녀린 불꽃만 보이는 심해를 향해 가고 있다는 것을 뜻한다." 그러나 포브스는 이 광대한 심해를 좀더 면밀히 탐구함으로써 거기에 생명체가 살아갈 수 있느냐 하는 질문에 확실히 답해야 한다고 역설했다.

당시에도 증거는 쌓여가고 있었다. 존 로스 경(Sir John Ross)은 1818년 북극해를 탐험하는 동안 1800미터 깊이의 해저에서 진흙을 퍼왔는데, 거기에 갯지렁이들이 살고 있었다. 그는 "이것으로 보아 2킬로미터 깊이의 엄청난 수압, 어둠과 적막과 정적에도 불구하고 심해 바닥에 동물이 살아가고 있음을 알 수 있다"고 말했다.

1860년 페로제도(Faroe Islands: 영국과 아이슬란드 중간에 위치한 군도―옮긴이)에서 캐나다 동부의 래브라도(Labrador)반도까지 케이블을 놓기 위해 북부 노선을 점검하던 연구선 불도그호(Bulldog)도 유사한 증거를 내놓았다. 어느 한 지점에서 2268미터 해저 바닥에 한동안 드리워 있던 불도그호의 측연선에 불가사리 13마리가 매달린 채 딸려 올라온 것이다. 배에 승선한 박물학자는 그 불가사리들을 보고 "깊은 바다에서 드디어 오랫동안 간절히 기다려온 기별이 왔다"고 썼다. 하지만 당시 모든 동물학자가 이러한 주장을 받아들일 준비를 마친 것은 아니었다. 의심을 거두지 못한 몇몇 동물학자는 측연선이 수면으로 올라오는 도중 어디쯤에서인가 그 불가사리들이 "발작적으로 달라붙었을 것"이라고 주장했다.

같은 해인 1860년, 지중해에서 2160미터 깊이의 해저에 깔린 케이블을 수리하기 위해 위로 끌어올렸다. 그런데 그 케이블에는 산호를 비롯해 고착 생활을 하는 동물이 수도 없이 달라붙어 있었다. 발달 단계 초기에 케이블에 몸을 부착하고 수개월에서 수년에 걸쳐 성년 개체로 성장한 동물들이었다. 물 위로 올라오는 동안 케이블에 들러붙었을 가능성은 눈곱만큼도 없었다.

해양 탐사용 장비를 갖춘 최초의 연구선 챌린저호(Challenger)가 1872년 영국을 출발해 정해진 항로를 따라 전 세계를 누비고 다녔다. 챌린저호는 수도 없는 그물질로 몇 킬로미터 아래 해저에서, 붉은 연니가 질펀하게 깔린 고요한 바다에서, 빛이 들지 않는 중간 바다에서 기이하고도 환상적인 생명체를 끌어올려 갑판에 부려놓았다. 챌린저호에 승선한 과학자들은 생전 처음 낮의 햇살 아래 불려나온 기묘한 존재들, 지금까지 누구도 본 적 없는 존재들을 유심히 관찰함으로써 가장 깊은 심해 바닥에서도 생명체가 살아가고 있다는 사실을 똑똑히 확인했다.

지난 수십 년간 바다에 관해 새로 밝혀진 사실 가운데 가장 흥미로운 점은 해수면에서 약 1킬로미터 지점까지의 바다 상당 부분을 정체 모를 생명체들이 가로막고 있다는 것이다.

20세기의 첫 25년 동안 음향측심기를 개발해 항해 중인 선박이 심도(深度)를 잴 수 있게 되었다. 하지만 누구도 그것이 심해 생명체에 관해 뭔가를 말해주는 도구로 쓰이게 될 줄은 미처 생각지 못했다. 그러나 이 새로운 기기를 사용하던 과학자들은 이내 선박에서 광선처럼 아래로 쏜 음파가 도중에 어떤 단단한 물체에 가로막혀 되돌아온다는 사실을 발견했다. 첫 번째 반사음은 바다 중간쯤에서, 짐작하건대 물고기 떼나 고래 따위의 해저 동물에 튕겨 돌아왔고, 좀 있다가 두 번째 반사음이 바닥에 부딪쳐 돌아온 것이다.

1930년대 후반에는 이러한 사실이 널리 알려져 어부들이 음향측심기를 사용해 청어 떼가 몰려오는지 알아보자는 이야기를 주고받을 정도였다. 그런데 이즈음 제2차 세계대전이 발발하자 이 주제는 모두 엄격한 보안에 부쳐졌다. 더 이상 여기에 관해서는 거의 아무런 이야기도 들리지 않았다. 그러던 중 1946년 미 해군이 중대 뉴스를 발표했다. 캘리포니아 앞바다 깊은 곳에서 수중음파탐지기로 연구를 수행하던 일군의 과학자들이 음파를 산란(散亂)하는 광범위한 '층'을 발견했다고 보고한 것이다. 해수면과 태평양 바닥의 중간쯤에 떠 있는 것으로 보이는 그 층은 너비가 480킬로미터나 되는 지역에 드넓게 펼쳐져 있고, 수면 아래 300~450미터에 걸쳐 존재하는 것으로 드러났다. 1942년 미 해군의 재스퍼호(Jasper)에 승선한 3명의 과학자 아이링(C. F. Eyring), 크리스텐슨(R. J. Christensen), 레잇(R. W. Raitt)이 이를 발견했다. 어떤 현상 때문에 일어났는지 전혀 밝혀지지 않은 그 신비로운 층은 한동안 이 세 과학자의 이름을 따서 'ECR층'이라고 불렀다. 1945년 스크립스 해양연구소 소속 해양생물학자 마틴 존슨은 그 층의 속성이 뭔지 밝혀주는 최초의 단서를 제시하면서 좀더 진척된 결과를 내놓았다. 스크립스호(E. W. Scripps)에 승선해 연구하던 존슨은 음파를 받아치는 존재가 뭔지는 확실히 모르지만, 밤에는 표층수 부근에서, 낮에는 심해에서 발견되는 것으로 보아 그들이 위아래로 일정한 리듬을 타면서 이동한다는 사실을 알아냈다. 이 발견은 음파가 무생물이나 물속에 생긴 물리적 불연속면 때문에 되돌아오는 것일지 모른다는 의혹을 불식시켰고, 그 층이 제 행동을 제어할 수 있는 살아 있는 생명체로 이루어져 있음을 말해주었다.

이때를 기점으로 이른바 '유령 해저(phantom bottom)'에 관한 발견이 봇물 터지듯 쏟아져 나왔다. 음향측심기를 널리 사용하면서 그런 현상이 캘리포니아 앞바다에서만 일어나는 게 아님이 차츰 분명해졌다. 이런 현상은 깊은 바다의 해분에서 거의 예외 없이 나타났다. 낮에는 해수면으로부터 약 1킬로미터 떨어진 깊은 곳에서 부유하던 산란층이 밤이 되면 해수면으로 올라오고, 해 뜨기 전에 도로 깊은 바다로 내려간 것이다.

1947년 샌디에이고에서 남극으로 항해 중이던 미 해군의 헨더슨호(Henderson)는 하루의 상당 시간 동안 250~800미터에 이르는 여러 깊이에서 그러한 산란층을 발견했다. 헨더슨호는 이어 샌디에이고를 출발해 일본 요코스카(横須賀)로 향하는 길에도 날마다 음향측심기로 그 층에 관한 기록을 확보했다. 이로 미루어 그 층은 태평양 전역에 거의 연속적으로 존재한다는 것을 알 수 있었다.

1947년 7~8월, 미 해군의 네레우스호(Nereus)는 진주만에서 북극까지 계속해서 음향측심기를 이용해 심도를 기록한 결과, 산란층이 그 항로상에 있는 깊은 바다 전역에 존재한다는 사실을 확인했다. 그러나 얕은 베링해(Bering Sea)나 축치해(Chukchi Sea)에는 그런 층이 존재하지 않았다. 네레우스호의 음향 측심 기록을 보면 어느 날 아침에는 차츰 밝아지는 바다에 달리 반응하는 2개의 층이 나타난다는 걸 알 수 있다. 요컨대 두 층은 20분의 간격을 두고 모두 깊은 바다로 내려갔다.

그 층을 채집하거나 사진을 찍어보려는 시도도 없지는 않았다. 하지만 나중에야 어떻게 될지 몰라도 지금으로서는 그게 무엇으로 이루어져 있는지 아무도 확신하지 못한다. 여기엔 세 가지 주요 가설이 있는데, 각각 바다의 유령 해저가 작은 플랑크톤, 물고기, 오징어로 이뤄져 있다고 주장한다.

첫째, 플랑크톤 가설을 살펴보자. 이를 뒷받침하는 가장 설득력 있는 논거는 수많은 동식물 플랑크톤이 몇 백 미터를 규칙적으로 수직 이동한다는 것이다. 녀석들이 밤이면 해수면으로 올라오고, 이른 아침이면 도로 햇빛이 비치지 않는 지대로 내려가는 식의 수직 이동을 한다는 것은 어김없는 사실이다. 이는 정확히 심해 산란층의 움직임이다. 그 층을 구성하는 것이 무엇이든 그들은 햇빛에 의해 단호히 내침을 당하는 듯하다. 요컨대 햇빛이 비치는 지점 끝에, 혹은 그 지점 너머 어두운 곳에 포로처럼 감금되어 있으면서 다시금 반가운 어둠이 해수면까지 퍼져나가길 고대하고 있는 것 같다. 그렇다면 그들을 내치는 힘은 과연 무엇일까? 아울러 그들을 거부하는 힘이 사라지고 난 뒤 그들을 다시금 수면 쪽으로 끌어당기는 힘은 또 무엇일까? 또한 그들이 한사코 어둠 속에 머물고자 하는 것은 적으로부터 자기 자신을 지켜내기에 좀더 안전하기 때문일까? 그들이 밤에 수면 근처로 이끌리는 것은 거기에 먹이가 한층 더 풍부하기 때문일까?

둘째, 물고기가 음파를 반사한다는 가설을 살펴보자. 이렇게 주장하는 이들은 흔히 그 층이 수직 이동을 하는 것은 작은 부유성 새우를 잡아먹고 사는 물고기들이 그 먹이를 따라 움직이기 때문이라고 설명한다. 그들은 물고기의 부레가 구조상 관련 조직 가운데 강한 음파를 되받아칠 가능성이 가장 높다고 믿는다. 그러나 이 가설을 받아들이는 데는 한 가지 난점이 있다. 즉 물고기들이 몰려다니는 게 바다에서 흔히 볼 수 있는 현상임을 뒷받침하는 증거가 없다는 점이다. 실상 우리가 알고 있는 그 밖의 거의 모든 증거에 따르면, 물고기들이 진짜로 많이 몰려 사는 곳은 대륙붕 위나 먹이가 유독 풍부한 외해의 일부 특정 지대에 국한되어 있다. 만약 그 산란층이 물고기 떼로 인해 생긴 게 사실이라면, 물고기 분포를 설명하는 지금의 지배적 견해를 대폭 수정해야 마땅하다.

셋째, 오징어 가설을 살펴보자. 이는 가장 놀라운 가설로, 산란층이 "햇빛 비치는 지대 아래에서 서성이며 어서 어둠이 내려 다시 플랑크톤이 풍부한 표층수로 쳐들어가기만 기다리는" 오징어 떼로 이뤄져 있다고 여긴다. (수가 가장 적어 보이는) 이 가설의 지지자들은 적도에서 양 극지방까지 거의 모든 곳에서 포착되는 반사음을 낼 만큼 오징어가 충분히 많이, 그리고 충분히 넓은 지역에 분포한다고 주장한다. 오징어는 온대와 열대의 외해에서 볼 수 있는 향유고래의 유일한 먹이로 알려져 있다. 그들은 또한 큰돌고래의 유일한 먹이이며, 그 밖에 이빨고래·물개·바닷새에게 무수히 잡아먹힌다. 이 모든 정황으로 미루어 오징어가 엄청나게 많다는 것은 틀림없는 사실인 듯하다.

실제로 밤에 수면 가까이에서 작업하는 이들은 어두운 표층수에 오징어가 얼마나 바글거리는지, 녀석들이 얼마나 분주히 움직이는지 생생하게 느낄 수 있다. 오래전 요한 요르트(Johan Hjort: 1869~1948, 노르웨이의 해양학자―옮긴이)는 이렇게 썼다.

어느 날 밤, 우리는 페로제도의 경사면에서 긴 줄을 끌어올리고 있었다. 그 줄이 보이도록 한쪽에 전등을 매달아놓고 작업하고 있었는데, 어느 순간 오징어가 마치 섬광처럼 그 빛을 향해 잇따라 달려들었다. ……1902년 10월의 어느 날 밤, 우리는 노르웨이 연안 모래톱의 사면 바깥쪽을 기세 좋게 달리고 있었다. 수십 킬로미터를 이동하는 내내 오징어 떼가 표층수에서 마치 야광 거품처럼 노니는 광경을 볼 수 있었다. 녀석들은 계속 점멸하는 백열전구 같았다.■

토르 헤위에르달은 밤에 자신이 탄 뗏목 위로 오징어 떼가 그야말로 마구 쏟아져 들어왔다고 회고했다. 그리고 파나마 연안 앞바다에서 해양 연

■ *The Depths of the Ocean*, by Sir John Murray and Johan Hjort, 1912 edition, Macmillan & Co., p. 649.

구를 수행한 리처드 플레밍은 밤에 어마어마한 오징어 떼가 수면에 바글거리는 모습, 사람들이 기구를 작동하려고 켜놓은 불을 향해 거침없이 달려드는 오징어 떼의 모습을 흔히 볼 수 있었다고 술회했다. 그러나 표층수에서는 새우 떼가 오징어 떼 못지않은 장관을 펼치는 광경도 이따금 볼 수 있을뿐더러, 대다수 사람은 대양 전역에 오징어가 그토록 어마어마한 규모로 살아가고 있다는 사실을 역시나 믿으려 하지 않았다.

심해를 사진에 담는 기술은 유령 해저의 신비를 풀 수 있으리라는 희망에 한 걸음 더 다가가게 해준다. 물론 바다와 더불어 움직이는 배에 매달린 긴 케이블 끝에서 이리저리 움직이는 카메라를 흔들리지 않게 고정하는 문제 같은 기술적 어려움이 따르긴 하지만 말이다. 그렇게 해서 얻은 사진 중에는 마치 사진사가 별이 빛나는 하늘을 찍을 때 필름을 노출시키면서 포물선을 그으며 카메라를 흔들어댄 것처럼 보이는 것도 더러 있다. 그러나 노르웨이 생물학자 군나르 롤레프센은 사진 촬영술과 음향 측심 기록을 서로 연관 지음으로써 고무적인 결과를 얻어냈다. 연구선 요한 요르트호를 타고 로포텐제도 앞바다를 항해하던 그는 40~50미터 깊이에서 물고기 떼가 소리를 반사하는 걸 지속적으로 관찰했다. 그는 음향 측심 기록에 나타난 깊이로 특수하게 고안한 카메라를 내려보냈다. 현상한 필름은 멀리서 움직이는 물고기들의 형상을 담고 있었다. 대구라는 것을 대번에 알아볼 수 있는 커다란 물고기 한 마리가 섬광 속에 나타나 렌즈 앞에서 서성대는 장면도 포착했다.

산란층에서 직접 표본을 채취하는 것이야말로 그 층을 이루는 생물의 정체를 확인할 수 있는 가장 확실한 방법이다. 하지만 그러려면 날쌔게 움직이는 동물을 잡아들일 만큼 충분히 재빠르게 작동하는 커다란 그물을 마련해야 했다. 매사추세츠주 우즈홀에서 과학자들은 그 층에 일반적인 플랑크톤 그물을 던지곤 했는데, 거기에 잔뜩 걸려든 것은 새우처럼 생긴 작은 갑각류 난바다곤쟁이(euphausiid shrimp), 화살벌레와 그 밖의 심해 플랑크톤 따위였다. 그러나 산란층 자체가 실은 그것들을 먹고 사는 더 덩치 큰 동물들로 이루어져 있을 개연성은 여전히 남아 있다. 녀석들이 너무 크고 잽싸서 보통 그물에는 잡히지 않을 수도 있기 때문이다. 새로운 그물을 만들어보는 것도 나쁘지 않은 방안이다. 텔레비전 역시 또 다른 여지를 제공해준다.■

중간 깊이의 바다는 어슴푸레하고 명확히 규명되지 않았지만, 어쨌거나 최근의 연구 결과는 그곳에 생물체가 적잖이 살아가고 있음을 암시한다. 이는 상당히 깊은 바다로 내려가 직접 두 눈으로 실상을 보고 돌아온

■ 오늘날에도 그 산란층의 미스터리는 완전히 풀리지 않았다. 그러나 새로운 기술을 정교하게 조합한 결과, 그 상(像)이 점차 또렷해지고 있다. 적어도 뉴잉글랜드 앞바다의 대륙붕 같은 일부 지역에서는 물고기가 그 층의 상당 부분을 차지하고 있는 것 같다. 이는 복수 주파수를 사용하는 장치로 그 층을 연구해 밝혀낸 사실이다. (일반적인 음향측심기는 단일 주파수를 사용하는 장치다.) 이 방법은 수직 이동을 드러낼 뿐만 아니라 산란의 속성이 깊이에 따라 변화한다는 사실을 보여준다. 가장 그럴듯한 것은 이러한 변화가 물고기의 부레에서 비롯되었다는 주장이다. 물고기의 부레는 깊은 바다로 내려가 압력이 늘어나면 수축하고, 다시 해수면으로 올라가 압력이 줄어들면 팽창하기를 되풀이한다. 앞서 제기한 반론, 즉 산란층이 광범위하게 존재하는 현상을 제대로 설명할 만큼 물고기가 그렇게까지 풍부할 수 없다는 주장은 새로운 기술을 활용해 얻은 정보에 힘입어 서서히 밀려났다. 전에는 반사음이 강하다는 것은 그 반사음을 일으키는 생물이 잔뜩 몰려 있는 의미라고 해석했다. 그러나 이제는 음향측심기로 얻은 기록이 꼭 산란층을 구성하는 동물의 밀도를 말해주는 것은 아님이 밝혀졌다. 요컨대 기록지에 나타나는 짙은 표시는 실제로 어느 순간 불과 몇 마리의 강력한 산란체가 만들어낸 흔적일지도 모른다는 것이다.
1950년대에 즐겨 사용한 연구법은 수중 카메라와 음향측심기를 접목한 방법이었다. 그렇게 해서 물고기 사진을 찍을 때는 예외 없이 강한 반사음 기록을 얻은 순간과 일치했다. 물론 연구 결과가 그렇다고 해서 물고기 아닌 다른 생물이 그 산란층의 구성을 도와줄 가능성을 완전히 배제할 수 있는 것은 아니다. 그런 현상은 필시 단순하게 해명할 수 없거니와 광대한 해역에서 산란층을 이루는 생물 종도 매우 다양할 수밖에 없다. 그러나 위의 연구 결과들은 그런 현상을 설명하는 데 물고기가 중요한 몫을 차지한다는 주장을 꽤나 설득력 있게 뒷받침한다.

소수 관찰자들의 목격담과도 일치한다. 윌리엄 비비는 잠수구에서 바라본 심해의 인상을 이렇게 전했다. "나는 장장 6년 동안 같은 지역에서 그물을 드리우고 건져 올리기를 골백번 되풀이했다. 그러나 막상 직접 눈으로 확인한 심해에는 내가 기대한 것보다 훨씬 더 풍부하고 다양한 생명체가 살아가고 있었다." 그는 수면으로부터 400여 미터 떨어진 곳에는 "내가 지금껏 본 것 가운데 가장 빽빽하게 생물체가 몰려 있었으며" 잠수구가 내려갈 수 있는 최대 깊이인 800미터 지점에 이르자 "섬광이 비치는 길을 따라 눈앞을 자욱하게 가릴 정도로 엄청난 플랑크톤 떼가 쉴 새 없이 소용돌이치고 있었다"고 회고했다.

몇 백만 년 전에 일부 고래는 용케도 심해에 동물군이 풍부하게 서식하고 있다는 사실을 알아차린 듯하다. 최근에는 물개도 그 대열에 가세한 것 같다. 화석 유물로 밝혀진 바에 따르면, 모든 고래의 조상은 본래 육생 포유동물이었다. 강력한 턱과 이빨로 미루어보건대 그들은 필시 육식동물이었을 것이다. 먹이를 찾아 큰 강 하구의 삼각주나 천해의 해안 근방을 돌아다니던 그들은 그곳에 물고기를 비롯한 바다 동물이 수없이 많다는 사실을 간파했을 테고, 수 세기에 걸쳐 먹이를 쫓아 바다로 바다로 더 멀리 나아가는 습성을 키웠을 것이다. 그들의 몸은 서서히 수생 생활에 적합한 형태로 변화했다. 뒷다리는 (현생 고래에서는) 해부를 해야 겨우 찾아낼 수 있는 흔적 기관으로 퇴화했고, 앞다리는 조종을 하거나 균형을 잡는 기관으로 바뀌었다.

결국 고래는 마치 먹이로 삼는 바다 자원이 무엇이냐에 따라 나뉘기라도 하는 것처럼 각각 플랑크톤, 물고기, 오징어를 잡아먹는 세 집단으로 갈라졌다. 먼저 플랑크톤을 잡아먹는 고래는 게걸스러운 식욕을 감당하려면 오직 작은 새우나 요각류가 바글대는 곳에서만 생존할 수 있다. 이 때문에 녀석들은 여기저기 흩어진 일부 무리를 제외하고는 북극이나 남극의 바다, 혹은 고위도 지역에서만 살아간다. 한편 물고기를 잡아먹는 고래는 약간 더 넓은 범위에 걸쳐 먹이를 구하겠지만, 역시 물고기 떼가 북적대는 장소로 서식지가 한정된다. 반면 열대 지방과 외해 해분의 푸른 바다는 앞의 두 집단에 그다지 매력적인 장소가 못 된다. 그러나 덩치 크고 머리가 네모나고 이빨이 무시무시한 향유고래는 인간이 불과 얼마 전에야 깨달은 사실을 진즉부터 알고 있었다. 요컨대 표층수에서는 거의 아무런 생물도 살지 않는 열대 지방과 외해의 바다 역시 수면 아래 1킬로미터 지점에는 바다 동물이 부지기수라는 사실을 말이다. 향유고래는 이 깊은 바다를 사냥터로 삼았다. 녀석들의 먹잇감은 450미터 넘는 깊이의 대양에서 살아가는 커다란 대왕오징어(Architeuthis)를 비롯한 오징어 군단이다. 어떤 향유고래의 머리통에는 긴 줄이 어지럽게 그어져 있는데, 자세히 보면 오징어의 흡반에 찍힌 둥근 상처라는 것을 알 수 있다. 이로 미루어 깊은 바다의 어둠 속에서 두 거구가 처절한 전투를 벌이는 광경을 상상할 수 있다. 몸체 길이 9미터(꿈틀대는 다리까지 쫙 펴면 자그마치 15미터)의 대왕오징어와 무려 70톤의 무게에 달하는 향유고래가 거칠게 한 판 붙는 광경을 말이다.

대왕오징어가 살아가는 깊은 바다에 관해서는 정확하게 알려진 게 없다. 다만 향유고래가 오징어를 찾기 위해 내려가는 바다에 대해서는 한 가지 쓸 만한 증거가 있다. 1932년 4월, 케이블 수리용 선박 올 아메리카호(All America)가 파나마 운하 지대의 발보아와 에콰도르의 에스메랄다스 사이에 설치한 해저 케이블의 훼손 부분을 살펴보고 있었다. 작업자들은 콜롬비아 앞바다에서 케이블을 해수면 위로 끌어올렸는데, 놀랍게도 13.5미터 길이의 수컷 향유고래 한 마리가 케이블에 뒤엉킨 채 숨겨 있었다. 해저 케이블이 아래턱, 지느러미 하나, 몸통 그리고 꼬리를 온통 휘감은 상태였다. 그 케이블은 무려 972미터 아래 바다에서 끌어올린 것이었다.▪

최근에는 일부 물개도 심해의 숨겨진 먹이 창고를 찾아낸 것으로 보인다. 북방물개는 캘리포니아부터 알래스카에 이르는 북아메리카 서부 동태평양에서 겨울을 나는데, 그들이 겨우내 머물면서 먹이를 잡아먹는 심해는 오랫동안 신비에 싸여 있었다. 녀석들이 정어리·고등어 등 상업적으로 중요한 어종을 적잖이 먹어치운다는 증거는 없다. 물개 400만 마리가 같은 어종을 놓고 상업 목적의 어부들과 다툰다면 그 사실이 알려지지 않았을 리 없다. 어쨌거나 물개가 무엇을 먹고 사는지에 대해서는 꽤나 중요한 증거가 얼마간 밝혀졌다. 살아 있을 때는 결코 볼 수 없는 물고기 종의 뼈가 녀석들의 위(胃)에서 나온 것이다. 실제로 그 물고기의 유해조차 물개의 위 말고는 어디서도 발견된 적이 없다. 어류학자들에 따르면, 이 '물개 물고기'는 전형적으로 대륙붕단 아래 펼쳐진 깊은 바다에서 살아가는 어군에 속한다.

▪ 1957년 러몬트 지질관측소(Lamont Geological Observatory)의 브루스 히젠은 1877년부터 1955년까지 해저 케이블에 걸려든 고래의 사례 열네 건을 모아 매력적인 책으로 엮어냈다. 이 가운데 열 건은 중앙아메리카와 남아메리카의 태평양 연안 앞바다에서, 두 건은 남대서양에서, 한 건은 북대서양에서, 나머지 한 건은 페르시아만에서 일어났다. 종류는 하나같이 향유고래였는데, 에콰도르와 페루 연안 앞바다에 사례가 집중된 것은 아마도 그 고래의 계절적 이동과 관련이 깊은 것 같다. 고래가 걸려든 장소 중 가장 깊은 곳은 수심 1116미터 지점이었다. 약 900미터 깊이의 바다에서 걸려든 고래가 가장 많았는데, 이는 향유고래의 먹잇감이 그 층위에 몰려 있을 가능성이 있음을 말해준다. 대다수 사례에서 두 가지 의미 있는 사실을 관찰할 수 있었다. 첫째, 고래가 걸려든 사건은 과거 케이블을 수리한 적 있는 지점 부근에서 일어났다는 점이다. 케이블이 바닥에 늘어진 채 놓여 있던 지점이다. 둘째, 케이블이 대체로 고래의 턱을 휘감았다는 것이다. 히젠은 고래가 먹이를 찾아 해양 바닥을 스치듯 지나갈 때 아래턱이 케이블 고리에 걸려 꼼짝 없이 화를 당한 것이라고 설명했다. 벗어나려고 발버둥 치면 칠수록 되레 케이블에 더욱 말려들었을 것이라는 얘기다.

고래나 물개가 수심 1킬로미터 아래로 잠수할 때 엄청난 수압을 어떻게 견뎌낼 수 있는지는 풀리지 않는 수수께끼다. 녀석들도 우리 인간과 마찬가지로 온혈 포유동물이다. 인간은 갑작스럽게 압력에서 놓여나면 혈액에 급속하게 질소 거품이 불어나는 잠수병에 걸린다. 만약 인간 잠수사가 600미터 아래에서 갑자기 위로 올라올 경우에는 목숨을 잃을 위험도 있다. 그러나 포경선 선원들은 작살에 맞은 수염고래가 약 800미터(풀려나간 작살 줄의 길이로 측정) 아래까지 곧바로 잠수할 수 있다고 증언한다. 수염고래는 그 깊이에서 온몸으로 0.5톤의 압력을 버티다 곧장 수면으로 올라온다. 여기에 대한 가장 그럴법한 설명은 해저에 있는 동안 계속 공기를 공급받아야 하는 인간 잠수사와 달리, 고래는 몸속에 제한된 양의 공기만 갖고 내려가므로 심각한 해를 입을 정도의 질소가 혈액에 생기지 않는다는 것이다. 그러나 분명히 말하건대 우리는 실상을 제대로 알지 못한다. 살아 있는 고래를 잡아 실험해볼 수도 없고, 또 죽은 고래를 만족스럽게 해부하는 것 역시 어려운 노릇이기 때문이다.

얼핏 생각하면, 유리해면(glass sponge)이나 해파리처럼 더없이 연약한 동물이 수압 강한 깊은 바다에서 아무 탈 없이 살아간다는 사실이 잘 이해되지 않는다. 그러나 깊은 바다가 삶의 거처인 동물들로서는 천만다행이게도 그들은 조직 내부의 압력이 외부의 압력과 같다. 따라서 균형이 깨지지만 않는다면, 수압이 1톤에 달하는 곳에서도 아무런 불편을 느끼지 않는다. 이는 우리가 일상적인 대기압에서 별 지장 없이 지내는 것과 같은 이치다. 게다가 대다수 심해 동물은 상대적으로 제한된 지역에 평생 묶여 살므로 극심한 압력 변화에 적응할 필요 자체가 없음을 기억할 필요가 있다.

물론 예외도 있다. 높은 수압과 관련해 진짜 놀라운 기적을 보여주는 존재는 6~7톤의 수압을 견디며 평생 심해저에서 죽치고 살아가는 동물이 아니라, 규칙적으로 바다를 오르내리면서 1킬로미터 정도를 수직 이동하는 동물이다. 낮에 깊은 바다로 내려가는 작은 새우 따위의 부유성 동물을 예로 들 수 있다. 반면 부레가 있는 물고기는 급격한 수압 변화에 치명적 영향을 받는다. 저인망 어선이 180미터 수심에서 끌어올린 어망 속의 물고기를 본 적 있는 사람이라면 이 말을 바로 수긍할 것이다. 어망에 걸린 물고기가 물 위로 올라오며 급격한 수압 변화를 겪는 경우는 두말할 필요도 없다. 하지만 물고기는 더러 제 발로 자신한테 익숙한 지대를 벗어나 서성대다가 끝내 원래 자리로 돌아가지 못하는 경우도 있다. 녀석들은 먹이를 찾느라 그러는 것이겠지만, 소속 지대의 경계 부근을 배회하다 보이지 않는 선을 넘곤 한다. 길을 잃은 녀석들은 필시 낯선 동물을 만나거나 난감한 상황에 빠진다. 먹이인 부유 플랑크톤을 따라 이 층 저 층 넘나들다 보면 저도 모르게 소속 지대의 경계선을 벗어나는 일도 생긴다. 수압이 점차 약해지는 바다 상층부에 도달하면 부레에 들어 있는 기체가 팽창한다. 그러면 물고기는 몸이 갈수록 가벼워지며 쉽게 떠오른다. 녀석들은 자꾸만 위로 올라가려는 부력에 맞서 혼신의 힘을 다해 애초 살던 곳으로 내려가려고 애쓴다. 그러한 노력이 성공을 거두지 못하면 녀석들은 속절없이 수면 위로 떠오르고, 갑작스레 압력에서 풀려남으로써 결국 조직이 팽창하고 파열해 죽음에 이르고 만다.

바다가 자체의 무게에 짓눌려 압축되는 정도는 그리 크지 않다. 따라서 깊은 바다에서는 압축된 물이 물체가 수면에서 아래로 떨어지는 걸 한사코 막는다는 오래되고 확고한 믿음은 아무런 근거가 없다. 이러한 믿음에 따르면 가라앉는 배, 익사한 인간의 시신, 그리고 굶주린 청소부 동물에 의해 먹히지 않은 큰 바다 동물의 사체는 결코 바닥으로 내려가지 못하고, 물의 압축과 그 무게의 관계에 따라 정해진 특정 층위에 영원히 떠 있어야 마땅하다. 그렇지만 어떤 물체든 그 비중이 주변 바닷물보다 크면 계속 아래로 가라앉는다. 따라서 동물 시체는 예외 없이 며칠 만에 바닥으로 내려간다. 심해 분지에서 끌어올린 상어 이빨이며 고래의 딱딱한 귀뼈 따위가 바로 이런 사실을 뒷받침하는 무언의 증거다.

그럼에도 바닷물의 무게—아래층을 내리누르는 몇 킬로미터 깊이의 물—는 바닷물 자체에 일정하게 영향을 미친다. 만약 어떤 기적이 일어나 자연 법칙이 돌연 멈추면서 아래로 내리누르는 압축력이 갑자기 느슨해진다면, 세계의 해수면은 30미터가량 상승할 것이다. 그렇게 되면 미국 대서양 연안은 서쪽으로 약 160킬로미터 넘게 이동할 테고, 우리가 익히 알고 있는 세계의 다른 육지 외곽선도 달라질 것이다.

이처럼 거대한 수압은 심해에서의 삶을 좌우하는 조건이다. 또 하나의 조건은 바로 어둠이다. 언제까지고 계속되는 심해의 어둠은 심해 동물군을 야릇하고도 놀랍게 탈바꿈시킨다. 햇빛하고 완전히 담을 쌓은 어둠은 아마도 그걸 눈으로 직접 본 몇몇 사람들만 제대로 설명할 수 있을 것이다. 우리는 해수면 아래로 내려가면 빛이 급속도로 희미해지기 시작한다는 사실을 알고 있다. 수면 아래 60~90미터를 지나면 붉은 햇살이 완전히 사라지고 그와 함께 주황과 노랑의 따사로운 느낌도 없어진다. 이어서 초록색이 점차 희미해지다 약 300미터 지점에 이르면 오직 짙고 찬란한 푸른색만 남는다. 아주 맑은 바닷물에서는 빛스펙트럼의 맨 마지막에 놓인 보라색이 600미터 아래까지 비치기도 한다. 하지만 이 지점을 지난 심해에는 오직 어둠만이 짙게 깔려 있다.

신기하게도 바다 동물의 색깔은 그들이 살아가는 지대와 관련이 있다. 고등어나 청어 등 표층수에서 살아가는 물고기는 대체로 푸른색 또는 초록색이다. 고깔해파리 부낭과 물달팽이 날개의 색깔도 마찬가지다. 규조류가 떼 지어 몰려다니고 모자반이 떠 있는 지대 아래, 즉 바닷물이 한층 더 짙고 찬란한 푸른색인 곳에서는 생물체도 대체로 수정처럼 맑은 색을 띤다. 그들의 투명하고 유령 같은 형체는 주위 환경과 어우러져 늘 눈을 번득이며 먹이를 찾아 헤매는 적들의 추격을 피하기에 안성맞춤이다. 화살벌레, 빗해파리, 수많은 물고기 유생 따위의 몸이 투명한 이유다.

300미터 깊이에는, 그러니까 햇빛이 비치는 맨 끝자락 부근에는 은빛 물고기가 지천이고, 붉은색·황갈색·검은색 물고기도 많다. 익족류는 진보라색이다. 바다 상층부에 사는 화살벌레는 무색이지만, 이 지대에 사는 녀석들의 친척은 검붉은색이다. 아울러 위에 사는 해파리는 투명하지만, 이곳에 사는 녀석들의 사촌은 짙은 갈색을 띤다.

450미터보다 더 깊은 바다에서는 물고기가 모두 검은색, 고동색 혹은 짙은 보라색이다. 다만 왕새우만은 붉은색·주황색·자주색 같은 화사한 빛깔을 뿜내는데, 그 이유는 아무도 모른다. 그 깊이에서 한참을 더 내려가면 바닷물이 모든 붉은빛을 차단하므로 왕새우의 주황색도 더불어 살아가는 이웃들에게는 그저 검은색으로만 비칠 수 있다.

심해에서는 그 나름의 별들이 반짝이고, 여기저기서 달빛 같은 으스스한 빛이 일시적으로 어른거리기도 한다. 어두침침하거나 칠흑처럼 깜깜한 바다에서 살아가는 물고기의 절반가량, 그리고 그보다 하등한 동물 태반이 신비로운 발광체를 지니고 있기 때문이다. 수많은 물고기가 발광 등불을 들고 다니면서 제 의지대로 켰다 껐다 하는 셈인데, 이는 먹이를 찾거나 추격하는 데 도움을 주는 기능을 하는 것으로 짐작된다. 또 어떤 물고기는 빛으로 이뤄진 줄이 몸 둘레에 그어져 있기도 한데, 그 패턴이 종마다 각양각색이어서 친구와 적을 분간하는 일종의 표식 역할을 한다. 심해 오징어는 액체를 발사해 형광 구름을 일으키는데, 이는 천해에 사는 그 사촌들이 적을 향해 내뿜는 '먹물'과 같다.

제아무리 길고 강력한 햇빛조차 미치지 않는 깊은 바다에서는 우연찮게 만나는 그 어떤 불빛이라도 놔주지 않겠다는 듯 물고기의 눈이 커지거나, 혹은 멀리까지 볼 수 있도록 눈알의 수정체가 확대되거나 눈알이 돌출하기도 한다. 심해 물고기는 늘 어두운 바다에서 사냥하는 까닭에 눈에서 추상체(cone, 錐狀體: 망막 중심부에 있는 색채 지각 세포)가 줄어들고 희미한 빛을 감지하는 '간상체(rod, 桿狀體)'가 커지는 경향이 있다. 육상에서도 심해어처럼 햇빛을 전혀 보지 못하는 100퍼센트 야행성 동물에게서 그와 똑같은 변이 현상을 관찰할 수 있다.

깜깜한 바다에서 살아가는 동물 가운데 일부는 마치 동굴에서 살아가는 일부 육상 동물이 그렇듯 완전히 눈이 멀기도 한다. 그래서 그중 상당수에서는 빈약한 시력을 메워주는 메커니즘이 생겨난다. 그들은 경이적일 정도로 발달한 촉수, 길고 날렵한 지느러미와 돌기로 더듬더듬 제 길을 찾아간다. 이로써 마치 장님이 지팡이에 의지하듯 촉각에 기대어 다가오는 적이며 친구, 먹이를 한 치의 어긋남도 없이 가려낼 수 있다.

제아무리 깨끗한 바다라 할지라도 180미터 아래에서는 식물이 전혀 살아갈 수 없기 때문에 식물의 자취는 수면 바로 아래 얕은 상층부에 한정되어 있다. 대부분의 식물은 60미터 이하에서는 햇빛이 충분치 않아 스스로 양분을 만드는 광합성을 하지 못한다. 동물은 제 식량을 직접 생산하지 못한다. 따라서 심해에서 살아가는 동물은 바다 상층부에 전적으로 의존하는 (기생적이라 할 만한) 삶을 살아간다. 이 굶주린 육식동물은 더러 사납고 무자비하게 서로를 잡아먹기도 하지만, 대체로 위에서 아래로 서서히 비처럼 내리는 먹이 입자에 철저히 의존한다. 결코 그치지 않는 비를 구성하는 요소는 바다의 상층이나 중간층에서 내려오는 (죽거나 죽어가는) 동식물이다. 수면과 해저 사이에 층층이 가로놓인 지대는 공급되는 먹이가 저마다 다르며, 아래로 갈수록 먹이가 점점 더 빈약해진다. 예사롭지 않은 날카로운 송곳니를 가진 용 모양의 작은 심해 물고기, 오랫동안 굶주리더라도 단번에 배를 채우도록 제 몸보다 대여섯 배나 큰 먹이를 집어삼킬 수 있는 커다란 입과 늘어나기 쉬운 유연한 몸통을 지닌 물고기의 모습을 통해 우리는 깊은 바다에서 먹이를 놓고 사납고도 비타협적인 경쟁이 펼쳐지고 있음을 짐작할 수 있다.

심해 생명체는 강한 수압과 어둠이라는 조건을 감내해야 한다. 불과 몇년 전까지만 해도 우리는 여기에 '정적'이라는 조건까지 포함시켰다. 그러나 지금은 심해가 정적에 싸인 장소라는 개념이 완전히 잘못된 것임을 우리는 알고 있다. 잠수함을 탐지하기 위해 수중청음기를 비롯한 여러 청음 장치를 사용해본 결과, 세계의 상당수 해안 지대가 물고기, 새우, 알락돌고래, 그 밖에 미처 정체를 파악하지 못한 동물들이 울부짖는 소리로 무척이나 소란스럽다는 사실이 밝혀졌다. 외안 지역이나 깊은 바다에서 나는 소리에 대해서는 아직껏 제대로 된 조사를 수행하지 못했다. 하지만 아틀란티스호의 선원들은 버뮤다제도 부근의 깊은 바다에 수중청음기를 내려보냄으로써 누가 내는지 파악할 길 없는 가냘픈 울음소리, 새된 비명소리, 유령 같은 신음 소리 등 희한한 소리를 채록할 수 있었다. 그러나 이보다 얕은 바다에 사는 물고기를 잡아다 수족관에 넣고 소리를 녹음해 심해에서 들리는 소리와 비교해본 결과, 만족스럽게도 많은 경우 그 소리의 주인을 찾아낼 수 있었다.

미 해군이 체서피크만 입구를 방어하기 위해 설치한 수중청음기 네트워크가 제2차 세계대전 기간 동안 일시적으로 먹통이 된 일이 있었다.

1942년 봄, 수면의 스피커에서 매일 저녁 "공기 드릴(pneumatic drill)로 포장도로를 뚫는 듯한" 소음이 울려 퍼지기 시작한 것이다. 수중청음기에서 흘러나온 그 생소한 소리는 선박이 오가는 소리를 완전히 파묻어버렸다. 그 소리의 주인공은 결국 외안에서 겨울을 나다가 봄에 체서피크만을 찾은 동갈민어로 밝혀졌다. 소리의 정체가 드러나자 이내 전자 필터로 그 소리를 걸러낼 수 있었고, 스피커에서는 다시 선박 오가는 소리만 들려왔다.

같은 해 라호이아(La Jolla)에 있는 스크립스 해양연구소 부두 앞바다에서도 동갈민어의 합창 소리를 포착했다. 그 합창은 해마다 5~9월 말까지 매일 저녁 일몰 즈음에 시작되었다. "부드러운 드럼 소리를 배경 음악으로 우렁찬 개구리 울음소리가 점점 더 커지더니 두세 시간 동안 기세를 이어가다 마침내 서서히 잦아들고 간격도 차차 멀어졌다." 몇몇 동갈민어 종을 수족관에 넣고 조사한 결과 '개구리 울음소리'와 비슷한 소리를 찾아낼 수 있었다. 하지만 배경 음악을 이룬 부드러운 드럼 소리의 주인공이 누구인지는 (또 다른 동갈민어 종일 것으로만 짐작할 뿐) 끝내 알아내지 못했다.

해저에서 놀라울 정도로 광범위하게 들리는 소리 중 하나는 바로 마른 나뭇가지가 바작바작 타들어가는 소리, 혹은 기름이 지글지글 튀는 소리다. 다름 아닌 딱총새우가 무리 지어 살아가는 터전에서 들리는 소리다. 딱총새우는 지름이 약 1.3센티미터에 불과한 작고 동그란 몸체를 갖고 있는데, 먹이를 까무러치게 만드는 데 사용하는 커다란 집게발이 하나 달려 있다. 이 새우는 끊임없이 집게발의 두 관절을 딸깍거린다. 그렇게 수천 마리가 일시에 가세하면 나뭇단이 타들어가면서 우지직거리는 소리를 내는 것이다. 수중청음기가 녀석들의 신호를 포착하기 전까지는 그토록 작은 딱총새우가 그처럼 풍부하게, 혹은 널리 분포하고 있을 줄은 아무도 몰랐다. 녀석들의 소리는 세계적으로 북위 35도와 남위 35도 사이에 걸쳐 있는〔가령 노스캐롤라이나주 동부의 해터러스(Hatteras)곶에서 부에노스아이레스까지〕 드넓은 대양의 깊이 약 50미터 이내 지대 어디에서든 들을 수 있다.

　물고기와 갑각류뿐 아니라 포유동물도 해저 합창단에서 한몫한다. 세인트로렌스강 어귀에서 수중청음기를 사용한 생물학자들은 "날카로운 고음의 호루라기 소리와 꽥꽥거리는 소리"를 들었다. "현악 합주단이 일시에 음을 맞출 때 나는 듯한 소리, 힘없는 울음소리와 이따금 들리는 새된 소리 따위가 어우러진 소리였다." 온갖 소리가 뒤범벅된 놀라운 합창이 들리는 순간은 오직 흰 알락돌고래 떼가 강을 따라 지나갈 때뿐이었으므로, 그 소리의 주인은 바로 알락돌고래일 것으로 추정되었다.■

■ 일부 바다 동물이 빚어내는 소리가 과연 무슨 역할을 하는지에 관해서는 오랫동안 추측이 무성했다. 박쥐가 빛 없는 동굴에서나 어두운 밤에도 레이더에 상응하는 생리적 기제를 써서, 즉 고주파 음을 쏘아 앞에 가로놓인 물체에 부딪쳐 되돌아오는 반사음을 포착함으로써 어려움 없이 앞으로 나아갈 수 있다는 것은 적어도 20년 전부터 익히 알려진 사실이다. 그렇다면 심해에 사는 특정 물고기나 바다 포유동물이 내는 소리도 그 비슷한 목적에 기여할 수 있을까? 다시 말해, 심해 거주민이 내는 소리가 어둠 속에서 헤엄을 치거나 먹이를 찾는 데 도움을 줄까? 우즈홀 해양연구소가 초기에 확보한 수중 음향 녹음테이프 중에는 너무 깊어 빛이 없을 게 분명한 바다에서 흘러나오는 신비로운 울음소리를 담은 것도 있었다. 그 울음소리는 특히 희미한 메아리가 뒤따르는 것이 다른 소리와 구분되는 특징이었다. 그래서 기묘한 메아리를 만들어내는 정체 모를 물고기에게 (더 나은 이름을 찾을 길이 없어) 그냥 '메아리 물고기'라는 이름이 붙었다. 물고기한테 박쥐의 반향 위치 측정(echo location)이나 음향 거리 측정(echo ranging)에 비견될 만한 메커니즘이 있느냐에 관한 실질적 증거는 최근에야 나왔다. 플로리다 주립대학의 켈로그(W. N. Kellogg)가 생포한 알락돌고래를 상대로 수행한 독창적인 실험을 통해서다. 켈로그 박사는 알락돌고래가 수중 음파를 계속 방출함으로써 장애물이 널린 바다에서 충돌하지 않고 아무런 불편 없이 헤엄칠 수 있다는 사실을 발견했다. 녀석들은 너무나 탁해서 보이지 않는 바다, 혹은 깜깜한 바다에서도 그런 식으로 별 탈 없이 장애물을 헤쳐나갔다. 실험을 수행한 과학자들이 수족관에 장애물을 집어넣자 알락돌고래는 한바탕 음향 신호를 내보냈는데, 그런 식으로 그 물체의 위치를 알아내려 애쓰는 것처럼 보였다. 수면에 소나기가 내리거나 호스로 물을 뿌리면 "알락돌고래는 큰 소란을 일으키며 음향 신호를 키웠으며, 높낮이가 있는 '경고용' 휘파람을 불면서 '도망치는' 반응을 보였다". 눈으로 위치를 분간할 수 없는 상황에서 수족관에 먹이를

많은 사람이 깊은 바다는 신비롭고 으스스하고 긴 세월 동안 한결같으므로 거기에 '살아 있는 화석'이라 부를 만한 오래된 생명체가 은밀히 도사리고 있으리라 기대했다. 챌린저호에 승선한 과학자들도 마찬가지였던 것 같다. 그들이 그물로 건져 올린 생명체는 너무나 기괴했고, 인간이 지금껏 한 번도 본 적 없는 동물들이었다. 하지만 그것들은 기본적으로 '현대의' 동물이었다. 요컨대 캄브리아기의 삼엽충이나 실루리아기의 바다전갈 같은 것은 없었다. 중생대의 바다를 주름잡던 바다 파충류를 연상케 하는 동물도 찾아보기 어려웠다. 대신 고달픈 심해의 삶에 적응하기 위해 괴이쩍고 기묘하게 변이했지만 꽤나 최근의 지질 시대에 발달한 것이 분명한 '현대의' 물고기·오징어·새우 따위가 걸려들었다.

심해는 생명체들이 태곳적부터 살아온 터전이 아니다. 심해에 생명체가 살기 시작한 것은 불과 얼마 되지 않았다. 생명체가 표층수, 해안가 그리고 강과 습지에서 발달하고 번성하는 동안에도 지구상의 두 광대한 영역은 생명체가 깃들지 않은 곳으로 남아 있었다. 바로 육지와 심해였다. 앞서 언급한 것처럼 육지에 살면서 부딪치는 커다란 난관을 처음으로 극복한 것은 바로 약 3억 년 전 바다에서 이주해온 생명체들이었다. 그러나 영원한 어둠, 짜부라질 것 같은 수압, 얼음장 같은 추위에 휘둘리는 심해에서 마주한 난관은 육지보다 만만치 않았다. 적어도 한층 고등한 생명체가 성공적으로 심해에 자리 잡은 것은 좀더 나중의 일이다.

그런데 최근 심해가 어쨌거나 과거와의 기이한 연결 고리를 감추고 있을지도 모른다는 희망에 불을 지핀 의미심장한 사건이 몇 가지 일어났다.

집어넣으면 알락돌고래는 음향 신호를 계속 보내고, 돌아오는 반사음이 알려주는 방향에 따라 머리를 오른쪽으로 왼쪽으로 돌리면서 표적을 향해 나아갔다.

1938년 12월, 아프리카 남동단 앞바다에서 기막힌 물고기 한 마리가 산 채로 트롤 어선 저인망에 잡혔다. 그 물고기는 적어도 6000만 년 전에 멸종한 것으로 알려진 종이었다. 그 물고기 종의 마지막 화석은 백악기로 거슬러 올라간다고 여겨졌다. 게다가 이 운 좋은 그물질을 하기 전까지는 역사 시대를 통틀어 그 물고기 종을 산 채로 발견한 적은 단 한 차례도 없었다.

고작 70미터밖에 안 되는 깊이에서 저인망 그물을 끌어올린 어부들은 길이 1.5미터에 머리가 크고 비늘·지느러미·꼬리 또한 이상하게 생긴 연푸른색 물고기가 그들이 지금껏 잡아온 여느 어종과도 다르다는 걸 깨닫고, 항구에 도착하자마자 가장 가까운 박물관으로 가져갔다. 라티메리아 (Latimeria)라는 속명이 붙은 그 표본은 그때까지 산 채로 붙잡힌 유일한 것이었다. 따라서 우리는 라티메리아가 원래는 어획이 빈번하게 이뤄지는 곳 아래쪽 바다에서 살고 있으며, 그 표본은 통상적인 서식지에서 벗어나 길을 잃은 녀석이라고 논리적으로 추론해볼 수 있다.▪

▪ 라티메리아는 약 3억 년 전 바다에 처음 등장한, 믿을 수 없을 만큼 오래된 어종인 실러캔스(coelacanth)의 일종으로 밝혀졌다. 실러캔스는 그 후 2억 년 남짓의 지구 역사를 보여주는 암석에서 화석으로 발견되었는데, 이런 화석 기록은 백악기를 마지막으로 더는 나타나지 않았다. 그랬던 터라 실러캔스를 남아프리카공화국 앞바다에서 발견한 사건은 처음에는 두 번 다시 일어날 법하지 않은 신비하고도 기이한 이변으로 여겨졌다. 남아프리카공화국의 어류학자 스미스(J. L. B. Smith) 교수는 이러한 견해에 맞서 다른 실러캔스가 틀림없이 살아 있으리라 확신하고 끈질긴 수색 작업을 펼쳤다. 스미스 교수의 노력은 무려 14년 만에 결실을 거두었다. 1952년 12월, 드디어 이 종에 속한 두 번째 물고기가 마다가스카르 북서단의 앙주앙(Anjoian)섬 부근에서 산 채로 붙잡힌 것이다. 당시 이 수색을 관장한 인물은 마다가스카르섬의 연구소 소장 밀럿(J. Millot) 교수였다. 이후 밀럿 교수는 1958년 실러캔스 표본을 열 마리(수컷 일곱 마리, 암컷 세 마리) 더 손에 넣을 수 있었다.
실러캔스 화석이 6000만 년 동안 발견되지 않은 이유에 관해서는 미국자연사박물관의 밥 섀퍼(Bobb Schaeffer) 박사가 가장 설득력 있는 설명을 내놓았다. 섀퍼 박사의 설명은 이렇다. 즉 쥐라기 이전 시기의 초창기 실러캔스는 바다뿐 아니라 민물 습지를 비롯한 다양한

아가미에 잔주름이 잡혀 있어 일명 '주름상어'로 알려진 몹시 원초적인 상어가 이따금 400~800미터 깊이의 바다에서 잡히곤 한다. 이들 주름상어 대부분은 그간 노르웨이와 일본 근해에서 잡혔는데(50마리 정도만이 유럽과 미국의 박물관에 보존되어 있다), 최근에는 캘리포니아주 샌타바버라 앞바다에서 한 마리를 포획했다. 주름상어는 2500만~3000만 년 전에 살았던 옛 상어와 비슷한 해부학적 특성을 두루 지니고 있다. 녀석들은 현대 상어와 비교할 때 아가미가 너무 많고 등지느러미는 너무 적다. 그리고 이빨은 화석에 기록된 상어의 그것처럼 세 갈래로 나뉜 가시 모양이다. 일부 어류학자의 견해에 따르면, 그 이빨은 상층 바다에서는 진즉 멸종했지만 이 단일 종을 통해 고요한 심해에서 이승의 생존 투쟁을 이어가는 주름상어들이 오랜 선조로부터 이어받은 유산이다.

우리가 잘 모르는 이런 지역에는 이처럼 당최 현대와 어울리지 않는 시대착오적인 존재들이 웅크리고 있다. 그러나 이들은 극소수인 데다 여기저기 흩어져 있는 것처럼 보인다. 깊은 바다의 생존 조건은 삶을 헤쳐나가기에 더없이 불리하다. 그러므로 깜깜한 행성 간 공간에 버금가는 이 적대적인 세계에서 살아남으려면 생명체는 원형질의 생존을 가능케 하는 모든 이점을 최대한 활용하면서 끊임없이 스스로를 상황에 맞춰가는 유연성을 발휘하지 않을 수 없다.

환경에서 서식했지만, 쥐라기에서 현대까지는 전적으로 바다에서만 산 것 같다. 그리고 백악기가 끝나갈 무렵, 육지를 상당 부분 침범하고 있던 바다가 크게 밀려나면서 실러캔스의 삶터도 영원히 심해로 국한되었다. 요컨대 심해저의 침전물로 뒤덮인 실러캔스 화석에 접근하기 어려워 그 화석을 발견할 가능성 또한 희박했다는 것이다.

05

,,,,,,,,,,,,,,,,,,,,,,

숨겨진 땅

,,,,,,,,,,,,,,,,,,,,,,

모래가 흩뿌려진 차갑고 깊은 동굴,
바람이 온통 잠들어 있는 곳.
—매슈 아널드

드넓은 태평양을 최초로 횡단한 유럽인 마젤란은 자신이 탄 배 아래 숨
겨진 세계에 호기심을 품었다. 그래서 투아모투(Tuamotu)제도의 두 화산
섬, 곧 세인트폴(St. Paul)섬과 로스티뷰런즈(Los Tiburones)섬 사이에 측심
선을 내리라고 명령했다. 길이가 고작 360미터에 불과한 그 측심선은 당
시 탐험가들이 흔히 사용하던 것이었다. 선이 바닥에 닿지 않자 마젤란은
자신들이 지금 태평양에서 가장 깊은 지점에 와 있노라고 선언했다. 물론
엉뚱한 오판이었지만, 그렇더라도 이는 역사에 남을 만한 사건이었다. 항
해사가 사상 최초로 망망대해의 깊이를 재보려 시도한 순간이었기 때문
이다.

그로부터 3세기가 지난 1839년, 제임스 클라크 로스 경(Sir James Clark
Ross)은 어둡고 불길한 이름의 두 선박 에러버스호(Erebus: 그리스 신화에 나오
는 이승과 지옥 사이의 암흑계를 지칭—옮긴이)와 테러호(Terror)를 이끌고 "항해할

수 있는 남극해의 끝까지 가보겠다"는 각오로 영국을 출발했다. 그는 항로를 따라 나아가면서 끊임없이 측심 기록을 확보하려 애썼지만, 그때마다 측심선이 알맞지 않아 여의치 않았다. 마침내 그는 선상에서 "길이 약 6500미터에 이르는 측심선을 하나 만들었다". "······1월 3일, 남위 27도 26분, 서경 17도 29분 지점에서 날씨를 비롯한 모든 상황이 순조로울 때, 우리는 수면 밑 해저의 움푹 들어간 곳에서 몽블랑(Mount Blanc)의 해발 고도(4810미터─옮긴이)에 조금 못 미치는 4365미터라는 측심 기록을 얻어 내는 데 성공할 수 있었다." 사상 최초로 심해 깊이를 잰 순간이었다.

그러나 심해 깊이를 재는 것은 마냥 시간을 잡아먹는 고달픈 일이었고, 그런 사정은 오랫동안 크게 달라지지 않았다. 바다 밑 지형에 관한 지식은 달의 좌측 풍경이 어떤지에 관한 지식에 현저히 못 미쳤다. 세월이 흐르면서 측심 방법도 개선되었다. 모리(Matthew Fontaine Maury: 1806~1873, 미해군 장교로서 해양학자이자 지리학자─옮긴이)는 로스의 무거운 삼베 줄 대신 튼튼한 노끈을 사용했으며, 1870년 켈빈 경(Lord Kelvin)은 피아노 줄을 썼다. 심해 측심은 개선된 장비를 동원하고도 몇 시간, 아니 어떤 때는 하루 온종일이 걸리곤 했다. 모리가 가능한 기록을 모두 수집한 1854년에도 대서양의 심해 측심은 고작 180건에 그쳤다. 현대적 음향측심법을 도입한 후 세계의 모든 심해 분지에서 확보한 측심 기록 역시 1만 5000건에 불과했다. 대략 1만 5600제곱킬로미터당 한 번꼴로 측심한 셈이다.

오늘날에는 움직이는 배 밑의 해저 윤곽을 계속 그려나가는 음향측심기를 장착한 선박이 수백 척에 이른다(물론 3600미터 이상의 깊이를 잴 수 있는 음향측심기는 얼마 안 되지만). 심해 기록은 너무나 빠르게 쌓이고 있어 해도 상에 점을 이어 곡선을 그리기 바쁠 지경이다. 화가가 널따란 빈 캔버스를 채워가는 것처럼 바다의 숨은 윤곽선이 서서히 모습을 드러내고 있다.

그러나 최근의 이러한 진척에도 불구하고 해저의 높낮이를 보여주는 상세 지도를 완성하려면 앞으로 몇 년은 더 걸릴 것이다.

하지만 해저 지형에 관해서는 대체로 잘 정리되어 있는 편이다. 우리가 해안의 조수선을 지나가면 크게 대륙붕, 대륙사면(continental slopes), 심해저, 이렇게 3개의 지리 영역이 펼쳐진다. 이들 영역은 북극의 툰드라와 로키산맥만큼이나 각기 다르다.

대륙붕은 바다의 모든 영역 가운데 육지와 제일 비슷하다. 가장 깊은 지점을 제외하고는 어디에나 햇빛이 비친다. 대륙붕을 덮고 있는 바닷물에는 식물이 떠 있다. 대륙붕의 바위에 붙은 해조가 파도의 흐름에 몸을 맡긴 채 이리저리 살랑거린다. 심해에서 살아가는 괴물처럼 생긴 기묘한 물고기와 달리 낯익은 물고기들이 들판에 노니는 소 떼처럼 대륙붕의 평원 위를 유유히 헤엄쳐 다닌다. 암석질의 대륙붕을 구성하는 광물은 대부분 육지에서 발원한 것들이다. 흐르는 물에 실려 바다에 이른 모래, 암석 조각, 비옥한 표토 따위가 대륙붕 위에 사뿐히 내려앉은 것이다. 세계의 특정 지역에서는 물에 잠긴 대륙붕의 구릉과 계곡이 빙하에 침식되어 우리가 아는 북부의 풍광과 매우 흡사한 지형으로 변하기도 했다. 그런 지역의 대륙붕에는 움직이는 판빙(ice sheets)이 실어와 퇴적한 자갈과 바윗돌이 흩뿌려져 있다. 실제로 대륙붕의 상당 부분(혹은 아마도 모든 부분)이 옛 지질 시대에는 육지에 속해 있었다. 이따금 해수면이 조금만 낮아져도 바

■ 지금은 음향측심기의 레인지(range: 측심이 가능한 수면을 나타내는 선을 의미함─옮긴이)가 크게 확장되어 이상적 조건에서라면 성능 좋은 음향측심기로 바다의 가장 깊은 지점까지 측정할 수 있다. 해저의 성질이나 중간 바다층의 조건 같은 요소에 의해 실제 상황에서 음향측심기를 얼마나 효율적으로 작동시키느냐가 달라진다. 그럼에도 지금은 해양학자들이 어떻게 하느냐에 따라 바다의 모든 부분을 해도로 그리는 데 필요한 레인지를 얼마든지 확보할 수 있다.

람·햇살·비에 속절없이 노출되었다. 뉴펀들랜드(Newfoundland)섬 부근의 그랜드뱅크스는 옛날에 바다 위로 솟아올랐다가 다시 수면 아래 잠겼다. 북해 대륙붕의 도거뱅크(Dogger Bank: 영국 북부의 북해 중앙부 해역으로, 세계 유수의 대어장—옮긴이)는 한때 숲이 울창하던 육지로, 선사 시대의 짐승이 뛰놀던 곳이다. 그러나 지금은 짐승 대신 물고기가 노니는 해조 숲으로 변했다.

대륙붕은 바다의 모든 부분 가운데 해산 자원의 출처로서 인간에게 아마도 직접적으로 가장 중요한 곳일 것이다. 세계 최대의 어장은 몇몇 예외를 제외하면 상대적으로 얕은 대륙붕 위쪽 바다에 몰려 있다. 물에 잠긴 대륙붕 평원에서 채취한 해조는 식품·의약품 따위의 상품을 만드는 데 쓰이는 수십 가지 물질의 원료다. 옛 바다 옆 육지에 매장된 석유 자원이 고갈됨에 따라 석유지질학자들은 지도에도 나와 있지 않고 탐사한 적도 없지만 혹여 바다와 육지를 잇는 이곳 대륙붕에 석유가 묻혀 있을지도 모른다는 기대에 점점 더 매달리고 있다.

대륙붕은 조수선에서 시작해 바다 쪽으로 완만하게 경사진 채 펼쳐진 평원이다. 과거에는 대륙붕과 대륙사면을 가르는 경계선으로 수면 아래 180미터 등심선(等深線)을 사용했다. 그러나 지금은 일반적으로 완만하게 경사진 대륙붕이 갑자기 심해 쪽으로 가파르게 치닫는 지점을 그 경계선으로 간주한다. 전 세계적으로 이 같은 급격한 변화가 일어나는 경계선의 평균 깊이는 약 130미터다. 가장 깊은 대륙붕은 350~550미터에 놓여있다.

미국의 태평양 연안 앞바다에서는 너비 30킬로미터 넘는 대륙붕을 찾아보기 어렵다. 이렇게 대륙붕의 너비가 좁은 것은 아직껏 조산 운동이 진행 중인 신기 습곡 산지(新期褶曲山地: 신생대에 형성된 높고 험준한 산지—옮긴이)에 면한 해안에서 발견할 수 있는 특징이다. 반면 미국 동부 연안의 해터러스곶 북쪽으로는 대륙붕의 너비가 240킬로미터로 상당히 넓다. 그러나 해터러스곶과 플로리다 남부 앞바다에서는 대륙붕이 바다로 이어진 가장 좁은 문지방에 불과하다. 이곳에 대륙붕이 제대로 발달하지 못한 까닭은 급속하게 흐르는 거대한 해저 강, 곧 멕시코 만류가 해안 쪽으로 바짝 붙어 흐르면서 압력을 주기 때문인 것으로 보인다.

세계에서 '가장 넓은' 대륙붕은 북극해에 면해 있다. 바렌츠해의 대륙붕은 너비가 자그마치 1200킬로미터에 달하고, 깊이 역시 바닥이 빙하의 무게에 눌려 아래로 처지고 굽은 것처럼 수면 아래 200~350미터로 비교적 낮게 자리하고 있다. 그 대륙붕에는 모래톱과 섬들이 솟아 있는 사이로 깊은 해구가 군데군데 선을 그어놓고 있는데, 이 또한 빙하가 흘러가면서 빚어놓은 작품으로 보인다. '가장 깊은' 대륙붕은 남극 대륙을 에워싼 것들로, 거기서 얻은 측심 기록에 따르면 대다수 연안 근처와 대륙붕 전역의 깊이는 무려 1000미터에 달한다.

일단 대륙붕단을 지나 좀더 가파른 대륙사면의 경사를 타고 내려가면, 심해의 신비와 낯선 특성을 느낄 수 있다. 서서히 짙어지는 어둠, 늘어나는 압력, 식물이라고는 얼씬도 않는 삭막한 풍경, 오직 바위와 점토 그리고 진흙과 모래로만 이루어진 단조로운 등심선 따위가 그것이다.

생물학적으로 볼 때 대륙사면은 심해와 다를 바 없는, 서로가 서로를 잡아먹는 약육강식의 세계다. 거기에는 식물이 자라지 않고, 햇빛 비치는 바다에서 살다가 죽은 식물의 잔해만이 위에서 떠내려온다. 대륙사면은 대체로 표층의 파도 활동이 이루어지는 지대 밑에 놓여 있지만, 더러 해안 쪽으로 휘감아 흐르는 해류에 의해 압박을 받기도 하고, 들고나는 조석에 얻어맞기도 한다. 또 심해에서 밀려드는 큰 너울, 즉 내부파의 횡포에 시달리는 경우도 있다.

지리학적으로 볼 때 대륙사면은 지구 표면 전체에서 가장 위풍당당한 풍모를 보여준다. 그곳은 심해 분지를 둘러싼 벽이자, 대륙의 가장 끝 경계이자, 진정으로 바다가 시작되는 장소다. 또한 지구상에서 발견할 수 있는 가장 길고 가파른 경사면이기도 하다. 대륙사면의 평균 높이는 3600미터이지만, 어떤 장소는 장장 9000미터에 달하기도 한다. 육지에 있는 그 어떤 산맥도 산기슭의 작은 언덕과 봉우리 사이의 높이 차이가 그렇게까지 큰 경우는 없다.

그런가 하면 대륙사면의 장엄함은 비단 가파름과 높이에만 그치지 않는다. 대륙사면은 바다에서 가장 신비로운 장소이기도 하다. 대륙사면에서는 대륙의 벽을 이루는 깎아지른 절벽과 구불구불한 계곡을 지닌 해저 협곡도 만날 수 있다. 해저 협곡은 이미 세계 도처에서 발견한 터라, 혹여 채 탐사가 이루어지지 않은 지역에서 깊이를 재다 해저 협곡을 발견하더라도 놀랄 게 전혀 없다. 해저 협곡은 전 세계적 현상이기 때문이다. 지질학자들은 해저 협곡 가운데는 가장 최근의 지질 연대인 신생대 때 형성된 것도 더러 있지만, 대개는 지금으로부터 약 100만 년 전인 홍적세 때 만들어졌다고 주장한다. 그러나 해저 협곡이 어떻게, 무엇에 의해 그런 모습으로 주조되었는지는 아무도 모른다. 이 문제는 바다에 관한 가장 열띤 논쟁거리 중 하나다.

해저 협곡은 바다의 어둠 속에 깊이 잠겨 있는 까닭에, 그리고 대다수가 수면에서 1500미터 이하의 심해에 펼쳐져 있는 까닭에 세계에서 가장 멋진 장관으로 꼽히지 못했을 따름이다. 해저 협곡을 본 사람이라면 저도 모르게 콜로라도주의 그랜드캐니언을 떠올릴 것이다. 강에 의해 깎여나간 육지의 협곡처럼 바다의 협곡도 가로로 자르면 V자형을 이루는 깊고 구불구불한 계곡이며, 벽은 가파른 각도로 비스듬히 내려가서 좁은 바닥에 닿는다. 거대한 해저 협곡이 다수 형성된 곳은 과거에 그곳이 지금 우리 시대의 큰 강들과 어떻게든 연관되어 있었음을 시사한다. 대서양 연안에서 가장 큰 해저 협곡인 허드슨캐니언은 뉴욕 항 입구와 허드슨강 어귀에서 시작해 대륙붕을 가로지르며 160킬로미터 넘게 구불구불 뻗어 있는 긴 계곡과 얕은 실(sill: 두 해역을 가르는 해저의 낮은 융기 부분—옮긴이)을 사이에 두고 나뉘어 있다. 해저 협곡에 주목하는 연구자들 가운데 선두 주자인 프랜시스 셰퍼드에 따르면 콩고강, 인더스강, 갠지스강, 컬럼비아강, 상프란시스쿠강(브라질 남동부에 있는 강—옮긴이), 미시시피강 하구에도 거대한 해저 협곡이 펼쳐져 있다. 셰퍼드 교수는 캘리포니아주 몬테레이캐니언(Monterey Canyon)은 옛날 살리나스강 어귀이던 곳의 앞바다에 위치해 있으며, 프랑스의 캅브르통캐니언(Cap Breton Canyon)은 현존하는 강과 무관해 보이지만 실은 15세기에 아두르강 입구이던 곳의 앞바다에 놓여 있다고 주장한다.

셰퍼드는 해저 협곡의 형태가 현존하는 강과 깊은 관련이 있다는 사실을 간파하고, 해저 협곡은 그 골짜기가 해수면보다 높았던 과거의 어느 시점에 강줄기가 빚어낸 작품이라고 역설했다. 나이가 상대적으로 어린 해저 협곡은 빙하기 때 세상에 일어난 사건과 연관이 있는 것 같다. 빙하가 많이 생기는 시기에는 바닷물이 얼음층으로 바뀌므로 흔히 해수면이 낮아진다고들 말한다. 그러나 대다수 지질학자는 그것이 맞는 말이긴 하지만 설령 그렇더라도 바다는 기껏해야 100미터 정도밖에 낮아지지 않는다고 주장한다. 해저 협곡을 설명하려면 해수면이 적어도 1500미터쯤은 낮아졌다는 증거가 필요한데, 거기에 한참 못 미치는 수치인 것이다. 빙하가 형성되고 해수면이 최저로 떨어진 시기에 해저 이류(泥流)가 세차게 흘러내렸다는 설도 있다. 즉 파도가 일으킨 진흙이 대륙사면을 따라 쏟아지면서 해저 협곡 사이로 쓸려 내려갔다는 것이다. 그러나 현재의 증거 가운데 확실한 것은 없으므로 우리는 해저 협곡이 어떻게 만들어졌는지 잘 모르며, 그 신비는 여전히 풀리지 않는 수수께끼로 남아 있다.■

해양 분지의 바닥은 아마도 바다 자체만큼 오래전에 생겼을 것이다. 심해가 형성되고 난 뒤 몇 억 년 동안 (우리가 아는 한) 이 깊게 파인 홈에서는 그걸 뒤덮은 물이 결코 고갈된 적이 없었다. 대륙붕은 지질 연대가 교차함에 따라 어느 시기에는 파도에 뒤덮이고 또 어느 시기에는 비·바람·서리 따위에 침식되기를 되풀이했지만, 심해만은 변함없이 모든 걸 감싸는 몇 킬로미터 깊이의 바다에 잠겨 있었다.

그렇다고 해서 심해 윤곽선이 심해가 생겨난 이래 조금도 변하지 않았

■ 내가 해저 협곡에 관해 이 글을 쓰고 10년이 지나는 동안 이에 대해 훨씬 더 많은 사실이 밝혀졌다. 그럼에도 그것이 대체 어떻게 생겨났는지에 대해서는 여전히 의견이 분분하다. 오늘날의 해양학자들은 그동안 이 문제를 해결하고자 상당한 자원을 쏟아부었다. 잠수부들은 캘리포니아에 있는 몇몇 해저 협곡의 얕은 어귀를 직접 탐사하면서 협곡 벽에 붙은 표본을 채취하거나 사진을 찍었다. 해양학자들은 암석과 침전물의 표본을 얻으려고 심해표본채취기와 준설선을 이용해 그 밖의 해저 협곡을 연구했다. 정밀측심기는 해저 협곡의 형태에 대해 새로운 정보를 다량 제공해주었다. 이러한 연구에 힘입어 이제 우리는 최소 다섯 가지 유형의 해저 협곡이 존재한다는 사실을 알고 있다. 그 유형들은 유래가 달라서 그런지 특성 또한 크게 차이가 나는 듯하다. 어떤 단일 이론도 모든 유형을 전부 설명해주리라고 기대해서는 안 된다. 당초 해저 협곡이 강에 의해 깎인 다음 수면 아래 잠긴 것이라는 이론을 제기한 해양지질학자 프랜시스 셰퍼드 교수는 현재 자신의 설명이 어떤 해저 협곡을 설명하는데는 충분하지만 다른 경우에는 잘 들어맞지 않는다는 걸 알고 있을 것이다. 예를 들어 어떤 바다 계곡은 (지구 지각이 불안정한 지역에서) 여물통처럼 골이 넓게 파인 형태에 수직의 벽으로 출현하는데, 이는 암반이 단층이나 단구 작용을 거쳤음을 의미하기 십상이다. 일부 해저 협곡이 광대하게 흐르는 침전물인 혼탁류에 의해 파였다는 가설은 해저 바닥이 역동적으로 활동한다는 개념이 새롭게 제기되면서 지지를 얻었다. 놀라우리만큼 매혹적인 해저의 다섯 가지 유형에 관해 앞으로 더욱 활발한 연구를 전개한다면, 해저 협곡 자체의 역사를 분명하게 밝혀낼 수 있을 뿐만 아니라 지구 역사 전반을 이해하는 데도 커다란 도움을 줄 것이다.

다는 뜻은 아니다. 해양 바닥도 대륙과 마찬가지로 가소성 있는 지구 맨틀을 뒤덮은 얇은 지각이다. 지구 내부가 감지할 수 없을 정도로 서서히 냉각하고 수축하며 지구 표면층에서 떨어져나가자, 어느 곳은 해양 바닥이 주름지고 움푹 파였으며, 또 어느 곳은 지각이 그러한 변화에 조응하느라 긴장과 압박을 받은 나머지 깊은 해구로 푹 꺼져버렸다. 그런가 하면 다시 원뿔처럼 생긴 해산(海山) 형태로 솟구치기도 하고, 지각이 갈라지면서 화산이 분출하기도 했다.

아주 최근까지만 해도 지리학자와 해양학자들은 흔히 심해저를 광대하고 비교적 편평한 평원이라고 주장하는 경향이 있었다. 그들은 가령 대서양중앙해령이나 필리핀 앞바다의 민다나오 해구(Mindanao Trench)처럼 푹 파인 구덩이 같은 지형적 특색이 존재한다는 것을 모르지 않았지만, 이는 어디까지나 거의 굴곡 없는 평탄한 해저에 드러난 예외일 뿐이라고 여겼다.

대양저가 편평하다는 믿음이 철저히 깨진 것은 1947년 예테보리를 출발해 15개월 동안 항해하면서 해양 바닥을 탐사한 스웨덴 심해탐험대(Deep-Sea Expedition)에 의해서였다. 탐험대의 선박 앨버트로스호(Albatross)가 파나마 운하를 향해 대서양을 횡단할 무렵, 승선한 과학자들은 해양 바닥이 울퉁불퉁하기 짝이 없다는 사실에 큰 충격을 받았다. 그들이 사용하는 음향측심기는 연속해서 몇 킬로미터 이상 평탄한 평지를 보여주는 경우가 극히 드물었다. 대신 해저 윤곽은 수백 미터에서 수천 미터 너비로 솟아올랐다 꺼지기를 되풀이하는 변화무쌍한 지형을 뽐냈다. 태평양에서는 굴곡 심한 해저 윤곽 탓에 해양학 장비를 사용하는 데 애로가 많았다. 이를테면 사용하다가 떨어뜨린 표본 채취용 관(tube)만 해도 두어 개는 될 텐데, 그것들은 아마도 바다 밑 갈라진 틈새 같은 데 처박혀 있을 것이다.

예외적으로 바닥이 구릉지이거나 산맥처럼 울퉁불퉁하지 않은 바다도 있는데, 인도양이 그렇다. 앨버트로스호는 인도양의 실론섬 남동쪽에서 평탄한 평지를 무려 1000킬로미터 정도 항해했다. 그런데 그 평지에서 표본을 채집하려는 시도는 거의 성공을 거두지 못했다. 표본채취기가 연거푸 망가졌기 때문인데, 이는 대양저가 굳은 용암으로 이뤄져 있으며 그 광막한 고원 전체가 엄청난 규모의 해저 화산 분출로 형성되었을 가능성을 시사한다. 인도양의 편평한 용암 해저는 3000미터 두께의 현무암으로 이뤄진 인도 데칸고원이나 미국 워싱턴주 동부의 거대한 현무암 고원의 해저판이라고 할 수 있다.

우즈홀 해양연구소의 연구선 아틀란티스호는 대서양의 버뮤다제도로부터 대서양중앙해령과 그 동부에 이르는 해양 분지가 대부분 반반한 평지라는 사실을 발견했다. 화산으로 만들어졌다 싶은 일련의 해저구(海底丘)만이 그 평지의 고른 윤곽에서 유일하게 도드라져 보이는 부분이다. 이 특이한 지역은 너무 편평해서 방대한 세월 동안 고이 침전물을 받아들였을 뿐 분명 아무것에도 방해를 받지 않은 것처럼 보인다.

대양저에서 가장 우묵하게 파인 지점은 흔히 예상하는 것과 달리 해양 분지 한복판이 아니라 대륙 가까이에 위치해 있다. 세계에서 가장 깊은 해구 중 하나인 민다나오 해구는 필리핀제도 동쪽에 자리한 멋진 구덩이로, 깊이가 자그마치 1만 400미터에 이른다.■ 깊이가 엇비슷한 일본 동

■ 최근 괌섬 앞바다의 마리아나 해구가 민다나오 해구보다 약간 더 깊은 것으로 밝혀졌다. 심해 잠수정 트리에스테호가 마리아나 해구 바닥까지 내려감으로써 기록을 갱신한 것이다. 1951년 챌린저호는 이 해구의 깊이가 1만 863미터라는 기록을 얻었다. 챌린저호의 음향 측심 기록은 정확한 위치를 알려주므로 그 수치가 틀림없는 사실임을 확증한다. 하지만

쪽의 투스카로라(Tuscarora) 해구는 오가사와라제도, 마리아나제도, 팔라우제도 등 일렬로 늘어선 제도의 볼록한 바깥쪽에 면해 있는 길고 좁다란 해구들 가운데 하나다. 알류샨열도의 바다 쪽에는 또 다른 일련의 해구가 모여 있다. 대서양에서 가장 깊은 지점은 서인도제도의 여러 섬과 인접한 곳, 그리고 일련의 제도가 마치 남극해로 들어가는 징검다리처럼 둥글게 늘어선 혼곶(Cape Horn: 남미 최남단 칠레령 혼섬의 남쪽 끝에 있는 곶―옮긴이)의 아래쪽이다. 인도양에서는 둥글게 굽은 동인도제도의 호상 열도(island arc: 바다 가운데 활등처럼 굽은 모양으로 널려 있는 섬의 집합체―옮긴이) 부근에 가장 깊은 해구가 자리하고 있다.

이처럼 호상 열도와 깊은 해구는 늘 연관성이 크며, 둘은 언제나 화산이 불안정한 지역에서만 발생한다. 지금은 누구나 동의하지만, 이들의 유형은 조산 운동과 그에 수반되는 해저의 발 빠른 적응의 결과로 설명할 수 있다. 다시 말해, 호상 열도의 오목한 안쪽에는 화산이 줄지어 있으며, 볼록한 바깥쪽에는 대양저가 아래로 깊이 굽어 넓은 V자형 해구가 생성된다. 이 두 힘은 모종의 불안정한 균형 상태를 이룬다. 지각이 위로 접히면 산맥이 만들어지고, 해양 지각은 그 아래 현무암층으로 내려앉는다. 그러다 이따금 아래로 밀려가던 화강암 덩어리가 산산조각 나면서 다시 솟아올라 섬이 형성되기도 한다. 서인도제도의 바베이도스섬과 동인도제도의 티모르섬 등이 이렇게 해서 생겨났을 것으로 추정된다. 두 섬은 마치 한때 깊은 바다의 일부였던 것처럼 심해 퇴적물을 지니고 있다. 그러나 이는 분명 예외적인 현상일 것이다. 위대한 지질학자 레지널드 데일리

1958년 비티아즈호(Vitiaz)에 승선한 러시아 과학자들은 역시 마리아나 해구에서 종전 기록보다 약간 더 깊은 지점(1만 1034미터)을 측정했다고 보고했다. 그러나 정확한 위치를 명시하지는 못했다.

(Reginald A. Daly)는 다음과 같이 말했다.

지구의 또 한 가지 특성은 …… 전단 압력(shearing pressure: 하중이 단면에 평행하게 작용하는 압력—옮긴이)을 무한정 견디는 능력이 있다는 것이다. ……해저를 내려다보는 육지는 그쪽으로 다가가기를 한사코 거부한다. 태평양 해저의 암반은 통가 해연(Tonga Deep)에서 지각을 아래로 끌어내리는 데 관여하는 거대한 압력, 그리고 용암과 그 밖의 화산 생성물이 1만 미터가량 돔 모양으로 솟아올라 하와이섬 같은 화산 지형을 만들어내는 데 관여하는 거대한 압력을 한량없이 버텨낼 만큼 충분히 튼튼하다.∎

해양저에서 가장 잘 알려지지 않은 지역은 바로 북극해다. 그곳에서는 바다의 깊이를 잴 때 물리적으로 극심한 어려움을 겪는다. 두께가 무려 4.5미터에 이르는 영원히 녹지 않는 해빙이 북극해의 중앙 해분 전체를 뒤덮고 있어 선박이 도저히 전진할 수 없다. 로버트 피어리(Robert Peary)는 1909년 한 무리의 개가 끄는 썰매를 타고 북극으로 질주하는 도중 몇 차례에 걸쳐 바다 깊이를 쟀다. 한 번은 북극에서 10킬로미터 정도 떨어진 지점에서 측심을 시도했는데, 2700미터나 내려보낸 전선이 끊어져버렸다. 1927년 개인용 비행기를 타고 알래스카 최북단의 배로곶(Point Barrow)에서 북쪽으로 약 880킬로미터 떨어진 얼음 위에 착륙한 허버트 윌킨스 경(Sir Hubert Wilkins)은 단 한 번의 시도로 5355미터라는 측심 기록을 얻어냈다. 그때까지 북극해에서 얻은 것 가운데 최고 기록이었다. 노르웨이의 프람호(Fram), 러시아의 세도프호(Sedov)와 사드코호(Sadko)

∎ *The Changing World of the Ice Age*, 1934 edition, Yale University Press, p. 116.

처럼 얼음과 함께 해분 위를 떠다니도록 일부러 얼음 속에서 얼린 연구 선들은 중심 부분에서 가능한 심도 기록을 대부분 확보했다. 1937년과 1938년 러시아 과학자들은 비행기를 타고 북극 가까이 착륙했고, 물에 뜬 얼음 위에서 생활하는 동안 비행기로 필요한 물품을 공급받았다. 이들은 거의 스무 차례 정도 수심을 쟀다.

북극해의 심도 측정과 관련해 가장 대담한 계획은 바로 윌킨스의 구상이었다. 그는 실제로 1931년 잠수함 노틸러스호(Nautilus: '앵무조개'라는 뜻―옮긴이)를 타고 항해를 시작했다. 스피츠베르겐에서 베링해협까지 전체 해분을 가로질러 얼음 밑으로 항해하겠다는 계획이었다. 그러나 노틸러스호가 스피츠베르겐을 출발한 지 며칠 만에 잠수 장비의 기계 고장으로 계획이 수포로 돌아갔다. 1940년대 중엽, 갖은 방법을 다 동원했음에도 북극 지방의 심해 깊이를 잰 것은 총 150건에 그쳤고, 세계 최상층 바다의 대부분 지역은 그저 윤곽만 추측할 뿐 깊이를 알 수 없는 상태로 남아 있었다. 제2차 세계대전이 끝나자마자 미 해군은 얼음을 투과해 측심 기록을 얻어내는 새로운 방법을 시험하기 시작했다. 북극의 수수께끼를 푸는 단서를 제공해줄 방법이었다. 대서양을 양분하며 북쪽 끝이 아이슬란드에 닿아 있으리라 추정되는 해저 산맥이 실은 북극 해분을 지나 러시아 연안까지 뻗어 있다는 가설이 제기되고 있는데, 우리는 향후 측심 기술을 통해 그 진위 여부를 가려내야 한다. 대서양중앙해령을 따라 형성된 지진대는 북극해를 가로질러 뻗어 있다. 그런데 해저 지진이 발생하는 곳에서는 산맥 지형이 나타날 것이라고 추측하는 게 합리적이다.▪

▪ 대서양중앙해령이 북극 해분 전반에 이어져 있을지 모른다는 가설은 해양지질학이 흥미로운 발전을 거듭한 결과 사실인 것으로 드러났다. 실제로 오늘날 일부 지질학자들은 전체 대서양중앙해령은 대서양·북극해·태평양·인도양의 바닥을 가로질러 6만 4000킬로미터가

해저 지형을 다룬 최근 지도에 새롭게 드러난 특징 하나—1940년 이
전까지만 해도 지도에 전혀 포함되지 않았다—는 하와이와 마리아나제

량 연속적으로 뻗어 있는 산맥의 일부라고 주장한다(머리말 참조).

북극 해분의 상세한 지형에 대해서는 오랫동안 거의 알려진 게 없었으며 그저 추측만 무
성했다. 그런데 가설 제기에 그치는 게 아니라 사실을 보여줄 수 있는 해양지질학의 혁신
적 발전에 힘입어 북극 해분 탐험은 커다란 진척을 보았다. 미국이 원자력을 동력으로 삼
는 잠수함을 개발해 얼음층 아래로 항해하면서 직접 북극 해저를 탐험하기에 이른 것이다.
1957년 잠수함 노틸러스호(윌킨스가 사용한 잠수함과 이름이 같다)가 최초로 북극 얼음 밑
으로 들어가 과연 잠수함으로 그 지역을 탐사하는 게 가능한지 알아보기 위한 예비 답사를
실시했다. 노틸러스호는 잠수 상태로 74시간을 버텼으며, 장장 1600킬로미터나 되는 거리
를 항해했다. 그리고 심해 측심 기록과 위에 얼어 있는 해빙 두께에 관한 기록을 비롯해 다
량의 자료를 수집했다. 이듬해인 1958년 노틸러스호는 북극 해분 전역을 지나 알래스카 최
북단의 배로곶에서 북극해까지, 이어 다시 대서양까지 항해하는 데 성공했다. 이 역사적인
항해를 하는 동안, 노틸러스호는 최초로 북극 해분 한복판을 지나며 계속 음향 측심 기록을
확보했다. 또 다른 원자력 잠수함들도 북극 관련 지식을 확장하는 데 기여했다. 이러한 원
자력 잠수함과 그 밖에 좀더 전통적인 탐사 도구를 활용한 연구 덕택에 지금은 북극해의 바
닥 지형이 대부분 반반한 평지이고 가끔 여기저기 해산과 울퉁불퉁한 산맥이 불거진 게 어
느 바다 분지와 하등 다를 바 없음이 분명해졌다. 현재까지 발견된, 북극해에서 가장 깊은
곳은 대략 4800미터가 넘는다. 알래스카 앞바다에서는 대륙붕단(하강세가 가팔라지기 시작
하는 지점)이 이례적으로 고작 수면 아래 63미터 깊이에 있다. 표본 채취용 튜브와 (물 밑
을 훑는) 저인망을 사용한 표집, 심해 사진 촬영 따위에 힘입어 국제지구관측년(1957년 7월
부터 1958년 12월까지의 18개월간—옮긴이) 동안 북극 해저는 바위·자갈·조개껍데기(주로
얕은 바다에 사는 조개의 껍데기)로 온통 뒤덮여 있음이 드러났다. 현재의 해빙은 암석 조
각이나 모래 같은 물질을 거의 혹은 전혀 실어 나르지 않는 것 같다. 그러므로 오늘날 해저
표본에서 발견하는 물질은 분명 북극해가 비교적 탁 트인 바다였던 과거 지질 시대에 주변
대륙에서 떠내려온 얼음에 기원을 두고 있을 것이다.

해양생물학에서 폭넓은 연구를 수행해온 러시아 과학자들은 흥미로운 자료를 손에 넣었다.
북극해 한복판에서 살아가는 동식물은 극히 희박하다고 믿은 난센(F. Nansen)이 옳지 않았
음을 보여주는 자료였다. 북극해 위를 떠다니던 연구 기지 북극호(North Pole)가 수집한 자
료는 북극 지역에 무척이나 다채로운 식물 및 동물 플랑크톤이 살아가고 있음을 보여준다.
거의 연구된 바 없는 생명체들이 얼음 표층에서 살고 있다. 이들은 지방을 다량 함유하고
있으며, 얼음을 노랗거나 붉은 색조로 물들인다. 규조류는 얼음 표층에서는 발견되지 않지
만, 얼음이 녹으면서 표층에 형성되는 물웅덩이에서 다른 플랑크톤과 함께 살아간다. 이 풍
부한 규조류 군체는 햇빛으로부터 상당한 에너지를 흡수해 얼음 덮개가 더 빨리 녹도록 돕
는다. 북극에서 여름 동안 수가 크게 불어난 플랑크톤은 수많은 새와 다양한 포유동물을 끌
어들인다.

도 사이에 꼭대기가 편평하고 특이하게 생긴 평정해산(平頂海山: 바다 밑의 산이 파도에 의해 정상부가 깎여 평탄해진 것—옮긴이)이 약 160개 솟아 있다는 사실이다. 프린스턴 대학의 지질학자 헤스(H. H. Hess)가 전시(戰時)에 2년간 미 해군의 케이프 존슨호(Cape Johnson)를 이끌고 태평양을 항해하던 중 발견한 것이다. 헤스는 선박의 음향측심기 심도 기록에 나타난 해저 산맥의 수를 보자마자 커다란 감명을 받았다. 움직이면서 심해 윤곽선을 그려나가는 음향측심기의 펜은 해저 바닥에 홀로 우뚝 솟은 가파른 해산을 만나자 갑자기 올라가기 시작했다. 그런데 이런 해산은 전형적인 화산 원뿔(volcanic cone)과 달리 하나같이 봉우리가 널찍하고 평평해서 마치 산 정상이 파도에 의해 뭉텅 잘려나가거나 대패질을 당한 것처럼 보인다. 어쨌거나 해산의 정상은 수면 아래 800~2000미터 깊이 어딘가에 자리 잡고 있다. 이것들이 어쩌다 봉우리가 평평하게 깎인 모습을 하고 있는지는 해저 협곡이 어떻게 형성되었는지에 버금가는 바다의 수수께끼다.

군데군데 흩어져 있는 해산과 달리 길게 뻗은 해저 산맥을 해도에 표기한 것은 꽤나 오래된 일이다. 대서양중앙해령은 1세기 전에 발견되었다. 대서양 횡단 케이블을 설치하기에 알맞은 노선을 물색하던 초창기에 최초로 대서양중앙해령의 존재가 어렴풋하게나마 드러난 것이다. 독일의 해양 연구선 메테오르호(Meteor)가 1920년대에 대서양을 두 차례 횡단하며 대서양중앙해령의 윤곽을 상당 부분 밝혀냈다. 우즈홀 해양연구소의 연구선 아틀란티스호는 여러 해 동안 여름에 아조레스(Azores)제도 근처에서 대서양중앙해령을 샅샅이 조사했다.

이와 같은 노력에 힘입어 오늘날 우리는 그 거대한 해저 산맥의 윤곽을 그릴 수 있으며, 거기에 숨겨진 봉우리며 계곡을 상세히 볼 수 있다. 대서양중앙해령은 아이슬란드 부근 중앙대서양에서 시작된다. 그리고 그 북반구의 최고 위도 지점에서 출발해 양쪽 대륙의 중간쯤으로 남하하다가 적도를 지나 남대서양으로 뻗어나간다. 그리고 남위 50도 지점까지 이어지다 아프리카 남단 아래에서 급격하게 동쪽으로 방향을 틀어 인도양으로 선회한다. 대서양중앙해령의 대략적 경로는 줄곧 인접한 대륙들의 해안선과 정확히 평행을 달리다 적도 부근에 이르러 브라질의 툭 튀어나온 부분과 동쪽으로 굽은 아프리카 서북부 해안 사이에서 역시 중앙을 지키는 모양으로 휘어진다. 혹자들은 이런 곡선을 보면서, 대서양중앙해령이 본디 거대한 대륙의 일부였는데 남아메리카와 북아메리카 대륙이 유럽과 아프리카 대륙에서 떨어져나올 때 대서양 한복판에 남겨놓은 것이라고 짐작하기도 했다. 그러나 최근의 연구는 대서양 바닥에 그처럼 두꺼운 침전물이 쌓이려면 수억 년의 세월이 필요하다는 것을 보여준다.

총길이 1만 6000킬로미터에 달하는 대서양중앙해령은 대부분 지역에서 해저 활동이 어지럽고 불안정하며, 해령 전체가 서로 대립하는 거대한 힘이 상호 작용해 빚어진 듯한 인상을 풍긴다. 서쪽 산기슭에서 시작해 동대서양 해분으로 내려가는 사면까지의 너비는 안데스산맥의 2배, 애팔래치아산맥의 4~5배에 이른다. 적도 부근에는 깊이 파인 로망슈(Romanche) 해구가 동서로 가로놓여 있는데, 대서양을 통틀어 동대서양과 서대서양의 심해 분지가 접촉하는 유일한 지점이다. 비록 더 높은 봉우리들 사이에는 그보다 작은 다른 산길이 나 있긴 하지만 말이다.

말할 것도 없이 대서양중앙해령 대부분은 바다에 잠겨 있다. 근간을 이루는 산맥은 해저에서 1500~3000미터 높이로 솟아 있지만, 그 산봉우리 위로 1500미터 두께의 바닷물이 덮여 있는 것이다. 그러나 이 해저 산맥의 봉우리들은 깊은 바다의 어둠 속에서 군데군데 수면 위로 몸을 내밀고 있기도 하다. 다름 아닌 중앙대서양의 제도들이다. 대서양중앙해령에서

'가장 높은' 봉우리는 아조레스제도의 피코(Pico)섬이다. 그 산은 해저에서 8100미터 높이로 치솟아 있는데, 상층부 210~240미터가 물 위에 드러나 있다. 대서양중앙해령에서 '가장 날카로운' 봉우리는 적도 부근의 세인트폴 바위섬(Rocks of St. Paul)으로 알려져 있다. 6개의 작은 봉우리가 모여 있는 세인트폴 바위섬은 너비가 400미터를 넘지 않으며, 바위 사면이 어찌나 가파른지 해안에서 1미터밖에 떨어지지 않은 곳의 바다 깊이가 무려 800미터를 넘는다. 대서양중앙해령에서는 어센션(Ascension) 화산섬, 그 밖에 트리스탄다쿠냐(Tristan da Cunha)섬, 고프(Gough)섬, 부베(Bouvet)섬도 피코섬 못지않게 높은 봉우리들이다.

그러나 대서양중앙해령은 대부분 영원히 사람들 눈에 띄지 않은 채 감춰져 있다. 그동안 이 지형은 놀라운 음파 탐지 기술에 의해 오로지 간접적으로만 파악할 수 있었다. 우리는 그저 표본채취기나 준설선으로 해령을 이루는 물질을 일부 표집하거나, 심해 촬영용 카메라로 그곳의 풍광을 자세히 담아봤을 뿐이다. 어쨌거나 이런 덕분에 가파른 절벽과 암석 단구, 깊은 골짜기와 우뚝 솟은 봉우리가 특징적인 해저 산맥의 웅장함을 눈으로 보듯 그릴 수 있게 되었다. 해저 산맥을 육지의 무언가와 비교하고 싶다면, 수목 한계선 한참 위쪽에 우뚝 솟은 산맥을 떠올리면 된다. 골짜기에 눈이 수북이 쌓이고, 바람에 시달린 헐벗은 바위가 군데군데 드러난 산맥 말이다. 바다의 수목 한계선, 즉 식물 한계선은 육지와 정반대이므로 그 아래에는 식물이 자랄 수 없다. 해저 산맥의 경사면은 햇빛이 비치는 한계 한참 아래 자리하고 있어 보이는 것이라곤 헐벗은 바위뿐이다. 해저 계곡에는 오랜 세월의 흔적을 담은 침전물층이 켜켜이 쌓여 있다.

태평양과 인도양에는 길이라는 측면에서 대서양중앙해령에 견줄 만한 해저 산맥이 없다. 하지만 그보다 좀 작은 산맥들은 있다. 태평양 해분 한복판을 가로지르는 약 3600킬로미터 길이의 해저 산맥에서 수면 위로 머리를 내민 봉우리들이 바로 하와이제도다. 길버트(Gilbert)제도와 마셜(Marshall)제도는 또 다른 중앙태평양산맥(mid-Pacific Mountains)의 어깨쯤에 자리하고 있다. 태평양 동쪽 한복판에는 남아메리카 연안과 투아모투제도 사이에 드넓은 해저 평원이 펼쳐져 있다. 인도양에는 인도에서 남극대륙까지 긴 해저 산맥이 뻗어 있는데, 대부분 지점이 대서양중앙해령보다 넓고 깊다.

이쯤에서 따져볼 만한 가장 흥미로운 주제는 과거에 존재했거나 오늘날 존재하는 대륙 산맥과 해저 산맥의 나이를 비교하는 것이다. 과거의 지질 시대를 돌아보면(표 1.1), 화산이 폭발하거나 지구가 급격하게 요동친 결과 산맥이 대륙 위로 솟아올랐으며, 그 뒤 비·서리·홍수의 공격을 받아 바스러지거나 닳아 없어졌음을 알 수 있다. 그렇다면 해저 산맥은 어떻게 형성된 것일까? 그것들 역시 같은 방식으로 만들어졌다면, 생겨나기 바쁘게 사라지지 않았을까?

우리는 여러 증거를 통해 지구 지각이 대륙만큼이나 해저에서도 그다지 안정적이지 않음을 알고 있다. 지상에서 발생하는 지진은 지진계로 추적한 결과, 진앙의 상당수가 바다인 것으로 드러났다. 그리고 뒤에서 살펴보겠지만, 바다에도 대륙에서와 비슷한 정도로 활화산이 많다. 대서양중앙해령은 분명 지각판이 이동하고 재편된 선을 따라 융기한 것 같다. 물론 대체로 휴지기인 것처럼 보이지만 어쨌거나 대서양에서 지진 활동이 가장 활발한 곳이다. 태평양 해분을 둘러싼 환태평양 조산대는 거의 대부분 지역에서 지진과 화산 활동이 자주 일어난다. 화산 중 일부는 빈번하게 분화하는 활화산이고, 일부는 사화산이며, 또 어떤 것은 마지막 화산 폭발 이래 수백 년간 깊은 잠에 빠져 있는 휴화산이다. 이곳의 지형은 태평양 연안에 거의 연속적으로 접해 있는 높은 산맥에서부터 느닷없이 깊은 바다로 가파르게 치닫는다. 남아메리카 대륙의 앞바다, 알래스카에서 알류샨열도를 지나 일본에 이르는 바다, 그리고 일본과 필리핀 남쪽 바다에 자리한 깊은 해구는 지형이 거대한 변형을 겪으면서 여전히 생성 중이라는 인상을 풍긴다.

그러나 해저 산맥은 지상에서 시인들이 읊조리곤 하는 '영원한 언덕'이라는 심상에 가장 가까운 곳이다. 대륙 산맥은 솟아오르자마자 자연이 갖은 힘을 다 동원해 어떻게든 반반하게 만들려 애쓴다. 반면 해저 산맥은 오랜 세월 동안 일상적인 침식 작용을 겪지 않은 결과 완벽한 형태를 보존할 수 있다. 해저 산맥은 바닥에서 화산 분화에 의해 수면 위로 솟아올랐을 것이다. 이렇게 해서 생긴 화산섬은 비의 공격을 받고, 신생(新生) 산들은 밀려드는 파도에 속절없이 무너진다. 바다의 거센 공격을 이기지 못한 신생 산들은 다시 수면 아래로 잠긴다. 마침내 봉우리는 사정없이 몰아치는 폭풍 해일에 시달려 깎여나간다. 그러나 빛이 들지 않는 바닷속에서는, 즉 고요한 깊은 바닷속에서는 더 이상 공격을 당하지 않는다. 이곳에서 해산은 지구의 생애 내내 거의 변하지 않은 채로 남아 있는 듯하다.

이처럼 사실상 영생을 누리기에 가장 오래된 해저 산맥은 대륙에 남아 있는 그 어느 산맥보다 나이가 훨씬 더 많다. 태평양 한복판에서 해산을 발견한 헤스 교수는 이 "가라앉은 태곳적 섬"은 캄브리아기 이전, 즉 5억~10억 년 전에 형성되었을 가능성이 있다고 주장했다. 요컨대 그 섬의 나이가 육지에서 로렌시아 시기에 융기한 산맥에 필적한다는 얘기다. 그런데 해산은 오늘날 육상에 솟아 있는 융프라우(Jungfrau)산, 에트나(Etna)산, 후드(Hood)산의 봉우리와 비교하면 (설령 변했다 해도) 아주 조금만 변했을 뿐이다. 그러나 로렌시아 시기에 생성된 육지 산맥은 거의 아무런 자취도 남아 있지 않다. 이런 가설에 따르면, 애팔래치아산맥이 융기한 2억 년 전에 형성된 태평양 해산들은 나이가 적잖을 것이다. 그러나 이런 해산은 애팔래치아산맥이 닳고 닳아 그저 지표면에 남은 주름 정도에 불과해진 기간에도 거의 변화를 겪지 않았다. 알프스산맥과 히말라야산맥, 로키산맥과 안데스산맥이 형성된 6000만 년 전에는 해산들이 장엄한 높이로 치솟았다. 그러나 이것들은 아마도 지상의 신기 습곡 산맥이 모두 바스러져 먼지가 될 때까지 깊은 바다에서 거의 본모습을 그대로 유지하고 있었을 것이다.

바다 아래 숨은 땅에 대해 점점 더 알려지자 사람들은 여기저기서 이렇게 묻곤 했다. "물에 잠긴 광대한 해저 산맥이 저 유명한 '잃어버린 대륙'과 관련이 있을까?" 인도양의 전설적인 레무리아(Lemuria) 대륙, 세인트브렌단(St. Brendan)섬, 잃어버린 아틀란티스(lost Atlantis)에 관한 이야기는 하나같이 모호하고 허술하지만, 세계 곳곳에서 살아가는 종족들의 가슴속에 뿌리 깊이 아로새겨진 기억처럼 끊임없이 전파되고 있다.

그중 가장 유명한 것은 아틀란티스 대륙이다. 플라톤의 설명에 따르면, 아틀란티스는 "헤라클레스의 두 기둥 저편"에 있는 거대한 섬, 또는 거대한 대륙이었다. 막강한 통치자가 이끄는 호전적인 나라 아틀란티스는 걸핏하면 아프리카와 유럽 본토를 공격하고, 리비아의 상당 부분을 자기 세력 아래 복속시키고, 유럽의 지중해 연안을 기웃거리고, 마침내 아테네를 공격했다. 그러나 "거대한 지진이 일어나고 큰물이 범람해 하룻밤 사이에 〔그리스에 맞서던〕 전사들을 모두 집어삼켰다. 아틀란티스섬은 거짓말처럼 바다 밑으로 사라졌다. 이때 이후 그 부근 바다는 항해할 수 없는 곳으로 바뀌었다. 물에 잠긴 섬 위로 모래가 쌓여 길이 막히는 바람에 선박이 지나다닐 수 없게 된 것이다".

아틀란티스에 관한 전설은 수 세기 동안 끊임없이 전해 내려왔다. 그러던 차에 사람들은 차차 대담해져서 대서양을 항해하고, 횡단하고, 나중에는 그 깊이를 측정하기까지 했다. 그러면서 잃어버린 땅이라 여기던 지점에 대해 슬슬 의혹을 품기 시작했다. 대서양의 여러 섬이 한때 훨씬 더 컸던 아틀란티스의 흔적으로 꼽히곤 했다. 파도가 밀려들었다 빠져나가기를 되풀이하는 세인트폴 바위섬이 다른 어떤 것보다 자주 그 유적으로 거론되었다. 그리고 지난 세기에 대서양중앙해령이 걸쳐 있는 영역이 좀더 잘 알려지자 수면 아래 깊이 잠긴 그 거대한 땅덩이가 아틀란티스의 후보지로 떠오르기도 했다.

꿈같은 상상을 하는 이들에게는 찬물을 끼얹는 말일지 모르지만, 대서양중앙해령이 언젠가 바다에 잠겼다 하더라도 이는 분명 아틀란티스에 거주한 인간들이 출현하기 한참 전의 일이었을 것이다. 대서양중앙해령에서 표본채취기로 모은 표본을 살펴보면, 육지로부터 멀리 떨어진 망망대해에서 흔히 볼 수 있는 침전물층이 켜켜이 쌓여 있음을 알 수 있는데, 이는 약 6000만 년 전으로 거슬러 올라간 시기의 것이다. 그런데 인류(가장 오래된 인류조차)가 지상에 출현한 것은 기껏해야 100만 년 정도밖에 되지 않는다.

예부터 민간에 면면히 전해 내려오는 다른 전설과 마찬가지로 아틀란티스 이야기에도 얼마간 사실적 요소가 담겨 있다. 인류가 지상에 막 출현한 시기에 원시인은 필시 여기저기서 섬과 반도가 물에 점차 가라앉고 있다는 이야기를 들었을 것이다. 그렇지만 이런 일은 아틀란티스처럼 그렇게 극적으로가 아니라 사람들이 충분히 관찰할 수 있는 속도로 진행되었으리라. 사람들은 그 목격담을 이웃이나 자녀들에게 들려주었고, 그렇게 해서 침몰한 대륙에 관한 전설이 탄생했을 것이다.

오늘날 그 잃어버린 땅 중 하나가 북해의 바닷물 속에 잠겨 있다. 불과 수십만 년 전만 해도 도거뱅크는 육지였다. 그러나 지금은 어부들이 그물을 던져 물에 잠긴 나무둥치 사이를 유유히 오가는 대구며 메를루사, 넙치 따위를 잡는 세계적 어장으로 바뀌었다.

홍적세 때 엄청난 양의 빙하가 얼어붙으면서 바닷물이 크게 줄어들자, 북해의 해저가 바닥을 드러내며 북해는 한동안 육지로 남아 있었다. 당시 북해는 토탄으로 뒤덮인 저지대 습지였다. 그러다 분명 이끼류와 양치류 사이에서 버드나무와 자작나무가 자라나기 시작한 것으로 보건대 이웃한 고지대의 숲이 차츰 거기까지 자리를 넓혀왔을 것으로 짐작된다. 본토에 살던 동물이 이주해 얼마 전까지만 해도 바다였던 마른땅에 자리를 잡았다. 곰, 늑대, 하이에나, 들소, 아메리카들소, 야생 코뿔소, 매머드 따위였다. 숲에 찾아든 원시인은 조잡한 석기를 챙겨왔다. 그들은 사슴을 비롯한 동물을 살금살금 뒤쫓으며 사냥하고, 석기를 이용해 축축한 숲에서 나무뿌리를 캤다.

그러다 빙하가 줄어들고 얼음이 녹으면서 물이 바다로 흘러들자 해수면이 올라갔다. 그 땅은 섬으로 변했다. 사람들은 본토와 섬 사이에 놓인 해협이 너무 넓어져 건너기 힘들어지기 전에 당초 챙겨간 석기를 내팽개치고 서둘러 본토로 피신한 듯하다. 그러나 대부분의 동물은 어쩔 수 없이 섬에 남았다. 섬은 서서히 물에 잠기고 먹이는 점점 더 구하기 힘들었지만, 동물들로서는 빠져나갈 도리가 없었다. 마침내 바다가 섬을 통째로 집어삼킨 결과 육지는 사라지고, 거기서 살아가던 동물들도 덩달아 수장되고 말았다.

섬을 간신히 빠져나간 옛 사람들은 아마도 원시적인 방법으로 그 이야기를 다른 사람에게 전파했을 테고, 그들은 또 그 이야기를 대대손손 전해주었을 것이다. 그리고 그 이야기는 결국 그 종족의 뇌리에 확고하게 자리 잡았으리라.

이러한 사실이 비로소 역사에 기록된 것은 30년 전쯤 유럽 어부들이 북해 한복판의 도거뱅크에서 저인망 어업을 시작하면서부터다. 그들은 이내 수면 18미터 아래에 거의 덴마크 면적만 한 울퉁불퉁한 고원이 잠겨 있다는 사실을 알아냈다. 그 고원의 가장자리는 깊은 바다로 이어지는 부분에서 경사가 갑자기 가팔라졌다. 그들은 다른 어느 어장에서는 볼 수 없는 것들을 저인망으로 무수히 거둬들였다. 먼저 눈에 띈 것은 엉성한 토탄 덩어리였다. (어부들은 그것을 '늪에 잠긴 목재(moorlog)'라고 불렀다.) 뼈도 수없이 나왔다. 그들은 정체를 알 수는 없지만 육지에 사는 대형 포유동물의 뼈이겠거니 짐작했다. 이 물건들은 하나같이 그물을 망가뜨리고 조업을 방해했으므로, 어부들은 기회 있을 때마다 그것들을 뱅크 가장자리로 끌고 가서 심해에 내던졌다. 그리고 한편으론 뼈다귀, 토탄 덩어리, 나뭇조각, 조야한 석기 따위를 일부 챙겨와 과학자들에게 건네주었다. 과학자들은 어망에 걸린 이상한 잡동사니에 홍적세 때의 동물군과 식물군이 바글거리고, 석기 시대의 인류가 만든 유물이 가득하다는 것을 알아냈다. 아울러 북해가 한때 어떻게 해서 마른땅이 되었던지 기억해내고, 잃어버린 땅 도거뱅크에 관한 이야기를 복원했다.

06

▲▲▲▲▲▲▲▲▲▲▲▲▲▲▲▲▲▲

오래오래 쏟아지는 눈발

▲▲▲▲▲▲▲▲▲▲▲▲▲▲▲▲▲▲

떨리는 손으로 쓴 지구에 관한 심오한 시.
―루엘린 포이스(Llewelyn Powys)

육지·대기·바다의 모든 부분은 저마다 특유의 분위기가 있으며, 각기 다른 것과 구별되는 특징을 지닌다. 깊은 바다의 바닥을 생각하노라면 내 상상 속에 떠오르는 가장 압도적인 장면은 바로 켜켜이 쌓인 퇴적물이다. 내 눈에는 언제나 각종 물질이 끊임없이 위에서 아래로 내려와 조각 위에 조각이 쌓이고, 층 위에 층이 쌓이는 모습이 선명하게 보이는 듯하다. 이런 현상은 지금껏 수억 년 동안 이어져왔으며, 앞으로도 바다와 대륙이 존재하는 한 영원히 지속될 것이다.

퇴적물은 지구가 그때껏 보아온 것 가운데 가장 방대한 규모로 '눈발처럼 쏟아진' 물질이다. 그 일은 최초의 비가 헐벗은 바위로 쏟아지며 침식 작용에 활기를 불어넣으면서 시작되었다. 그리고 표층수에서 발달한 생명체가 살아생전 거처가 되어준 작은 규산질이나 석회질 껍데기를 벗어던지는 바람에 더욱 속도가 붙었다. 퇴적물의 축적은 조용히, 끊임없이 그리고 완성하기까지 시간이 넉넉한 까닭에 마냥 여유를 부려도 좋은 자연 작용의 느긋함을 만끽하면서 진행되었다. 퇴적물의 양은 1년 혹은 한 사람의 생애로 국한해서 보면 지극히 보잘것없지만 지구와 바다의 삶 전체를 놓고 보면 실로 엄청나다.

기나긴 지질 시대 전반에 걸쳐 저마다 다른 기세와 속도로 비가 오고 땅이 쓸려나갔으며, 그렇게 해서 생성된 침전물을 실은 강물이 세차게 바다로 흘러드는 과정이 이어졌다. 해저 퇴적물에는 바다로 밀려온 강물에 실린 토사 외에 다른 물질도 섞여 있다. 대기권 상층부에서 지구를 떠돌던 화산재도 마침내 바다에 살포시 내려앉아 해류에 휩쓸리다 물기를 잔뜩 머금은 채 결국 아래로 쏟아진다. 해안 사막의 모래 역시 바다 쪽으로 부는 바람에 실려 바다에 내려앉은 다음 서서히 가라앉는다. 빙하나 유빙 속에 얼어붙어 있던 자갈과 조약돌, 작은 몽돌, 조개껍데기도 그 빙하나 유빙이 녹으면서 바닷속으로 흘러든다. 니켈이나 철 파편 그리고 바다 위 대기권에 유입된 운석 부스러기, 이 모든 것도 마치 펑펑 쏟아지는 눈발처럼 바다 밑으로 흘러내린다. 그러나 뭐니 뭐니 해도 여기에 가장 큰 기여를 하는 것은 헤아릴 수 없이 많은 작은 조개껍데기와 유골, 즉 한때 바다 상층부에서 살다 죽은 미세한 생명체의 석회질·규산질 유해다.

바다 퇴적물은 지구에 관한 일종의 서사시다. 우리가 더없이 지혜롭다면 아마 그 속에서 지난 과거를 샅샅이 읽어낼 수 있을 것이다. 모든 게 그 안에 쓰여 있기 때문이다. 퇴적물은 그것을 구성하는 물질의 성질 속에, 그리고 연속적으로 쌓인 층들의 배열 속에 그 위로 펼쳐진 바다와 바다를 둘러싼 대륙이 겪은 일을 빠짐없이 기록해놓았다. 분화하는 화산, 전진과 후퇴를 거듭하는 빙하, 극심하게 메마른 사막, 모든 것을 집어삼키는 홍수 등 지구 역사의 드라마와 재앙이 낱낱이 퇴적물에 자취를 남긴 것이다.

그 퇴적물이라는 책을 처음 들춰본 것은 현세대 과학자다. 그들은 1945년 이후 퇴적물 표본을 채취하고 판독하는 데 놀라운 진척을 보였다. 초기 해양학자들은 준설기로 해저 표층을 그러담을 수 있었다. 그러나 그들에게는 사과의 심을 빼는 기구 같은 원리처럼 작동하는 도구가 필요했다. 즉 저마다 다른 퇴적물층의 순서를 헝클어뜨리지 않으면서 기다란 표본, 즉 '코어(core: 표본채취기로 얻은 흙·바위·광물의 '원통형' 표본—옮긴이)'를 빼내기 위해 수직으로 해저에 내리꽂을 수 있는 도구 말이다. 1935년 피고트(C. S. Piggot) 박사가 바로 이러한 도구를 발명했다. 피고트는 그 '총(gun)'의 도움으로 캐나다 뉴펀들랜드섬부터 아일랜드에 이르는 깊은 대서양 해저에서 일련의 '코어'를 확보했다. 이들 코어는 길이가 평균 3미터 정도였다. 그로부터 약 10년 뒤, 스웨덴 해양학자 쿨렌베리(B. Kullenberg)가 개발한 '피스톤식 원통형 표본채취기'는 약 21미터 길이의 코어를 흐트러지지 않은 형태로 얻을 수 있었다. 각각의 해양 지역에서 퇴적 속도가 어떻게 다른지는 명확하게 알려져 있지 않지만, 어쨌거나 너무나 느리다는 것만은 틀림없는 사실이다. 쿨렌베리가 채취한 코어 표본만 해도 수백만 년의 지질 역사를 담고 있다.

우즈홀 해양연구소를 거쳐 컬럼비아 대학으로 자리를 옮긴 모리스 유잉 교수는 퇴적물을 연구하기 위해 또 다른 기발한 방법을 고안했다. 수중 폭뢰를 터뜨려 그 반사음을 조사함으로써 해저 암반 위를 덮고 있는 퇴적물층의 두께를 잰 것이다. 첫 번째 반사음은 퇴적물의 맨 위층(즉 바다의 바닥)에서 오고, 두 번째 반사음은 '바닥 밑에 있는 바닥', 즉 진짜 암반에서 왔다. 바다에서 폭발물을 갖고 다니거나 터뜨리는 것은 위험천만한 일이므로 모든 연구선이 이런 방법을 시도해볼 수는 없었다. 그러나 스웨덴 연구선 앨버트로스호와 우즈홀 해양연구소의 연구선 아틀란티스호는 대서양중앙해령을 탐험하는 데 이 방법을 사용했다. 게다가 아틀란티스호에 승선한 유잉 교수는 음파가 암석 해저층을 수평으로 통과하게끔 하는 탄성파 굴절(seismic refraction) 기법을 사용해 암석의 성질에 관한 정보를 얻기도 했다.

이러한 기법을 개발하기 전에는 해저 바닥에 쌓인 퇴적물 두께를 그저 추측만 할 수 있었다. 느리지만 끊임없이 떨어져내린 기나긴 세월을 감안하면 그 양이 매우 방대하리라 짐작 가능했다. 낱낱으로 보면 한 번은 모래 알갱이, 또 한 번은 바스러지기 쉬운 조개껍데기, 여기에는 상어 이빨, 저기에는 운석 조각이 떨어지는 것이지만 전체적으로 보면 집요하고 끈질기고 쉴 새 없이 이어지는 과정이었다. 물론 이는 지상의 산맥을 만드는 데 기여하는 암석층의 생성 과정과 매우 흡사하다. 지상의 산맥을 이루는 암석층 역시 한때는 대륙에서 바다로 흘러가 바다 바닥에 깔린 부드러운 퇴적물이었기 때문이다. 퇴적물은 결국 단단하게 굳어져 퇴적암이 되었고, 바다가 다시 후퇴하자 두껍게 대륙 외피층을 형성했다. 우리는 바로 이 퇴적암층이 광범위한 지각 운동에 의해 융기하거나 기울어지거나 압축되거나 끊어진 모습을 볼 수 있다. 게다가 퇴적암의 두께는 곳에 따라 몇 백 미터에 달하기도 한다. 그러나 스웨덴 심해탐험대의 책임자 한스 페테르손이 "앨버트로스호가 측정한 대서양 해분의 퇴적물 두께는 무려 3600미터에 이른다"고 발표하자 대다수 사람은 충격과 더불어 경이로움을 느꼈다.

대서양 해저에 퇴적물이 3600미터나 쌓여 있다고 하니 자연스럽게 흥미로운 질문 하나가 떠오른다. 무지막지한 퇴적물에 짓눌린 암석 바닥은 그 무게에 비례한 정도만큼 내려앉지 않을까? 지질학자들의 견해는 엇갈린다. 최근 태평양에서 발견한 해산은 암반이 주저앉았다는 주장을 뒷받침하는 것 같다. 만약 그 해산이 발견자들 말마따나 "가라앉은 태곳적 섬"이라면, 그것은 해저 바닥이 주저앉은 결과 수면 아래 1600미터 깊이라는 지금의 위치에 이르렀을 공산이 크다. 헤스는 그 섬이 형성된 것은 산호충이 미처 발달하기 전인 먼 옛날이라고 믿었다. 만약 그 섬이 산호충 출현 이후에 생성되었다면, 산호충은 분명 대패로 민 것 같은 평정해산의 꼭대기에 들러붙었을 테고, 기단부가 가라앉는 속도만큼 빠르게 그 해산의 몸집을 불려나갔을 것이다. 어쨌거나 지구 지각이 퇴적물 무게에 눌려 내려앉지 않았다면, 해산이 '파랑 작용 한계 심도(wave base)' 한참 아래까지 깎여나간 현상을 설명할 도리가 없다.

다만 한 가지 설명은 가능할 듯싶다. 즉 퇴적물이 시간과 장소에 따라 균일하지 않게 쌓였다는 것이다. 대서양 일부 지역에서 발견한 퇴적물의 두께는 3600미터인데, 스웨덴 해양학자들은 태평양과 인도양에서 300미터 넘는 퇴적물층을 전혀 발견하지 못했다. 이는 그곳에서 오래전 화산이 엄청난 규모로 폭발해 해저에 용암층이 두껍게 깔린 탓으로 추정된다. 다시 말해, 현재의 상층 퇴적물 아래쪽에 묻혀 있는 그 용암층이 음파를 가로막았다는 것이다.

유잉은 대서양중앙해령 자체와 미국 쪽에서 그 해령에 접근하는 길은 장소에 따라 저마다 퇴적물층 두께가 달라진다는 흥미로운 사실을 알아냈다. 해저 윤곽선이 서서히 들쭉날쭉해지다 해령의 산기슭에 이르러서는 퇴적물층이 점점 두꺼워져 마치 구릉 사면에 300~600미터 두께의 거대한 퇴적물 더미를 쌓아놓은 것처럼 보였다는 것이다. 대서양중앙해령의 산맥으로 더 높이 올라가면 너비가 몇 킬로미터쯤 되는 평평한 단구가 수없이 나타나는데, 그곳의 퇴적물층은 한결 더 두꺼워 깊이가 무려

900미터에 이른다. 그러나 대서양중앙해령의 척추에 해당하는 가파른 사면과 봉우리 및 정상은 헐벗은 바위만 드러나 있을 뿐 퇴적물이 말갛게 씻겨나간 모습이다.■

이처럼 퇴적물의 두께와 분포가 다르다는 사실을 생각해보면, 자연스럽게 "오래오래 쏟아지는 눈발 같다"는 비유가 떠오른다. '심해의 폭설'은 눈보라가 휘몰아치는 황량한 북극 툰드라 지역에 비교할 수 있다. 이 지역에서는 몇날 며칠을 폭풍우가 휘몰아치고 눈보라가 온 하늘을 뒤덮는가 하면, 또 언제 그랬냐는 듯 눈보라가 잦아들면서 눈발이 성기어진다. 퇴적물의 침강도 그와 마찬가지로 기세가 더하고 덜한 순간이 끊임없이 교차한다. 퇴적물이 많이 쏟아진 시기는 대륙에서 조산 운동이 일어난 시

■ 해저 바닥의 상당 부분에서 퇴적물층 깊이를 잰 후 해양학자들은 무엇보다 먼저 놀라움을 표시했다. 그들이 놀란 까닭은 대체로 그 퇴적물의 두께가 관련 사실을 보고 당초 예측한 것보다 훨씬 얇았기 때문이다. 태평양은 대부분 지역에서 퇴적물(퇴적암과 무른 퇴적물)의 평균 두께가 400미터 정도에 그친다. 대서양 대부분 지역에서도 그 수치는 별다른 차이가 없다. (물론 이는 평균 수치이므로 당연히 퇴적층이 훨씬 더 두꺼운 곳도 더러 존재한다.) 그런가 하면 거의 퇴적 작용이 일어나지 않은 지역도 있다. 몇 해 전 네댓 명의 해양학자가 대서양의 심해저와 태평양 남동쪽의 이스터섬 해령에서 망간 단괴(manganese nodules)를 사진에 담았다. 제3기 지질 시대, 그러니까 지금으로부터 약 7000만 년 전 것으로 추정되는 상어 이빨이 일부 망간 단괴의 핵을 이루고 있었다. 그 주위로 계속 퇴적물이 쌓였으므로 망간 단괴가 성장하는 속도는 한없이 더뎠을 것이다. 한스 페테르손은 망간 단괴가 1000년에 약 1밀리미터씩 커졌을 것으로 추산했다. 그러나 망간 단괴가 해저에 깔려 있던 시기에는 퇴적물이 이를 덮을 만큼 두껍게 쌓이지 않았다.
후빙기의 퇴적 작용 속도는 그 침전물을 구성하는 일부 성분의 방사성 붕괴(radioactive decay) 속도를 관찰함으로써 알아낼 수 있었다. 만약 바다가 출현한 이래 이러한 퇴적 작용 속도가 꾸준히 유지되었다면, 퇴적물층은 대체로 오늘날 우리가 보는 것보다 훨씬 더 두꺼웠을 것이다. 그렇다면 침전된 퇴적물이 상당량 녹아버리기라도 했단 말인가? 그게 아니라면 현재의 육지 대부분이 오늘날 우리가 생각하는 것보다 훨씬 더 오랜 세월 동안 바다에 잠겨 있어 거의 침식되지 않았단 말인가? 퇴적물의 신비에 관해서는 이를 비롯한 여러 질문을 제기할 수 있겠지만, 어느 것 하나 완벽하게 속 시원한 답은 없다. 우리는 해저 바닥에서 모호로비치치 불연속면까지 구멍을 뚫는 야심찬 프로젝트〔모홀 프로젝트(Mohole Project): 머리말 참조〕를 통해 베일에 가려진 퇴적물의 신비에 성큼 다가갈 수 있을 것이다.

기와 일치한다. 육지가 높이 융기하고 비가 그 경사면을 타고 세차게 쏟아져 내리면서 진흙이나 바위 부스러기를 바다에 실어 나르기 때문이다. 그런가 하면 조산 운동이 잠잠해져 대륙이 평평해지고 침식 작용이 더디지는 시기에는 퇴적물이 쏟아지는 기세도 덩달아 누그러진다. 또다시 우리의 상상 속에서는 툰드라 지역에서 바람이 커다란 눈덩이를 몰고 가 산마루 사이 계곡을 채우고 그 위를 계속 뒤덮어 마침내 육지 윤곽선을 흐릿하게 뭉개버리는 광경, 그러나 산마루만큼은 눈발이 어정거리지 못하도록 말끔하게 날려버리는 광경이 떠오른다. 심해 바닥에 떠도는 퇴적물에서도 육지의 '바람'에 상응하는 존재의 작용을 관찰할 수 있다. 바로 그 해저판 '바람'에 해당하는 심해의 해류가 인간으로서는 도저히 헤아릴 길 없는 그들만의 법칙에 따라 퇴적물을 배분하는 것이다.

그러나 우리는 퇴적물층의 일반적 유형에 대해서는 꽤 오래전부터 잘 알고 있다. 대륙사면 가장자리 아래 펼쳐진 바다의 대륙기단 주변에는 육지에서 흘러온 흙으로 된 진흙밭이 있다. 파랑·초록·빨강·검정·하양의 다채로운 빛깔은 필시 그들이 떠나온 육지의 우점 토양(dominant soils)이나 암석 그리고 그곳의 기후에 따른 차이일 것이다. 그러나 이보다 더 멀리 떨어진 바닥에는 주로 바다에 기원을 둔 연니(軟泥) 지대가 펼쳐져 있다. 다름 아닌 헤아릴 수 없이 많은 작은 바다 동물의 잔해다. 대부분의 온대 바다는 해저가 주로 유공충(foraminifera)으로 알려진 단세포 동물의 유해로 뒤덮여 있다. 유공충 중 가장 많은 것은 글로비게리나속(Globigerina)이다. 글로비게리나 껍데기는 오늘날의 퇴적물에서뿐 아니라 태곳적의 퇴적물에서도 발견되는데, 우리는 그 종이 세월이 가면서 변화했다는 사실을 알고 있다. 그래서 이를 토대로 글로비게리나가 나오는 퇴적층의 연대를 대략적으로 추정할 수 있다. 그러나 글로비게리나는 언제나 복잡한 모양의 탄산칼슘 껍데기 속에서 살아가는 단순한 동물인 데다 크기가 너무 작아 자세히 살펴보려면 현미경이 필요하다. 단세포 생물이 으레 그렇듯 글로비게리나 개체는 죽는 대신 세포 분열을 거쳐 두 마리로 나뉜다. 녀석은 분열할 때마다 낡은 껍데기를 벗어던지고 2개의 껍데기를 새로 만든다. 석회질이 풍부한 따뜻한 바다에서는 이 작은 생명체가 어마어마한 규모로 불어난다. 그래서 비록 낱낱의 크기는 보잘것없지만 수없이 많은 껍데기가 해저를 너비 수천만 제곱킬로미터, 깊이 수천 미터까지 뒤덮어버린다.

그러나 깊은 바다에서는 바닷물에 다량 함유된 이산화탄소와 엄청난 압력이 대부분의 석회질을 바닥에 채 가라앉기도 전에 녹여버림으로써 바다를 거대한 화학 물질 저장고로 바꿔놓는다. 규산질은 석회질보다 잘 녹지 않는다. 훼손되지 않은 채 심해 바닥에 도달한 엄청난 유기물 잔해가 얼핏 너무나 연약해 보이는 구조를 지닌 단세포 동물의 것이라는 사실은 흥미로운 바다의 역설 가운데 하나다. 방산충(radiolarian)을 보면 유형이 더없이 다양한 데다 복잡하게 직조한 레이스 같은 눈송이가 절로 떠오른다. 그러나 이들의 껍데기는 탄산칼슘 같은 석회질이 아니라 규산질로 이뤄져 있으므로, 심해 깊은 곳까지 거의 망가지지 않은 채 내려갈 수 있다. 그래서 북태평양 열대 바다에는 살아 있는 방산충이 바글거리는 수면 아래쪽 해저에 '방산충 연니'가 드넓게 펼쳐져 있다.

퇴적층을 이루는 잔해의 주인 이름이 붙은 유기 퇴적물에는 두 가지가 더 있다. 미세 바다 식물인 규조류는 차가운 바다에서 더없이 풍부하게 번성한다. 부빙군(浮氷群)이 떨어뜨린 빙하 암설 지대 밖에 있는 남극해 바닥에는 '규조류 연니' 지대가 드넓게 펼쳐져 있다. 알래스카에서 일본까지 계속 이어진 북태평양의 깊은 해구에도 규조류 연니가 깔려 있다. 두

곳 모두 영양분을 다량 함유한 바닷물이 깊은 곳에서 솟아나는 지대라 식물이 무성하게 살아갈 수 있다. 규조류는 방산충처럼 무늬를 꼼꼼하게 새긴 다양한 작은 상자 모양의 규산질 껍데기에 싸여 있다.

한편 대서양 외해 가운데 비교적 얕은 곳에는 연약하게 생긴 유영성 달팽이의 유해로 이뤄진 '익족류 연니' 지대가 펼쳐져 있다. 날개가 달리고, 투명한 껍데기가 눈부시게 아름다운 이 연체동물은 여기저기 믿기지 않을 정도로 풍부하게 존재한다. '익족류 연니'는 버뮤다 근처의 해저 퇴적물에서 흔히 볼 수 있는 특징으로, 남대서양에도 드넓게 퍼져 있다.

부드럽고 붉은 퇴적물로 뒤덮인 지역(특히 북태평양)은 기묘하고 신비로운 기운을 자아낸다. 그 퇴적물에는 상어 이빨과 고래 귀 뼈를 빼고는 유기물 잔해가 섞여 있지 않다. 이 붉은 진흙은 깊은 바다의 바닥에 깔려 있다. 아마도 다른 퇴적물을 이루는 물질이 용해된 뒤 압력 높고 수온은 몹시 낮은 이 지대에 도달한 것으로 보인다.

퇴적물에 새겨진 이야기를 판독하는 작업은 이제 막 시작되었다. 좀 더 많은 '코어'를 수집해서 살펴보면 분명 흥미로운 사실을 숱하게 알아낼 수 있을 것이다. 지질학자들은 지중해에서 채집한 일련의 코어가 지중해 해분을 둘러싼 바다와 육지의 역사에 관한 쟁점을 일부 해결해줄 수 있을 것으로 본다. 가령 지중해 아래 침전된 퇴적물층 어딘가에는 모래층이 뚜렷하게 드러나 있어 사하라 사막이 형성된 뒤 무덥고 메마른 바람이 그 사막의 표층 모래를 걷어다 바다에 부려놓은 시기를 묵묵히 증언하고 있을 것이다. 최근 서부 지중해 알제리 앞바다에서 채집한 긴 코어는 우리가 까맣게 모르는 선사 시대에도 화산 대분화가 일어났다는 사실을 비롯해 과거 몇 천 년간의 화산 활동까지 새롭게 밝혀냄으로써 기존 기록을 그만큼 앞당겨놓았다.

지질학자들은 10여 년 전 해저 전선 부설선 로드 켈빈호(Lord Kelvin)에 승선한 피고트 박사가 대서양에서 채집한 코어를 철저히 연구했다. 학자들은 분석을 통해 지난 1만 년 정도의 역사를 되돌아보고, 지구 기후의 리듬을 파악할 수 있었다. 그 코어에서 차가운 바다에 사는 글로비게리나 동물군의 퇴적층(따라서 빙하기의 퇴적물)과 따뜻한 바다에서 볼 수 있는 '글로비게리나 연니'가 번갈아 나타났기 때문이다. 우리는 그 코어가 제공하는 단서에 힘입어 기후가 온화해서 따뜻한 바닷물이 해저 위로 넘실거리고 그런 바닷물을 좋아하는 생명체가 모여든 간빙기를 그려볼 수 있다. 간빙기와 간빙기 사이 시기에는 바다가 서서히 차가워졌다. 구름이 몰려들고, 눈이 내렸으며, 북미 대륙에는 거대한 빙상(ice sheets)이 불어나고 빙산(ice mountains)이 해안까지 진출했다. 앞쪽이 넓은 빙하가 바다에 도달하고, 거기서 수천 개의 빙산을 만들어냈다. 천천히 움직이는 장엄한 빙산 행렬이 바다로 진군했는데, 지구 대부분 지역이 추웠으므로 이들은 오늘날의 (길을 잃고 배회하는 빙산을 뺀) 그 어떤 빙산보다 훨씬 더 남쪽까지 내려갔다. 마침내 빙산이 녹기 시작하자 대륙에서 딸려온 토사며 모래, 자갈, 바위 조각도 덩달아 놓여났다. 이렇게 빙하 퇴적물이 통상적인 '글로비게리나 연니' 위에 쌓이면서 빙하기에 관한 기록이 새겨진 것이다.

한편 바다가 다시 따뜻해지자 빙하는 녹으면서 퇴각했고, 다시 한 번 따뜻한 물에 사는 글로비게리나 종이 바다를 누비게 되었다. 녀석들은 생명이 다하자 물 밑으로 서서히 가라앉아 또 하나의 '글로비게리나 연니' 층을 형성했다. 이번에는 그 연니층이 빙하에서 유래한 진흙과 자갈 위에 깔렸다. 이렇게 해서 따뜻하고 온화한 시대의 기록이 퇴적물에 남았다. 피고트가 채취한 코어의 도움으로, 이렇듯 빙하가 전진한 네 차례의 빙하기(그 사이에는 따뜻한 기후의 간빙기가 있다)를 복원할 수 있었다.

우리가 살아가는 지금도 해저 위로 엄청난 규모의 눈송이가 떨어지고 또 떨어지는 광경을 떠올리면 흥미롭기 그지없다. 수십억 개의 글로비게리나 껍데기가 바다 밑으로 느릿느릿 내려가면서, 우리가 살아가는 지금 세계가 전반적으로 따뜻하고 온화한 기후대라는 사실을 또렷하게 기록하고 있다. 지금으로부터 1만 년 뒤에는 과연 누가 그러한 기록을 읽게 될지 자못 궁금하다.

07

▶▶▶▶▶▶▶▶▶▶▶▶▶▶▶▶▶▶▶▶▶

섬의 탄생

▶▶▶▶▶▶▶▶▶▶▶▶▶▶▶▶▶▶▶▶▶

깊고 넓은 바다에는 필시
작은 초록 섬이 수없이 솟아나리니…….
—퍼시 비시 셸리(Percy Bysshe Shelley)

몇 백만 년 전 대서양 바닥에서는 화산 하나가 분화하면서 산이 하나 생겼다. 화산이 분화를 거듭하며 계속 화성암을 밀어올린 결과, 기단이 약 160킬로미터에 이르는 거대한 화성암 덩어리가 수면까지 자라났다. 그러다 마침내 면적 약 520제곱킬로미터의 위풍당당한 섬으로 바다 위에 몸을 드러냈다. 수천 년, 다시 수백만 년이 흘렀다. 그동안 대서양의 파도가 그 섬을 야금야금 잠식해 급기야 얕은 모래톱으로 바꿔놓았다. 가까스로 수면 위에 남은 작은 조각들 말고는 모든 게 물에 잠겼다. 이 작은 조각들이 바로 버뮤다제도다.

버뮤다가 겪어온 역사는 육지에서 멀리 떨어진 망망대해에 난데없이 튀어나온 대다수 섬에서 조금씩 차이가 날 뿐 거의 비슷하게 되풀이되었다. 바다에 외따로 떨어진 섬은 육지와 근본적으로 다르다. 주요 대륙과 해분은 대부분의 지질 시대 동안 거의 변하지 않고 오늘날에 이르렀다.

반면 섬은 덧없는 하루살이 신세라서 오늘 생겨났다가 내일 사라지곤 했다. 이들은 거의 예외 없이 해저 화산이 지축을 흔들면서 격렬하게 분화한 결과 생겨났는데, 섬이 되기까지는 보통 몇 백만 년이 걸렸다. 얼핏 재앙처럼 보이는 파괴적 과정이 또 하나의 창조 행위로 이어진다는 사실은 지구와 바다의 역설 가운데 하나다.

섬은 지금껏 늘 인간을 매료시켜왔다. 인간도 육지 동물인지라 드넓게 펼쳐진 광막한 바다 한가운데에서 잠시나마 육지가 침입한 흔적을 발견하면 본능적으로 매혹을 느낀다. 우리는 이곳 거대한 해분에서, 가장 가까운 대륙에서도 1600킬로미터나 떨어져 있고 수심이 수천 미터에 달하는 망망대해를 항해하다가 우연찮게 섬 하나를 발견한다. 그리고 상상의 나래를 펴면서 섬 사면을 따라 차츰 어두워지는 바닷속으로 내려가 드디어 바닥에 닿는다. 그러노라면 응당 바다 한가운데서 대관절 어떻게, 왜 그 섬이 솟아난 것인지 궁금하지 않을 수 없다.

화산섬의 탄생은 장기적이고 격렬한 고통을 수반하는 사건이다. 지상의 힘은 그 섬을 만들어내려 분투하고, 다른 한편 바다의 힘은 필사적으로 거기에 맞서기 때문이다. 섬이 시작되는 해저는 어느 곳도 두께가 90킬로미터를 넘지 않는다. 방대한 지구 덩어리를 뒤덮은 얇은 표피층인 것이다. 해저에는 과거 지구가 불규칙한 냉각과 수축을 겪은 결과 깊은 틈새와 홈이 파여 있다. 바로 이 취약한 지점을 따라 지구 내부에서 용암이 솟구쳐 오르다 마침내 바닷속에서 폭발한다. 그러나 해저 화산은 용암, 용융 바위, 가스, 기타 분출물이 분화구를 통해 뿜어져 나와 대기 중으로 시원스럽게 폭발하는 대륙 화산과는 분화 양상이 다르다. 바다 바닥에서는 화산이 물의 무게에 눌려 속 시원하게 분출하지 못한다. 화산 원뿔은 3~5킬로미터에 이르는 바닷물의 압력을 받으면서도 위로 계속 용암을 흘려보내 수면 가까이까지 자라난다. 일단 파도의 사정권 안에 들어가면 무른 화산재와 응회암(凝灰巖: 화산재가 굳어서 형성된 암석 – 옮긴이)은 극심한 공격에 시달린다. 그렇게 오랜 세월이 흐르면 섬이 될 수도 있는 존재가 결국 뜻을 이루지 못하고 얕은 모래톱에 그치기도 한다. 그러나 화산 원뿔은 결국 새로운 화산 폭발로 대기 중에 불쑥 고개를 내밀고, 굳은 용암으로 벽을 쌓아 파도의 공격에 맞선다.

항해사의 해도에는 최근에 발견한 해산이 수도 없이 표시되어 있다. 그중 상당수는 과거 지질 시대에 섬이었다가 도로 바다에 잠긴 것이다. 같은 해도에 적어도 5000만 년 전 바다에 출현한 섬과 우리가 기억해낼 수 있는 가까운 과거에 융기한 섬이 나란히 실려 있다. 해도에 표시된 지금의 해산 중에는 눈에 보이지 않게 준비하고 있다가 조만간 수면 위로 머리를 내밀 미래의 섬도 섞여 있을 것이다.

바닷속에서 화산 분화는 결코 멈추는 법이 없으며, 상당히 빈번하게 일어나는 현상이다. 이는 오직 정교한 기구에 의해서만 감지되는 경우도 있고, 너무 뚜렷해서 몹시 무딘 사람조차 쉽게 알아채는 경우도 있다. 화산대를 항해하는 선박은 갑자기 사정없이 요동치는 바다에 휩쓸리기도 한다. 그런 바다는 증기를 심하게 방출하기도 하고, 맹렬하게 휘몰아치면서 부글부글 끓거나 거품을 일으키기도 하며, 더러 표면 위로 분수를 내뿜기도 한다. 실제로 화산 분화가 일어난 깊은 곳에서는 물고기를 비롯한 심해 동물의 몸통, 다량의 화산재와 부석(浮石)이 떠오른다.

가장 최근에 형성된 대형 화산섬 중 하나가 바로 남대서양에 자리한 어센션섬이다. 제2차 세계대전 동안 미군 항공병들은 이렇게 노래했다.

어센션섬을 발견하지 못한다면,

우리 아내들은 연금을 받겠지.

어센션섬은 브라질의 튀어나온 지역과 아프리카의 볼록한 지역 사이에 유일하게 존재하는 마른땅이다. 화산에서 분출한 분석(噴石) 덩어리로 이뤄진 이 험준한 섬에는 자그마치 40개의 사화산 분기공이 군데군데 드러나 있다. 어센션섬은 경사면에 나무 화석이 남아 있는 것으로 보아 늘 그렇게 척박했던 것만은 아님을 알 수 있다. 그 나무숲이 어쩌다 사라졌는지는 아무도 모른다. 어쨌든 1500년경 사람들이 그 섬을 처음 탐험했을 때는 나무가 없었고, 오늘날에도 그린산(Green Mountain)이라고 알려진 가장 높은 봉우리를 빼고는 초록빛 자연을 찾아보기 어렵다.

현대에 들어 우리는 어센션섬만큼 큰 섬의 탄생을 한 차례도 목격하지 못했다. 그러나 전에 아무것도 없던 곳에 돌연 작은 섬이 불쑥 솟아난 사례는 간간이 보고되곤 했다. 그런데 그 섬들은 한 달, 1년, 혹은 5년 뒤에 다시 바닷속으로 사라졌다. 이것이 바다 위로 잠깐 머리를 내밀었다가 도로 물에 잠기는 작은 섬들의 운명이다.

1830년경 바로 그런 섬이 지중해의 시칠리아섬과 아프리카 연안 사이에 느닷없이 나타났다. 그 지역에 화산 활동 징후가 있고 난 뒤 약 180미터 깊이에서 솟아오른 섬이었다. 그 섬은 높이가 약 60미터밖에 되지 않는 검은 분석 덩어리에 불과했다. 파도와 바람과 비가 그 섬을 공격했다. 섬을 이루는 구멍 숭숭 뚫린 무른 물질은 쉽사리 침식되는 경향이 있어 급속하게 깎여나갔고, 섬은 급기야 바다 밑으로 내려앉았다. 오늘날 그 섬은 해도상에 '그레이엄 사주(Graham's Reef)'라고 표시된 얕은 모래톱이다.

오스트레일리아에서 동쪽으로 약 3200킬로미터 떨어진 태평양에 불쑥 튀어나온 화산섬, 곧 팔콘(Falcon)섬이 1913년 불현듯 자취를 감추었다.

그러다 13년 뒤 부근에서 화산이 분화하자 다시 수면 위로 솟아올랐고, 1949년까지 대영제국의 영토로 남아 있었다. 얼마 후 식민차관(Colonial Under Secretary)은 그 섬이 또다시 사라졌다고 보고했다.

화산섬은 거의 태어나는 순간부터 파괴될 운명을 안고 있다. 새로운 화산 폭발, 혹은 산사태에 취약한 부드러운 토양이 급속하게 해체를 부채질해 그 자체로 소멸의 씨앗을 안고 있기 때문이다. 섬이 빠르게 파괴되느냐, 혹은 오랜 지질 지대에 걸쳐 서서히 스러지느냐 하는 문제는 외부 요인에 달려 있다. 우뚝 솟은 육지의 산을 깎아내리는 비, 바다 그리고 인간 자신도 그런 외부 요인 가운데 하나다.

포르투갈어로 'Ilha Trinidade'로 표기하는 사우스트리니다드(South Trinidad)섬은 수 세기 동안 햇빛과 비바람에 시달려 기묘하게 빚어진 형상으로, 소멸 조짐이 뚜렷하다. 이 화산 봉우리들은 리우데자네이루에서 북동쪽으로 약 1600킬로미터 떨어진 대서양에 올망졸망 떠 있다. 나이트(E. F. Knight)는 1907년 이렇게 썼다. "트리니다드섬은 죄다 엉망이 되었다. 섬을 이루는 물질이 화산불과 물의 작용으로 붕괴해 곳곳이 완전히 무너져내렸다." 나이트가 9년 뒤 다시 방문했을 때는 부서진 바위와 화산 잔해가 거대한 산사태를 일으켜 산비탈이 폭삭 주저앉았다.

붕괴는 때로 느닷없고 격렬한 형태를 띠기도 한다. 크라카토아(Krakatoa)섬은 역사상 가장 강력한 폭발, 즉 내장 적출에 비견할 만한 극심한 붕괴 과정을 겪었다. 1680년 네덜란드령 동인도제도의 자바섬과 수마트라섬 사이 순다해협(Sunda Strait)에 자리한 이 작은 섬에서 폭발 조짐이 일었다. 그로부터 200년 뒤 지진이 수차례 발생했다. 1883년 봄, 화산 원뿔의 갈라진 틈새로 연기와 증기가 뿜어져 나오기 시작했다. 알아차릴 수 있을 정도로 지면이 뜨거워졌고, 화산에서는 분화를 예고하듯 우르릉

거리거나 쉭쉭거리는 소리가 났다. 그러더니 같은 해 8월 27일 문자 그대로 폭발해버렸다. 이틀 동안 끔찍한 분화가 수차례 이어지는가 싶더니, 화산 원뿔의 북쪽 절반이 통째로 바닷물에 휩쓸려나갔다. 바닷물이 급작스럽게 밀려들자 쩔쩔 끓던 화산 원뿔이 과열된 증기를 사납게 내뿜었다. 마침내 뜨거운 용암, 용융 바위, 증기, 연기가 들끓는 아비규환 사태가 잦아들자 본래 수면 위로 420미터가량 솟아 있던 크라카토아섬은 수심 300미터 깊이의 바다에 파인 구덩이로 변했다. 이전 분화구의 한쪽 가장자리에만 섬의 잔해가 약간 남았다.

크라카토아섬의 폭발 사건은 전 세계에 널리 알려졌다. 섬이 분화하자 높이 30미터의 파도가 일어 순다해협 인근의 마을을 완전히 집어삼켰고, 수만 명의 인명 피해를 냈다. 파도는 인도양 연안과 혼곶에서도 느낄 정도로 강력했다. 혼곶을 감아 돌며 대서양으로 방향을 튼 파도는 빠르게 북진해 멀리 영국해협까지 밀려갔다. 폭발음은 필리핀제도, 오스트레일리아뿐만 아니라 그곳에서 약 4800킬로미터나 떨어진 마다가스카르섬에서도 들릴 정도였다. 크라카토아섬 중심부에서 뿜어져 나온 암석 가루와 화산재가 구름을 이루며 성층권으로 치솟아 지구를 떠돌면서 근 1년간 세계 각지에 눈부신 일몰 광경을 선사했다.

크라카토아섬의 극적인 최후는 현대인이 목격한 가장 격렬한 화산 분화였지만, 그 섬 자체는 그보다 훨씬 더 거대한 화산 분화의 산물이었던 듯싶다. 증거에 따르면, 현재 순다해협이 자리한 바다에는 한때 거대한 화산이 있었다. 그런데 먼 과거에 엄청난 폭발이 일어나 그 화산이 통째로 날아가버렸고, 맨 아랫부분만 고리 모양의 섬 몇 개로 남았다. 그중 가장 큰 것이 크라카토아섬이었는데, 그마저 폭발하면서 본래 남아 있던 둥근 분화구까지 뭉텅이로 사라진 것이다. 그런데 1929년 화산섬 하나가 그 자리에 새로 봉긋 솟아올랐다. 그 섬에는 '크라카토아의 아이'라는 의미의 '아나크 크라카토아(Anak Krakatoa)'라는 이름이 붙었다.

알류샨열도가 늘어선 지역은 전반적으로 지하의 불과 심해의 불안정성 탓에 혼란스럽기 그지없다. 그 섬들 자체는 (주로 화산 작용으로 만들어진) 약 1500킬로미터에 이르는 해저 산맥의 봉우리다. 이 해저 산맥의 지질 구조에 관해서는 거의 알려진 게 없지만, 어쨌거나 한쪽 면은 약 1500미터, 다른 한쪽 면은 약 3000미터인 깊은 해저에서 불쑥 솟아 있다. 이 길고 좁다란 해저 산맥은 분명 지각에 깊은 균열이 생겼음을 암시한다. 그중 상당수 섬에서는 현재 화산이 활발하거나 일시적으로 활동을 멈춘 상태다. 이 지역에서는 현대의 짧은 항해 역사 동안에도 새로운 섬이 나타났다 이듬해에 감쪽같이 사라지는 사례가 심심찮게 보고되었다.

자그마한 보고슬로프(Bogoslof)섬은 1796년 처음 관찰된 이래 모양이며 위치가 네댓 차례나 바뀌었고, 완전히 자취를 감추는가 싶더니 도로 등장했다. 원래 보고슬로프섬은 환상적으로 조각한 탑 모양의 검은 바윗덩어리였다. 안개 속에서 우연히 보고슬로프섬과 맞닥뜨린 탐험가와 물개 사냥꾼들은 그 섬이 마치 성(城)처럼 보인다 해서 '캐슬록(Castle Rock)'이라는 이름을 붙였다. 지금은 그 성의 꼭대기 몇 곳만 남아 있는데, 길게 누운 검은 바위에는 바다사자들이 뒤뚱거리며 기어 올라와 널브러져 있고, 그보다 높은 바위에서는 바닷새 수천 마리의 왁자지껄한 울음소리가 울려 퍼진다. 인간이 관찰한 이래 여섯 차례 넘게 되풀이된 일이지만, 모화산이 폭발할 때마다 뜨거운 바닷속에서 김이 풀풀 나는 새로운 바윗덩어리가 위로 솟구쳤다. 어떤 것은 100여 미터까지 솟아올랐다가 화산이 새로 폭발하자 완전히 내동댕이쳐지기도 했다. 화산학자 토머스 재거(Thomas Jaggar)의 말마따나 "새로 등장하는 화산 원뿔은 저마다 하나의 분화구에 해당하는 것으로, 알류샨산맥이 심해로 가파르게 치닫는 지점인 베링해 바닥에 1800미터 높이로 치솟은 거대한 용암산의 살아 있는 봉우리다".

해양 섬은 화산이 분화한 결과 생겨나는 게 일반적인데, 그 법칙에서 벗어난 소수의 예외 가운데 하나가 바로 놀랍도록 매혹적인 '세인트폴 바위섬'이다. 브라질과 아프리카 사이 대서양 외해에 자리한 세인트폴 바위섬은 쏜살같이 흐르는 적도 해류를 뚫고 바다 밑바닥에서부터 수면 위로 불쑥 치솟았다. 자그마치 1500킬로미터를 아무런 방해도 받지 않은 채 드넓게 굽이치던 파도는 난데없이 가로막고 선 이 장애물에 부딪쳐 맹렬하게 부서진다. 말발굽 모양으로 늘어선 바위섬의 총길이는 다 해봐야 400미터도 되지 않는다. 가장 높은 바위라 해도 수면 위로 고작 18미터밖에 솟아 있지 않아 파도가 물보라를 일으키면 꼭대기까지 젖을 정도다. 한편, 그 바위섬은 느닷없다 싶으리만큼 물에 잠기면서 가파르게 심해로 치닫는다. 다윈 시대 이후의 지질학자들은 파도에 휩쓸리는 이 검은 바위섬이 대관절 어떻게 생겨난 것인지 궁금해했다. 그들은 대체로 그 섬이 해저와 같은 물질로 이뤄져 있다고 입을 모은다. 먼 옛날, 지구 지각이 상상하기 어려운 어마어마한 압력을 받아 단단한 바윗덩어리를 3킬로미터 넘게 위로 밀어올린 게 틀림없다는 것이다.

세인트폴 바위섬은 이끼류조차 끼지 않을 정도로 황량하고 메말라서 그 어떤 생명체도 살아갈 성싶지 않다. 지나가는 곤충을 잡겠노라는 희망으로 거미줄을 치고 있는 거미를 보리라고는 상상하기 어려운 장소인 것이다. 그런데 다윈은 1833년 그 섬을 방문했을 때 그런 거미를 몇 마리 발견했다. 그로부터 40년 뒤, 영국 군함 챌린저호에 승선한 박물학자들도 그 섬에서 거미줄을 치느라 분주한 거미들을 발견했다고 보고했다. 그 섬에는 다른 몇 가지 곤충도 서식하는데, 일부는 이곳에 둥지를 트는 3종의 바닷새에 기생한다. 그중 하나는 새의 깃털에 붙어사는 작은 갈색 나방이다. 섬 전역에 떼를 지어 기어 다니는 괴상하게 생긴 게(주로 새가 새끼에게 주려고 잡아오는 날치를 먹고 산다)를 빼면, 그 섬에서 살아가는 동물 목록은 이것들이 거의 전부다.

거주민이 색다른 섬은 비단 세인트폴 바위섬뿐만이 아니다. 해양 섬에 거주하는 동물군과 식물군은 대륙의 그것과는 판이하기 때문이다. 섬에 사는 생명체의 유형은 각기 독특하고, 그러니만큼 저마다 중요한 의미를 띤다. 최근 인간이 유입한 생명체를 빼면, 대륙에서 멀리 떨어진 섬에는 그 어떤 육지 포유류도 살고 있지 않다. 하늘을 나는 방법을 익힌 단 하나의 포유류, 곧 박쥐를 예외적으로 더러 발견하곤 하지만 말이다. 개구리·도롱뇽을 비롯한 양서류도 찾아볼 수 없다. 다만 파충류 중에는 일부 뱀·도마뱀·거북이 종종 눈에 띄곤 한다. 그런데 대륙에서 멀리 떨어진 섬일수록 서식하는 파충류의 수는 점점 더 줄어들고, 완전히 외따로 떨어진 섬에는 파충류가 전혀 살지 않는다. 해양 섬에는 대개 육지 새 몇 종, 몇몇 곤충, 일부 거미 종이 살고 있다. 가장 가까운 대륙에서도 2400킬로미터나 떨어진 남대서양의 외딴섬 트리스탄다쿠냐에는 육지 새 세 종, 곤충 서너 종, 작은 달팽이 네댓 종을 제외하곤 육지 동물이 거의 없다.

이처럼 몇몇 제한적인 사례만 갖고 육교(land bridge)로 이동함으로써 섬에 생명체가 대량 서식하게 되었다는 일부 생물학자의 주장을 받아들이기는 곤란하다. 설령 육교가 존재했다는 증거가 충분하다 해도 말이다. 왜냐하면 가상의 육교를 통해 발을 적시지 않고 건너왔어야 할 동물을 막상 그 섬에서는 찾아볼 수 없기 때문이다. 반면 해양 섬에서 발견되는 생명체는 바람이나 바닷물에 실려 건너왔을 법한 동식물이다. 따라서 우리는 육교설에 대한 대안으로, 섬에 생명체가 정착한 것은 지구 역사에서 가장 기이한 이주를 통해서였다고 가정할 수밖에 없다. 이러한 이주는 인간이 지상에 출현하기 훨씬 전부터 시작되어 지금껏 이어지고 있으며, 질서 정연한 자연 과정이라기보다 일련의 우주적 사건에 더 가까워 보인다.

해양 섬은 수면 위로 솟아오르고 얼마쯤 지나야 동식물이 거주할 수 있을까? 이 문제에 관한 답을 우리는 그저 추측만 할 따름이다. 해양 섬은 분명 처음 탄생한 상태로는 도저히 인간이 살아갈 수 없는 헐벗고 황량하고 접근하기 까다로운 장소다. 어떤 생명체도 해양 섬의 화산 구릉 경사면을 삶의 거처로 삼지 않으며, 벌거벗은 용암밭에 싹을 틔우는 식물도 없다. 그러나 차츰차츰 동식물이 멀리 떨어진 대륙에서부터 바람을 타고, 해류에 실려서, 혹은 뿌리째 뽑힌 나무나 덤불 또는 통나무를 뗏목처럼 타고 섬을 찾아와 정착한다.

자연의 방식은 이처럼 정교하고, 느긋하고, 그러면서도 거침없이 이어지므로 동식물이 섬에 정착하려면 몇 천 년, 아니 몇 백만 년이 걸린다. 거북 같은 특정 동물이 성공적으로 섬 해안에 상륙한 사건은 그 억겁의 세월 동안 고작 대여섯 번에 그치기 십상이다. "우리는 어째서 그들이 섬에 도착하는 광경을 직접 목격하지 못할까" 하며 조급증을 내는 것은 그 과정이 진행되는 장엄한 규모를 헤아리지 못하는 데서 비롯된다.

그러나 우리는 이따금 생명체가 섬에 정착하는 과정을 설핏 엿볼 수 있다. 콩고강, 갠지스강, 아마존강, 오리노코강(남미 북부에 있는 강—옮긴이) 같은 거대한 열대 강의 어귀에서 1500여 킬로미터 떨어진 망망대해에는 뿌리째 뽑힌 나무나 엉겨 붙은 식물이 뗏목처럼 떠 있다. 이러한 천연 뗏목은 어렵잖게 온갖 종류의 곤충이며 파충류, 혹은 연체동물을 실어 나른다. 자기 의사와 관계없이 그 뗏목에 승선한 승객 가운데 일부는 여행 초기에 목숨을 잃기도 하지만, 일부는 바다에서 몇 주 동안의 긴 여정을 이겨내고 살아남는다. 뗏목 여행에 가장 잘 적응하는 부류는 아마도 나무에 구멍을 뚫는 곤충일 것이다. 실제로 해양 섬에서 가장 흔히 발견되는 곤충류도 바로 이들이다. 뗏목 여행에 가장 취약한 부류는 말할 나위 없이 포유류다. 그러나 포유류도 섬과 섬 사이의 짧은 거리는 여행할 수 있는 듯하다. 크라카토아섬의 폭발이 있고 며칠 뒤, 순다해협에 떠다니는 통나무에서 작은 원숭이 한 마리를 구조했다. 녀석은 심하게 그슬리기는 했지만 어쨌거나 그 역경을 이기고 살아남았다.

섬에 동식물을 실어 나르는 데는 바닷물 못지않게 바람과 기류도 한몫을 한다. 인간이 인공 기구를 타고 진입한 후에야 확인한 사실이지만, 사실 대기권 상층은 오래전부터 생명체의 왕래가 빈번한 장소였다. 지표면에서 2000~3000미터 상공의 대기권에는 떠다니거나, 날아다니거나, 미끄러지듯 활강하거나, 풍선처럼 떠 있거나, 자신의 뜻과 무관하게 세찬 바람에 휩쓸리는 온갖 생명체가 바글거린다. 우리 인간은 대기 중에 플랑크톤이 풍부하게 존재한다는 사실을 그 영역에 진입할 수 있는 물리적 수단을 확보하고서야 비로소 깨달았다. 이제 과학자들은 특수한 그물과 덫을 사용해 대기권 상층에서 해양 섬에 거주하는 것과 같은 동물을 다량 채집하고 있다. 해양 섬에 거의 예외 없이 거미가 존재한다는 사실은 매우 흥미로운데, 거미는 지표면 위 약 5킬로미터 상공에서 잡히기도 했다. 비행사들은 지상 3000~5000미터 높이에서 거미가 쳐놓은 하얀 비단실 같은 거미줄 '낙하산'을 수도 없이 지나치곤 했다. 풍속이 시속 70킬로미터에 이르는 고도 1800~4800미터 상공에서는 살아 있는 곤충을 부지기수로 잡았다. 이처럼 고도가 높고 바람이 거센 곳이라면 곤충이 몇 백 킬로미터 넘게 날아가는 것은 일도 아니다. 씨앗은 최대 1500미터 높이에서 채집했다. 그중 가장 흔한 것으로는 국화과(科) 식물의 씨앗, 특히 해양 섬에서 일반적으로 볼 수 있는 이른바 '엉겅퀴의 관모(冠毛: 씨방의 맨 끝에 붙은 솜털 같은 것으로 씨앗을 실어 나름―옮긴이)'가 있다.

바람이 동식물을 운반하는 것과 관련해 흥미로운 사실이 하나 있다. 바로 지구 대기권 상층에서는 바람이 반드시 지표면과 같은 방향으로 불지 않는다는 점이다. 무역풍은 유독 낮게 부는 까닭에 수면 위 300미터 높이의 세인트헬레나섬 절벽에 서 있는 사람은 저만치 발아래에서 거칠게 몰아치는 무역풍을 전혀 느낄 수 없다. 곤충·씨앗 따위는 일단 대기권 상층에 진입하면 지상풍과 반대 방향으로 수월하게 실려 갈 수 있다.

이동하는 도중 해양 섬에 들르는 새들도 식물과 몇몇 곤충 그리고 작은 육지 조개류의 분포에 한몫을 하는 것으로 보인다. 찰스 다윈은 새의 깃털에서 떼어낸 진흙 뭉치로부터 저마다 다른 82개 식물(모두 5종으로 뚜렷하게 구분되었다)을 얻어냈다. 식물 씨앗은 대체로 갈고리나 가시가 있어 깃털에 달라붙기 쉽다. 해마다 알래스카 본토에서 하와이제도, 혹은 그 너머까지 이주하는 검은가슴물떼새 등은 식물 분포에 관한 숱한 수수께끼를 풀어줄 수 있는 소중한 열쇠다.

크라카토아섬이 폭발한 뒤 박물학자들은 그 섬에 어떻게 생물이 거주하게 됐는지 관찰할 수 있었다. 1883년 화산 폭발로 섬 자체는 거지반 파괴되었다. 남은 부분도 몇 주간 열이 식지 않은 용암과 화산재층으로 두껍게 뒤덮였다. 크라카토아섬은 생물학적 관점에서 보면 새로운 화산섬이나 다름없었다. 그곳을 다시 방문할 수 있게 되자 과학자들은 (상상하기 어려웠지만) 어떤 생명체가 그러한 재앙을 이기고 살아남았는지 그 흔적을 찾아 나섰다. 그러나 단 하나의 동식물도 발견할 수 없었다. 화산이 폭발하고 아홉 달이 지난 뒤에야 박물학자 에드몽 코토(Edmond Cotteau)는 이렇게 보고할 수 있었다. "나는 아주 작은 거미를, 그것도 단 한 마리만 발견했을 뿐이다. 이 기이한 혁신적인 개척자는 바삐 거미줄을 치고 있었다." 섬에는 다른 곤충이 전혀 없었으므로 이 배짱 두둑한 작은 거미의 고생은 헛수고로 돌아갈 공산이 컸다. 크라카토아섬에는 25년 동안 풀 몇 포기 말고는 사실상 아무것도 살지 않았다. 그러던 중 1908년 몇 마리의 외래 포유동물이 그 섬에 당도했다. 수많은 새, 도마뱀, 뱀 그리고 여러 연체동물, 곤충, 지렁이도 속속 뒤를 이었다. 네덜란드 과학자들의 연구에 따르면, 크라카토아섬에 정착한 거주민의 90퍼센트는 대기에 실려왔을 것으로 추정되는 동식물이었다.

대륙에서 살아가는 풍부한 생물 종과 격리되어 있는 데다 새롭고 특이한 형질은 배제하고 평균적인 형질은 보존하는 이종교배의 기회도 전혀 없는지라 외따로 떨어진 섬의 생물 종은 상당히 독특한 방식으로 발달해왔다. 해양 섬에서는 자연이 빼어난 기량을 발휘해 기묘하고도 경이로운 생명체를 창조해낸다. 거의 대다수 섬은 저마다 재능을 뽐내기라도 하듯 고유한 종을, 즉 오직 그 섬에만 존재할 뿐 지상의 다른 어느 곳에서도 찾아볼 수 없는 종을 발달시켜왔다.

젊은 찰스 다윈이 '종의 기원'과 관련한 엄청난 사실을 처음 알아차린 것도 갈라파고스제도의 용암밭에 쓰여 있는 지구 역사의 기록을 읽고 나서였다. 다윈은 기이한 동식물―코끼리거북, 파도에 뛰어들어 먹이를 사냥하는 놀라운 검정색 도마뱀, 바다사자, 더없이 다양한 새들―을 관찰한 뒤, 녀석들이 남아메리카나 중앙아메리카에 있는 육지 종과 닮았다고 보기 어려울 만큼 다르다는 사실을 인상 깊게 받아들였다. 녀석들은 육지 종과 달랐을 뿐 아니라 그 군도의 여타 섬에 사는 종과도 달랐다. 그런 차이가 왜 생겨났을까, 하는 질문이 다윈의 뇌리를 떠나지 않았다. 세월이 흐른 뒤 그는 당시를 회상하며 이렇게 썼다. "우리는 시간적으로나 공간적으로 위대한 진실에, 즉 지상에 '새로운 존재'가 처음 출현한 사건이라는 수수께끼 중의 수수께끼에 한 걸음 더 다가간 것 같다."

섬에서 진화한 '새로운 존재' 중 가장 두드러진 예는 바로 새였다. 아직 인간이 등장하기 전인 먼 옛날, 비둘기처럼 생긴 작은 새 한 마리가 인도양의 모리셔스(Mauritius: 마다가스카르 앞바다에 있는 섬―옮긴이)에 날아들었다. 그 새는 우리로서는 그저 짐작만 할 따름인 모종의 변화 과정을 거친 끝에 나는 능력을 잃어버렸다. 그리고 짧고 뭉뚝한 다리를 발달시키고, 몸집이 오늘날의 칠면조만큼 커졌다. 이것이 바로 전설의 새 도도(dodo)가 지상에 등장한 경위다. 그런데 도도는 모리셔스섬에 인간이 정착하고 얼마 지나지 않아 모조리 멸종했다. 뉴질랜드는 모아(moa)가 유일하게 서식하던 곳이다. 타조처럼 생긴 이 새들 중에는 키가 자그마치 3.5미터나 되는 종도 있었다. 모아는 신생대 제3기 초기부터 뉴질랜드에서 서식했는데, 마오리족이 처음 정착했을 때만 해도 남아 있던 새들이 그로부터 얼마 지나지 않아 말끔히 종적을 감추었다.

도도와 모아 말고 다른 해양 섬의 새들도 크기가 점점 커지는 경향을 보인다. 아마도 갈라파고스땅거북(Galapagos Tortoise)은 갈라파고스제도에 도착한 이래 몸집이 거대해졌을 것이다. 물론 대륙에 남아 있는 화석은 그러한 주장을 뒷받침하지 않지만 말이다. 흔히 새는 섬에 살게 되면서 날개를 사용하지 않고, 심지어 날개 자체를 잃어버리기도 한다. (모아는 날개가 아예 없었다.) 바람이 휘몰아치는 작은 섬에 사는 곤충은 비행 능력을 잃어버리는 경향이 있다. 그 능력을 보유한 곤충은 되레 바람에 날려 바다로 내동댕이쳐질 위험이 높기 때문이다. 갈라파고스제도에는 날지 못하는 가마우지도 있다. 또한 태평양 섬들에서는 날지 못하는 뜸부기가 지금껏 최소 14종이나 서식했다.

섬에서 살아가는 새의 특징 가운데 가장 흥미롭고 매력적인 것은 바로
그들이 놀라우리만치 유순하다는 점이다. 그들은 인간 종을 대할 때 신중
한 기색이라고는 조금도 없으며, 쓰라린 일을 당하고서도 그런 버릇을 쉽
사리 고치지 않는다. 로버트 쿠시먼 머피가 1913년 쌍돛대 범선 데이지
호(Daisy)를 타고 일행과 함께 사우스트리니다드섬을 찾았을 때의 일이다.
제비갈매기들이 그 포경선에 탄 사람들 머리 위에 사뿐히 내려앉더니 호
기심 어린 눈길로 그들의 얼굴을 들여다보았다. 레이산(Laysan)섬의 앨버
트로스는 근사한 의례용 춤을 추는 습성이 있는데, 박물학자들이 그들 무
리 속으로 걸어가도 전혀 개의치 않았으며, 방문자들이 예의 바르게 인사
하자 정중하게 고개를 숙이는 반응을 보이기까지 했다. 다윈보다 1세기
뒤에 갈라파고스제도를 찾아간 영국의 조류학자 데이비드 랙(David Lack)
의 말에 따르면 매는 손으로 만져도 얌전히 있고, 딱새는 둥지를 트는 데
쓰기 위해 사람들 머리에서 머리카락을 뽑아가려 했다. "야생의 새가 어
깨 위에 살포시 내려앉는 경험은 정말이지 특별한 즐거움이다. 우리 인간
이 조금만 덜 파괴적이라면 그리 드물지 않게 맛볼 수 있는 즐거움일 것
이다."

그렇지만 안타깝게도 인간은 해양 섬과 관련해 파괴자로서 암울한 기
록을 남겼다. 인간이 섬에 발을 들여놓기만 하면 그곳은 여지없이 재앙에
가까운 변화를 겪었다. 인간은 삼림을 베어내고 개간하고 불태우는 식으
로 환경을 파괴했다. 또 우연한 동반자인 흉악한 쥐들도 함께 들여왔다.
그리고 거의 천편일률적으로 식물뿐 아니라 염소, 돼지, 소, 개, 고양이,
그 밖의 외래 동물을 섬에 잔뜩 부려놓았다. 애초 섬에 살고 있던 생물 종
에게는 차례차례 어두운 멸종의 밤이 다가왔다.

모든 생물계에서 섬 동식물과 그곳 환경보다 더 절묘하게 균형을 이룬

관계는 찾아보기 어렵다. 섬의 환경은 놀랍도록 획일적이다. 웬만해선 경로를 바꾸지 않는 해류와 바람이 지배하는 큰 바다 한복판에서는 기후가 거의 변하지 않는다. 그곳에는 천적이 거의, 아니 아마도 전혀 없을 것이다. 대다수 육지 생물에게는 일상이랄 수 있는 극심한 생존 투쟁이 섬에서는 한결 덜하다. 그런데 이런 차분한 패턴이 느닷없이 바뀌면 생존에 필요한 적응 능력을 거의 갖추지 못한 섬 동식물은 속수무책으로 위험에 빠진다.

에른스트 마이어(Enrst Mayr)는 1918년 오스트레일리아 동쪽 로드하우(Lord Howe)섬 앞바다에서 조난당한 증기선에 관한 이야기를 들려주었다. 그 배에 있던 쥐 떼가 헤엄을 쳐서 섬 해안에 상륙했다. 그로부터 2년 뒤 쥐들은 섬에 살고 있던 토착 새들의 씨를 말려버렸다. 한 섬마을 사람은 "새들의 낙원이던 섬이 쑥대밭이 되었으며, 새들의 노랫소리로 가득하던 곳에 죽음의 정적만이 감돈다"고 탄식했다.

트리스탄다쿠냐섬에서는 오랜 세월 동안 그 섬의 고유종으로 진화해온 육지 새들 거의 전부가 돼지와 쥐한테 잡아먹혔다. 타히티(Tahiti)섬의 토착종도 인간이 들어온 수많은 외래종에게 서서히 자리를 내주고 있다. 세계 어느 지역보다 빠르게 고유 동식물 종이 사라져간 하와이제도는 자연의 균형에 간섭하면 어떤 결과가 빚어지는지 똑똑히 보여주는 대표적 사례다. 동물과 식물, 식물과 토양의 관계는 수 세기에 걸쳐 형성된 것이다. 그런데 인간은 난데없이 끼어들어 제멋대로 그 균형을 깨뜨림으로써 붕괴로 치닫는 연쇄 작용을 촉발했다.

밴쿠버(George Vancouver: 1757~1798, 영국의 탐험가—옮긴이)는 하와이제도에 소와 염소를 들여왔는데, 녀석들이 나무를 비롯한 여러 식물에 실로 막대한 해를 끼쳤다. 그 밖에 유입한 수많은 식물 역시 나쁜 결과를 초래했다. 보고에 따르면, 파마카니(pamakani)라는 식물은 매키(Makee) 선장이 자신의 아름다운 정원에 심기 위해 오래전 마우이(Maui)섬에 들여왔다고 한다. 가벼워서 바람에 잘 날리는 파마카니 씨앗은 선장의 정원을 가뿐하게 빠져나가 마우이의 목초지를 온통 뒤덮었으며, 거기에 그치지 않고 이섬 저 섬으로 계속 번져나갔다. 미국 민간자원보존단(Civilian Conservation Corps, CCC) 단원들이 한때 호노울리울리 삼림보호구역(Honouliuli Forest Reserve)에서 파마카니를 제거하는 작업에 나서기도 했는데, 뽑아 던지기 바쁘게 새로운 씨앗이 바람에 실려 속속 날아들었다. 란타나(lantana) 역시 관상용으로 유입한 식물 종이다. 번식을 억제하는 기생성 곤충을 수입하는 데 적잖은 돈을 쏟아붓고 있음에도 가시투성이에 무질서하게 자라는 란타나는 현재 하와이 땅 수천 에이커를 뒤덮고 있다.

하와이에는 한때 이국적인 새를 도입하려는 특수 목적을 위해 설립한 협회도 있었다. 오늘날 하와이섬을 찾으면 '쿡 선장(Captain Cook)'을 맞아주던 아름다운 토종 새 대신 인도에서 온 찌르레기, 미국과 브라질에서 온 홍관조(cardinal), 아시아에서 온 비둘기, 오스트레일리아에서 온 멋쟁이새(weaver), 유럽에서 온 종달새, 일본에서 온 박새를 보게 된다. 본래 하와이에 살고 있던 토착 새는 대부분 자취를 감추다시피 했다. 따라서 가까스로 목숨을 부지하고 숨어 사는 토착 새를 만나려면 아주 깊은 산속을 부지런히 헤매고 다녀야 한다.

섬에서 살아가는 일부 생물 종은 간신히 명맥을 유지하고 있다. 레이산 오리(Laysan teal)는 작은 레이산섬 말고는 세계 어디에서도 찾아볼 수 없다. 더욱이 그 섬에서조차 오직 담수가 솟아나오는 한쪽 가장자리에서만 발견된다. 그 종의 개체 수는 다해야 50마리를 넘지 않는다. 녀석들의 터전인 좁은 습지가 파괴되고, 혹은 적대적이거나 경쟁적인 종이 들어오면 겨우 이어가던 가녀린 생명의 끈은 언제든 허망하게 끊기고 말 것이다.

많은 사람이 뒤따르게 될 일련의 치명적 사건을 깨닫지 못한 채 외래종을 들여옴으로써 자연의 조화를 깨뜨리는 일을 습관적으로 되풀이해왔다. 하지만 적어도 오늘날의 우리는 과거를 돌아봄으로써 교훈을 얻을 수 있다. 1513년경 포르투갈 사람들은 막 발견한 세인트헬레나섬에 염소를 들여왔다. 그 섬에는 근사한 고무나무·흑단·브라질소방목이 무성하게 자라고 있었다. 그런데 1560년 무렵, 수가 크게 불어난 염소들이 몇천 마리씩 1.5킬로미터 넘게 떼를 지어 섬을 쏘다녔다. 녀석들은 어린 나무를 짓밟고 묘목을 뜯어 먹었다. 이때쯤 식민지 주민들은 나무를 잘라내고 숲을 불태우기 시작했다. 따라서 숲을 파괴한 책임이 과연 염소와 인간 가운데 어느 쪽에 더 많이 있는지 분간하기 어려워졌다. 어쨌든 결과는 의심할 나위 없었다. 1800년대 초 숲이 사라졌다. 훗날 박물학자 앨프리드 월리스(Alfred Wallace)는 한때 숲으로 뒤덮였던 아름다운 그 화산섬을 '바위 사막'으로 묘사했다. 그곳에는 원래 자생하던 식물 중 일부가 가장 접근하기 힘든 섬 꼭대기와 분화구 등성이에서만 간신히 서식하고 있었다.

영국의 천문학자 핼리(Edmund Halley, 1656~1742)는 1700년경 대서양의 사우스트리니다드섬 해안에 염소를 몇 마리 풀어놓았다. 더 이상 관여하지 않고 오직 그렇게만 했을 뿐인데도 삼림이 삽시간에 훼손되기 시작했다. 1세기 후에는 거의 완전히 파괴되었다. 오늘날 사우스트리니다드섬의 사면은 도처에 오래전 죽은 나무의 둥치가 쓰러진 채 썩어가는, 금방이라도 귀신이 튀어나올 것만 같은 으스스한 숲으로 변했다. 아울러 섬의 부드러운 화산토는 서로 얽히고설킨 나무뿌리가 더 이상 지탱해주지 않아 속절없이 바다로 쓸려나가고 있다.

태평양의 섬들 가운데 가장 흥미로운 곳은 바로 라이산섬이다. 하와이 제도를 맨 앞에서 선도하는 형상의 작은 땅뙈기다. 라이산섬에는 한때 백단향 숲과 잎이 부채꼴인 야자수가 자랐고, 오직 그곳에서만 볼 수 있는 5종의 육지 새가 서식했다. 그중 한 종이 뾰족한 모자를 쓴 작은 남자 요정처럼 생긴, 매혹적인 라이산뜸부기였다. 키 15센티미터가량에 날개(결코 비행하는 데 쓰인 적이 없었다)가 아주 작은 데 비해 발은 너무 크고, 멀리서 딸랑이는 벨소리처럼 노래하는 새였다. 1887년경 이곳에 들른 어떤 배의 선장이 그 새 몇 마리를 서쪽으로 480킬로미터쯤 떨어진 미드웨이 (Midway)제도로 가져갔고, 새들은 그곳에서 제2의 군락을 형성했다. 이는 얼핏 운 좋은 이주처럼 보였다. 그런데 그로부터 얼마 뒤, 라이산섬에 토끼가 유입되었다. 토끼는 사반세기 만에 거기에 자생하는 토종 식물을 깡그리 먹어치우고, 그곳을 모래사막으로 바꿔놓았다. 뜸부기들은 토끼 말고는 아무것도 남지 않은 폐허에서 살아가기가 막막했다. 1924년 마지막 개체가 죽음으로써 뜸부기는 그 섬에서 영영 자취를 감추었다.

한편, 미드웨이제도로 이주한 뜸부기에게도 비극이 닥쳐 그 군체를 복구할 가능성마저 영영 사라져버렸다. 태평양에서 전쟁이 벌어지는 동안 선박에서 빠져나온 쥐 떼가 여러 섬의 해안으로 기어 올라왔다. 1943년 미드웨이제도에도 쥐 떼가 들이닥쳤다. 쥐들은 어미 뜸부기를 죄다 잡아 먹고, 어린 새와 알까지 닥치는 대로 사냥했다. 라이산뜸부기는 1944년 마지막 개체가 발견된 이래 말끔히 종적을 감추었다.

해양 섬의 비극은 장구한 세월 동안 서서히 발달해온 토착종의 고유함과 대체 불가능성에서 기인한다. 분별력 있는 인간이라면 이들 섬을 더없이 값진 자산으로, 아름답고 신비한 창조 활동이 분주하게 이뤄지는 천연박물관으로, 세계 어느 곳에서도 닮은꼴을 찾아볼 수 없는 무척이나 소중한 장소로 여길 것이다. 영국의 자연주의 작가 허드슨(W. H. Hudson)이 아르헨티나 대초원에서 살다가 멸종한 새들에게 바친 애도사는 해양 섬에 서식했던 새들에게 훨씬 더 실감 있게 다가온다. "아름다운 것은 한 번 사라지면 결코 다시 돌아오지 않는다."

08

,,,,,,,,,,,,,,,,,,,,,,

옛 바다의 모양

,,,,,,,,,,,,,,,,,,,,,,

바다가 느릿느릿 솟아오르고 가파른 절벽이 무너져내릴 때까지,
깊은 만이 단구와 초원을 집어삼킬 때까지.

—앨저넌 찰스 스윈번(Algernon Charles Swinburne)

우리는 해수면이 상승하는 시대를 살고 있다. 해안측지국(Coast and Geodetic Survey)의 검조기(檢潮器)로 조사한 바에 따르면, 1930년 이후 미국의 모든 해안에서 감지할 수 있을 정도로 해수면이 꾸준히 상승하고 있다. 1930년에서 1948년 사이에 해수면은 매사추세츠주에서 플로리다주까지 약 1500킬로미터의 해안과 멕시코만에 접한 연안에서 10센티미터가량 상승했다. 미국의 태평양 연안에서도 (그보다 속도가 다소 느리긴 하지만) 해수면이 조금씩 높아지고 있다. 이러한 검조기 기록은 바람과 폭풍우에 의한 일시적인 바닷물 진퇴는 포함하지 않으며, 바닷물이 육지로 꾸준히 진출한 결과만을 보여준다.

이처럼 해수면이 상승한다는 증거는 흥미로울 뿐만 아니라 우리의 호기심을 자극한다. 인간의 짧은 생애 동안에는 거대한 지구 리듬 중 하나의 전개 과정을 실제로 관측하거나 측정하는 것이 쉽지 않기 때문이다.

지금 벌어지고 있는 일은 전혀 새로운 게 아니다. 바닷물은 장구한 지질 시대에 걸쳐 북아메리카 대륙으로 밀려들었다가 다시 빠져나가길 반복해 왔다. 바다와 육지가 만나는 곳은 지상에서 가장 덧없고 일시적인 특색을 띠는 곳이다. 바다는 더없이 정교하고 신비로운 리듬에 맞춰 고조(高潮) 때는 육지의 절반을 뒤덮었다 소조(小潮) 때가 되면 마지못해 물러나길 끊임없이 반복한다.

오늘날 바다는 또다시 해분 가장자리로 흘러넘친다. 바닷물이 대륙 언저리에 있는 바렌츠해, 베링해, 중국해 같은 얕은 바다를 뒤덮고 있다. 그리고 이곳저곳 대륙 내부까지 진출해 허드슨만, 세인트로렌스만, 발트해, 순다해 같은 내해를 채운다. 미국 대서양 연안에서는 허드슨, 서스쿼해나 (Susquehanna) 같은 수많은 강의 어귀가 밀려드는 바닷물에 잠겼다. 오래된 해저 해협은 체서피크만이나 델라웨어만 아래로 숨어버렸다.

이렇게 검조기에 분명하게 나타나는 바닷물의 진격은 몇 천 년 전(아마도 가장 최근의 빙하기에 빙하가 녹을 무렵)에 시작된 기나긴 해수면 상승의 일환이다. 그러나 세계 곳곳에서 이를 측정하는 도구를 마련한 것은 불과 몇십 년 전의 일이다. 게다가 세계 전체의 규모를 감안하면 검조기 수는 아직도 극히 부족하다. 세계 차원에서는 여전히 기록이 태부족 상태라 1930년 이래 미국이 관찰한 해수면 상승 수치가 다른 대륙에서도 똑같이 나타나고 있는지조차 확실하지 않다.

바다가 언제 어디서 이러한 진격을 멈추고, 다시 저 깊은 곳으로 물러날지는 아무도 모른다. 만약 북아메리카 대륙 위로 진출한 바닷물이 30미터에 이른다면(그리고 해수면을 그 정도로 상승시킬 만큼 육지에 얼어 있는 물의 양이 충분하다면), 대서양 연안 지역에 자리한 도시며 마을은 대부분 물에 잠길 것이다. 파도가 애팔래치아산맥의 산기슭을 때릴 것이다. 멕시코만에 면한 연안 평야는 수몰되고, 미시시피 계곡 아래쪽도 잠기고 말 것이다.

그런데 만약 해수면 상승 폭이 무려 180미터에 이른다면, 북아메리카 대륙의 동쪽 절반에 해당하는 드넓은 지역이 거짓말처럼 물밑으로 사라질 것이다. 애팔래치아산맥도 물에 잠겨 뾰족한 산등성이들만 섬처럼 물 위에 둥둥 떠 있을 것이다. 멕시코만은 북쪽으로 영역을 넓혀 대륙 중간쯤에서 세인트로렌스 계곡을 따라 오대호로 진출하는 대서양의 바닷물과 만날 것이다. 캐나다 북부도 북극해와 허드슨만에서 흘러 들어온 바닷물로 대부분 뒤덮일 것이다.

이 모든 이야기는 우리에게 이례적인 데다 재앙처럼 들리겠지만, 기실 북아메리카를 비롯한 대부분의 대륙은 그간 바다로부터 이보다 훨씬 더 드센 공격을 받아왔다. 지구 역사상 최대의 해침(海浸)은 약 1억 년 전인 백악기 때 일어났다. 당시는 바닷물이 북아메리카 대륙의 북쪽·남쪽·동쪽을 온통 뒤덮었다. 그 결과 남북으로는 북극에서 멕시코만까지 약 1500킬로미터에 이르고, 동쪽으로는 멕시코만에서 뉴저지에 걸친 연안 평야를 뒤덮은 내해가 생겨났다. 백악기에 해수면 상승이 최고조였을 때는 북아메리카 절반이 바닷물에 잠겼다. 전 세계적으로 해수면이 높아졌다. 바다는 영국제도마저 오래된 바위산 꼭대기만 듬성듬성 남겨놓은 채 모조리 집어삼켰다. 남부 유럽에서는 바다가 크고 작은 기다란 만을 따라 대륙 중앙의 산악 지대까지 습격한 결과, 바위로 이뤄진 옛 산맥의 봉우리만 간신히 물 위로 머리를 내밀었을 뿐 모두 바다에 잠겼다. 바다는 아프리카 대륙에 상륙해 사암 퇴적물을 쌓아놓았다. 그 사암은 훗날 풍화되어 사하라 사막의 모래층을 형성했다. 북유럽에서는 물에 잠긴 스웨덴에서 시작된 내해가 러시아를 가로질러 카스피해를 뒤덮고 히말라야까지 뻗어나갔다. 인도·오스트레일리아·일본·시베리아의 일부도 물에 잠겼다. 남아메리카 대륙에서는 나중에 안데스산맥으로 솟아오른 지역이 바다에 묻혔다.

정도와 세부 사항이 조금씩 차이 날 뿐 이러한 사건은 거듭되었다. 약 4억 년 전인 오르도비스기에는 북아메리카가 절반 넘게 바다에 잠겼다. 오직 커다란 섬 서너 개만 남아 그곳이 대륙의 경계임을 말해주었고, 그보다 작은 섬들이 내해에 간간이 솟아 있었다. 데본기와 실루리아기에도 해침의 규모는 그에 못지않았다. 양상은 경우마다 조금씩 다를지라도 대륙은 어떤 부분이든 한때 얕은 바다에 잠겨 있었을 가능성이 높다.

바다를 직접 일일이 찾아다닐 필요는 없다. 바다가 예전의 자취를 보여주는 흔적은 도처에 남아 있기 때문이다. 설령 수천 킬로미터에 달하는 내륙 안쪽에서 살아간다 해도 우리는 어렵잖게 먼 과거로 돌아가서 마음의 눈과 귀로 바다의 스산한 파도와 으르렁거리는 파랑을 재현하는 단서를 찾아낼 수 있다. 나는 언젠가 펜실베이니아의 한 산꼭대기에서 수십억 년 전에 살던 미세 바다 동물의 껍데기로 이뤄진 하얀 석회암 바위에 앉아 있었다. 이 바다 동물은 한때 그 지역을 뒤덮은 바다에서 살다 죽었으며, 그들의 석회질 유해가 바닥에 내려앉았다. 억겁의 세월이 흐르는 동안 이것들은 압축되어 석회암으로 변했다. 그 뒤 바다가 퇴각했다. 또다시 억겁의 세월이 흐르자 암석은 열과 압력을 받아 지각이 뒤틀리면서 융기했고, 마침내 긴 산맥의 뼈대를 이루었다.

나는 플로리다 내륙의 에버글레이즈(Everglades) 대습지에서 갑자기 바다가 밀려드는 듯한 느낌을 받고 의아해한 적이 있었다. 그러다 이곳도 바다와 마찬가지로 평평하고 광대하고 움직이는 하늘, 변화하는 구름 아래 드리워져 있다는 사실을 깨달았다. 그리고 내가 발 딛고 선 단단한 바위 바닥에 군데군데 불거져 있는 울퉁불퉁한 산호암이 비교적 최근에 따뜻한 바다에서 산호초가 부지런히 만들어낸 건축물이라는 사실을 떠올렸다. 그러자 의아함은 이내 사라졌다. 지금 그 바위는 풀과 물로 얇게 뒤덮여 있다. 그러나 육지란 그저 바다 바닥을 초벌 도배한 얇은 층에 지나지 않으며, 언제라도 그 과정이 역전되어 바다가 소유권 반환을 요구할 날이 오리라는 걸 도처에서 느낄 수 있었다.

이렇게 우리는 어느 육지에서건 한때 바다가 존재했던 흔적을 발견할 수 있다. 해발 6000미터에 달하는 히말라야산맥에도 바다에서 만들어진 석회암이 드러나 있다. 그 암석은 따뜻하고 깨끗한 바다가 남부 유럽과 북부 아프리카를 뒤덮고 급기야 남서 아시아까지 뻗어나갔음을 말해준다. 약 5000만 년 전의 일이다. 그 바다에는 화폐석(nummulite: 신생대 바다에서 번성하던 유공충의 일종—옮긴이)이라고 알려진 대형 원생동물이 바글거렸는데, 이들의 죽은 유해가 저마다 두꺼운 화폐석 석회암층을 형성하는 데 기여한 것이다. 무수한 세월이 흐른 뒤 고대 이집트인은 바로 이 암석 덩어리로 스핑크스를 조각했고, 다른 지역에서 캐온 같은 암석으로 피라미드를 건축했다.

유명한 도버 백색 절벽(White Cliffs of Dover)은 앞서 언급했다시피 큰 해침이 있었던 백악기의 바다에 퇴적된 백악으로 이뤄져 있다. 백악은 아일랜드에서 덴마크·독일까지 이어져 있으며, 러시아 남부에 가장 두꺼운 층을 형성하고 있다. 백악은 유공충이라 일컫는 미세 바다 동물의 껍데기들이 고운 입자의 탄산칼슘 퇴적물과 함께 굳은 것이다. 중간 깊이의 해저 바닥을 드넓게 뒤덮고 있는 유공충 연니와 달리 백악은 얕은 바다의 퇴적물이다. 그런데 백악의 감촉이 매우 고운 것으로 보건대 주변의 땅은 필시 낮은 사막이어서 작은 물질이 바다로 전해졌을 것으로 추정한다. 바람이 운반하는 석영 모래 입자가 백악에서 이따금 발견되곤 하는데, 이

것이 그 가설을 뒷받침한다. 백악은 특정 층위에 부싯돌 단괴를 함유하고 있다. 석기 시대 사람들이 무기와 연장을 만들거나 불을 지피는 데 사용한 것이 바로 백악기 바다의 유물인 그 부싯돌이었다.

지상에서 맛보는 자연의 경이로움 가운데는 한때 바다가 육지를 뒤덮고 퇴적물을 부려놓은 다음 서서히 떠나갔다는 사실과 연관된 것이 많다. 이를테면 켄터키주에는 매머드 동굴(Mammoth Cave)이 있는데, 그곳에서 몇 킬로미터에 걸친 지하 통로를 지나다 보면 난데없이 천장 높이가 75미터나 되는 공간을 곳곳에서 만날 수 있다. 동굴과 지하 통로는 고생대 바다에 퇴적해 있던 두꺼운 석회암층이 지하수에 녹아 형성된 것이다. 나이아가라 폭포의 탄생 기원도 북극해에 형성된 광대한 만(灣)이 남쪽으로 세력을 넓히면서 계속 대륙을 침범하던 실루리아기로 거슬러 올라간다. 육지가 시작되는 지역이 낮아 퇴적물이나 토사가 거의 내해에 실려 가지 않아 바닷물은 대체로 맑았다. 그 바다의 침전물은 백운암이라는 딱딱한 암석층을 드넓게 형성했고, 이윽고 때가 되자 그 암석층은 오늘날 캐나다와 미국의 국경 부근에 기다란 벼랑을 만들어냈다. 몇 백만 년 뒤, 빙하가 녹으면서 엄청난 물이 풀려 그 위로 쏟아져내렸고, 백운암 밑에 깔려 있던 부드러운 셰일(shale)층이 깎여나갔다. 그 결과 약해진 암석 덩어리가 계속해서 떨어져나갔다. 나이아가라 폭포와 그곳의 협곡은 이렇게 해서 만들어진 것이다.

처음부터 바닷물이 다량 모여 있던 대양 한가운데에 비하면 내해는 얕은 바다지만, 그중 몇몇은 당시의 세계에서 매우 중요한 의미를 띠었다. 일부 내해는 깊이가 대륙붕단과 맞먹을 정도인 180미터나 되었다. 내해의 해류 유형이 어땠는지는 아무도 모르지만, 분명 그 해류는 더러 적도 지방의 따뜻함을 북쪽 땅에 실어다주곤 했던 것 같다. 예를 들어 백악기에는 그린란드에서도 빵나무·계수나무·월계수·무화과나무가 자랐다. 대륙이 한 무리의 섬들로 나뉘자 혹독한 더위와 추위가 교차하는 대륙성 기후는 거의 사라지고, 온화한 해양성 기후가 보편적으로 자리 잡았다.

지질학자들은 지구 역사를 크게 나눈 각 시대가 저마다 세 단계로 이뤄져 있다고 말한다. 첫 번째는 대륙이 높고, 침식이 활발하고, 바다가 주로 깊은 곳에 얌전히 웅크리고 있는 단계다. 두 번째는 대륙이 가장 낮아지고, 바다가 겁 없이 대륙 위로 쳐들어오는 단계다. 세 번째는 대륙이 다시금 솟아오르기 시작하는 단계다. 지질학자로서 빼어난 이력 대부분을 고대의 바다와 육지를 지도화하는 데 바친 찰스 슈커트(Charles Schuchert, 1858~1942)에 따르면 "지금 우리는 새로운 주기가 막 시작되는 시대를 살고 있다. 대륙이 가장 크고, 높게 치솟고 장엄한 풍광을 자랑하는 시대다. 그러나 바다는 이미 북아메리카에 대한 해침을 시작했다".

바다로 하여금 오랜 세월 머무르던 깊은 해분에서 벗어나 육지를 침범하게 만드는 요인은 무엇일까? 늘 그렇듯 이는 하나가 아니라 여러 원인이 복합적으로 작용한 결과일 것이다.

바다와 육지의 관계가 달라지는 것은 지각의 유동성—지구 지각을 이루는 더없이 유연한 물질이 위아래로 휘어지는 속성—과 불가분의 관련이 있다. 지각 운동은 육지와 해저에도 물론 영향을 끼치지만, 대륙 언저리 부근에 가장 강하게 작용한다. 지각 운동은 바다의 해안 한쪽 혹은 양쪽에, 대륙의 연안 하나 혹은 모든 연안에 작용한다. 이는 느리고 신비로운 주기에 따라 진행되므로, 한 단계를 완결하기까지 몇 백만 년이 걸리기도 한다. 대륙 지각이 아래로 휘어지면 바다가 육지를 서서히 침범하고, 반대로 위로 휘어지면 바닷물은 점차 물러난다.

그러나 해침을 일으키는 요인은 비단 지각 운동뿐만이 아니다. 그 밖에도 중요한 요인이 있다. 그중 하나가 육지 퇴적물이 쌓이면서 바닷물을 밀어내는 현상이다. 강물에 실려 바다에 퇴적된 모래와 토사 입자는 그 양만큼 바닷물을 내쫓는다. 육지가 서서히 분쇄되고 그것을 이루던 물질이 바다로 실려 가는 과정은 지질 시대가 시작된 이래 아무런 방해도 받지 않고 시종 이어져왔다. 그렇다면 해수면이 꾸준히 상승했을 거라고 짐작할 수 있겠지만, 문제가 그리 간단치는 않다. 대륙은 물질을 잃어버리면 마치 짐을 덜어낸 배처럼 도리어 더 높이 솟아오르는 경향이 있다. 아울러 퇴적물이 마지막으로 당도하는 지점인 해저는 그 무게에 눌려 내려앉는다. 모든 조건이 정확히 맞아떨어져야 일어나는 해수면 상승은 지극히 복잡한 문제이므로 쉽게 알아차리거나 예측할 수 없다.

한편 거대한 해저 화산의 성장, 즉 해저에 거대한 용암 원뿔이 형성되는 현상도 생각해볼 수 있다. 일부 지질학자는 이것이 해수면 변화에 중대한 영향을 끼친다고 믿는다. 이런 화산 중에는 더러 규모가 어마어마한 것도 있다. 버뮤다제도는 가장 작은 해저 화산에 속하지만, 수면 아래 잠긴 화산 전체의 부피는 1만 세제곱킬로미터에 달한다. 하와이의 화산섬 열도는 태평양에 거의 3200킬로미터가량 펼쳐져 있는데, 개중에는 규모가 거대한 섬도 네댓 개나 된다. 그런 화산섬이 바닷물을 밀어내는 양은 실로 엄청날 것이다. 하와이의 화산섬 열도가 세계 최대의 해침이 일어난 백악기에 융기했다는 것은 결코 우연이 아니다.

지난 몇 백만 년 동안 해침을 일으키는 데 가장 주도적인 역할을 한 것은 단연 빙하였다. 거기에 비하면 그 밖의 원인은 별것 아니게 보일 지경이다. 홍적세는 거대한 빙상이 전진과 후퇴를 되풀이하는 것이 특징이었다. 만년설이 네 차례 쌓였는데, 남쪽으로 계곡과 평야까지 뻗어나가면서 육지를 점점 더 넓게 뒤덮었다. 그리고 또다시 육지를 덮고 있던 얼음이 녹으며 서서히 퇴각한 사건이 네 차례 이어졌다. 우리는 지금 이 네 번째 퇴각기의 마지막 단계에 살고 있다. 마지막 홍적세 빙하기 때 형성된 얼음의 절반가량이 그린란드와 남극 대륙의 만년설, 그리고 여기저기 흩어진 산들의 빙하로 남아 있다.

　빙상이 두꺼워지고 겨울마다 내린 눈이 녹지 않고 계속 쌓이면, 이는 거기에 상응하는 만큼 해수면이 낮아진다는 의미다. 비나 눈처럼 지표면에 떨어지는 물기는 바다라는 저수지에서 직간접적으로 빠져나간 것이다. 대개 이처럼 바닷물이 소실되는 현상은 일시적이라 빗물의 유수, 눈의 해동 같은 정상적인 과정을 거쳐 다시 바다로 돌아온다. 그러나 빙하기에는 여름마저 추웠다. 겨울에 내린 눈은 일절 녹지 않은 채 이듬해 겨울까지 고스란히 남았고, 그 위에 새로 내린 눈이 쌓였다. 이렇게 빙하가 바다로부터 물을 빼앗자 해수면이 차츰 낮아졌다. 주요 빙하기가 정점으로 치달을 때는 전 세계의 해수면이 최저점을 기록했다.

　오늘날에도 적절한 장소를 찾기만 한다면, 옛날 해수면의 위치였음을 말해주는 증거를 얼마간 확인할 수 있다. 물론 해수면이 지극히 낮았을 때 그어진 줄은 지금 바닷속 깊이 잠겨 있으므로 오직 측심기를 사용해 간접적으로 발견할 수밖에 없다. 그러나 오늘날보다 해수면이 높았던 과거의 흔적은 어렵잖게 찾을 수 있다. 사모아(Samoa)섬에서는 해수면 위 4.5미터 높이의 절벽 발치에서 바위가 파도에 깎여나가 생긴 단구를 볼수 있다. 태평양의 다른 섬들, 남대서양의 세인트헬레나섬, 인도양의 섬들, 서인도제도, 희망봉 근처에서도 이와 같은 단구를 만날 수 있다.

　파도의 무자비한 공격과 거칠게 부서지는 물보라는 절벽을 침식하는데, 현재 그 파도선 위쪽의 절벽에 남아 있는 해식 동굴은 바다와 육지의 관계가 달라졌음을 말없이 웅변해준다. 우리는 세계 도처에서 이러한 해식 동굴을 만날 수 있다. 노르웨이 서해안에는 파도가 깎아놓은 놀라운 터널이 하나 있다. 간빙기에 크게 불어난 파도가 토르가탄(Torghattan)섬의 단단한 화강암을 때려 섬을 관통하는 약 160미터 길이의 통로를 뚫어놓은 것이다. 그 과정에서 거의 14만 세제곱미터의 바위가 깎여나갔다. 이 터널은 지금 해수면 위 120미터 지점에 있는데, 위치가 그렇게 올라간 것은 얼음이 녹은 뒤 탄력적인 지각이 위쪽으로 융기한 데도 얼마간 원인이 있다.

주기의 나머지 절반 동안, 그러니까 빙하가 점차 두꺼워지면서 바다가 점점 더 낮아지는 동안 전 세계 해안 지대는 훨씬 더 광범위하고 극적인 변화를 겪었다. 모든 강은 바다가 낮아진 데 따른 영향을 받았다. 바다로 진출하는 강물은 유속이 한층 빨라지고 새로운 동력을 얻어 바다의 물길을 더욱 깊게 파냈다. 해안선이 자꾸만 아래로 내려가자 강은 경로가 길어져 (불과 얼마 전까지만 해도 가파른 바다 바닥이었던) 말라가고 있는 모래와 진흙밭 위로 흘러내렸다. 여기서 굽이쳐 내려오는 격류―빙하가 녹은 물을 만나 한층 더 불어난―는 다량의 진흙과 모래를 싣고 바다로 흘러갔다.

해수면이 낮아진 홍적세 때, 북해 바닥은 한두 번 물이 다 빠져 한동안 마른땅이었다. 북부 유럽과 영국제도의 강들은 퇴각하는 바닷물을 따라 바다 쪽으로 흘러내렸다. 결국에는 라인강과 템스강이 연결되었다. 엘베(Elbe)강과 베저(Weser)강도 하나가 되었다. 센강은 지금의 영국해협으로 흘러내려 그곳 대륙붕에 V자형 지구(地溝)를 파놓았다. 이 지구는 오늘날 랜즈엔드(Lands End: 잉글랜드 남서단 콘월주 서쪽 끝의 곳―옮긴이) 너머에서 음향측심기가 밝혀낸 해저 해협과 같은 것일지도 모른다.

홍적세 최대의 빙하기는 비교적 그 시기 말미에 찾아왔다. 지금으로부터 약 20만 년 전에 불과한 때, 곧 인류가 출현하고 세월이 조금 지난 때였다. 급격한 해수면 하강은 필시 구석기 시대 사람들의 삶에 영향을 미쳤을 것이다. 그들은 한두 시기쯤은 얕은 대륙붕 아래까지 해수면이 내려가 마른땅이 되어버린 베링해협을 너른 육교처럼 걸어서 건널 수 있었다. 이곳 말고도 그런 식으로 조성된 다른 육교가 적잖았다. 바다가 인도 연안에서 물러나자 긴 해저 모래톱이 얕은 여울로 변했고, 마침내 바닥을 드러냈다. 원시인들은 '아담의 다리(Adam's Bridge: '라마의 다리'라고도 하며, 인도 남동단과 실론섬 북서단 사이에 염주 모양으로 이어진 사주—옮긴이)'를 걸어서 실론섬(지금의 스리랑카—옮긴이)으로 건너갔다.

원시인의 정착지는 대부분 해안가나 강 하구의 거대한 삼각주 부근이었는데, 그들이 일군 문명의 흔적을 간직한 동굴들은 과거의 해수면 상승 때문에 바다에 잠겨 있을 것이다. 우리는 구석기 시대 사람들에 대해 별로 아는 게 없지만, 오래전에 수몰된 해안 지대를 살펴보면 그들에 대해 더 많은 지식을 얻을 수 있다. 어떤 고고학자는 한때 거기에 살았던 원시인의 조개무지(패총)가 어떻게 분포하는지를 대략적으로 파악하기 위해 "강한 전깃불을 내쏘는 해저 탐사선", 혹은 바닥에 유리가 달린 연구선과 인공 조명을 이용해 아드리아해의 얕은 부분을 조사하자고 제안했다. 데일리 교수는 이렇게 지적했다.

프랑스 역사에서 마지막 빙하기는 순록의 시대였다. 당시의 인류는 프랑스 강들의 물길을 굽어보는 유명한 동굴 속에 살면서 빙하 지대 남쪽의 서늘한 프랑스 평원에 번성하던 순록을 사냥했다. 빙하기가 말기에 접어들어 전반적으로 해수면이 상승하자 그에 따라 아래로 흘러내리는 강물도 불어났다. 그리하여 가장 낮은 곳에 자리한 동굴들은 일부 혹은 전체가 물에 잠겼을 가능성이 크다. ……구석기 시대 사람들이 남긴 유물을 찾으려면 바로 그런 곳을 뒤져봐야

한다.■

　우리의 석기 시대 조상 중 일부는 분명 빙하 근처에서 살아가는 삶의
냉혹함을 잘 알고 있었을 것이다. 동식물뿐 아니라 인간도 빙하보다 먼저
남쪽으로 이동했다. 하지만 그렇게 하지 못한 몇몇 사람은 거대한 얼음벽
이 보이고, 그것이 빚어내는 소리가 들리는 지역에 남았다. 그들에게 세
상은 지평선을 독차지한 채 잿빛 하늘까지 넘보는 푸른 빙산에서 매섭게
몰아치는 삭풍과 폭풍우 그리고 눈보라의 장소이자, 전진하는 빙하가 만
들어내는 소란스러운 굉음과 수 톤의 움직이는 얼음이 부서지면서 바닷
속으로 몸을 던질 때 들리는 벽력같은 소리로 가득한 장소였다.
　그러나 지구 반대편, 곧 햇살이 따사로운 인도양에 살던 사람들은 (불과
얼마 전까지만 해도 바다 깊이 잠겨 있던) 마른땅을 걸어 다니면서 사냥했다. 그
들은 멀리 있는 빙하에 대해서는 까맣게 몰랐거니와 자신이 지금 그 땅에
서 걸어 다니며 사냥할 수 있는 게 많은 바닷물이 먼 곳에서 얼음이나 눈
의 형태로 얼어 있기 때문이라는 사실도 눈치채지 못했다.
　빙하기의 세상을 상상 속에서 재구성할 때면 확연하게 풀리지 않는 문
제 하나가 우리를 괴롭힌다. 헤아릴 수 없이 많은 물이 얼음에 묶인 빙하
기 최정점에 해수면은 대체 어느 정도까지 낮아졌을까 하는 문제다. 60~
90미터의 소박한 수준에 그쳤을까(이것만 해도 연해에서 발생하는 밀물과 썰물 차
이의 몇 배에 해당하는 변화이긴 하다), 아니면 600~900미터에 이를 정도로 엄
청난 수준이었을까?
　첫 번째 가설을 지지하는 지질학자도, 두 번째 가설을 주장하는 지질

■ *The Changing World of the Ice Age*, 1934 edition, Yale University Press, p. 210

학자도 각각 최소 한두 명씩은 있다. 이쯤 되면 심각한 의견 차이라고 할 수 있지만, 이는 그리 놀랄 일도 아니다. 스위스 박물학자 루이스 아가시 (Louis Agassiz, 1807~1873)가 움직이는 빙산과 그것이 홍적세의 세계에 어떤 영향을 미쳤는지 처음으로 규명해 세상에 알린 게 불과 1세기 전의 일이니 말이다. 그 뒤 사람들은 세계 각지에서 끈질기게 증거를 수집한 끝에 빙하가 연속해서 네 번 진출했다 네 번 퇴각한 사건을 재구성했다. 아울러 현대에 들어 데일리 같은 대담한 과학자들은 빙상이 두꺼워질 때마다 그에 상응하는 만큼 해수면은 낮아지고, 얼음이 녹으면서 후퇴할 때마다 그로 인해 생기는 물로 인해 바다가 불어나 해수면이 올라간다는 사실을 정확하게 간파했다.

이처럼 '빼앗았다 되돌려주기'를 반복하는 과정에 대해 대다수 지질학자는 보수적인 견해를 취했다. 요컨대 그들은 해수면이 최대로 낮아진다 해도 120미터를 넘지는 않았을 거라고, 아니 그 절반에 그칠 가능성도 있다고 주장했다. 반면 해수면의 하강 폭이 한층 더 컸을 거라고 주장하는 이들은 대개 대륙사면에 깊게 파인 해저 협곡을 추론의 근거로 내세운다. 바다 깊이 자리한 이들 협곡은 오늘날 해수면보다 약 1500미터 낮은 곳에 자리하고 있다. 최소한 해저 협곡의 상층부가 물살에 깎여나갔을 거라고 여기는 지질학자들은 홍적세 빙하기 때 그런 일이 가능할 만큼 해수면이 크게 낮아졌다고 주장한다.

바다의 최대 해수면 하강 폭이 어느 정도냐에 답하려면 바다의 신비를 좀더 자세히 조사해봐야 한다. 우리는 바야흐로 흥미진진한 새로운 발견을 눈앞에 두고 있다. 현재 해양학자와 지질학자들은 과거 어느 때보다 훌륭한 장비를 갖추고 있다. 이로써 바다의 깊이를 재고, 바위나 깊은 퇴적층의 표본을 채취하고, 과거사가 희미하게 남아 있는 기록을 좀더 명료하게 읽어낼 수 있다.

한편 바다는 (몇 시간이 아니라 몇 천 년 단위로 측정되는) 좀더 장대한 지구의 조석 속에서 밀려들고 밀려나기를 되풀이한다. 지구의 이러한 조석은 너무나 광대해서 인간의 감각으로는 볼 수도 이해할 수도 없다. 그 궁극적 원인은 (설령 밝혀진다 하더라도) 불타는 지구 중심 깊은 곳에서, 아니면 우주의 어두운 공간 어디인가에서 발견될 것이다.

쉼 없이 움직이는 바다

09

바람과 물

▲▲▲▲▲▲▲▲▲▲▲▲▲▲▲▲▲▲▲▲▲▲▲

바람의 발이 바다를 따라 반짝이네.

—스윈번

잉글랜드 최서단에 있는 랜즈엔드 쪽으로 밀려드는 파도는 대서양 먼 곳의 느낌을 실어온다. 파도는 짙푸른 바다에서부터 가파르게 치솟은 해산을 넘어 뒤숭숭한 초록색 바다를 향해 해안께로 이동한다. 그리고 측연 가능한 최고점(180미터 지점—옮긴이)인 대륙붕단을 지나 잔물결이 어지럽게 일렁이고 기류가 불안정한 대륙붕 위로 굽이쳐 오른다. 이어서 마침내 얕은 여울 바닥을 훑고 육지 방향으로 밀려들어 실리(Scilly)제도와 랜즈엔드 사이 해협의 세븐스톤즈(Seven Stones)에 부딪치면서 부서진다. 파도는 얕은 물속에서 반짝이는 등을 내민 바위와 물 아래 깊이 잠겨 있는 암봉을 뒤덮는다. 바위로 이뤄진 랜즈엔드로 몰려오는 파도는 해저 바닥에 설치한 파랑기록계를 지난다. 그리고 위아래로 오르내리며 진동하는 압력을 통해 출발지인 머나먼 대서양 바다에 관한 숱한 이야기를 파랑기록계에 들려준다. 그 이야기는 파랑기록계의 기계 장치에 의해 인간이 이해할 수

09 바람과 물 181

있는 기호로 바뀐다.

만약 당신이 그곳을 찾아가 책임자인 기상학자와 얘기를 나눈다면, 제 살던 먼 곳에 대한 이야기보따리를 잔뜩 싣고 시시각각 밀려드는 파도의 생애사를 들을 수 있을 것이다. 또한 바람이 물에 작용해 생기는 파도가 각각 어디에서 시작되었는지, 파도를 만든 바람의 세기는 어느 정도였는지, 폭풍우는 얼마나 빨리 움직이고 있는지, 그리고 만약 폭풍우가 다가온다면 잉글랜드 해안가에 폭풍 경보를 언제쯤 발령해야 하는지도 들을 수 있을 것이다. 당신은 또한 다음과 같은 이야기를 들을지도 모른다. 랜드엔즈의 파랑기록계 위를 지나는 파도는 대개 뉴펀들랜드 동쪽이자 그린란드 남쪽, 곧 폭풍이 몰아치는 북대서양에서 시작된다. 개중에는 대서양 반대편인 열대 폭풍에서 발원해 서인도제도와 플로리다 연안을 거쳐 올라오는 것도 있다. 세계 최남단에서 출발한 어떤 파도는 혼곶에서 곧장 최단거리로 9500킬로미터에 이르는 긴 여정을 마치고 랜즈엔드로 밀려든다……

캘리포니아 해안의 파랑기록계는 머나먼 곳에서 밀려오는 바다 너울을 포착해낸다. 여름에 캘리포니아 해안에서 부서지는 파도 중 일부는 남반구 편서풍대에서 시작되기 때문이다. 미국 동부 연안에 몇 개 있는 것들도 그렇지만, 콘월(Cornwall)과 캘리포니아의 파랑기록계는 제2차 세계대전이 끝날 무렵부터 가동을 시작했다. 이들 실험 장치는 여러 가지 목적에 쓰이는데, 그중 하나가 새로운 기상예보법을 개발하는 것이다. 북대서양 인접국은 수많은 기상 기지를 전략적으로 배치하고 있으므로 기상 정보를 얻기 위해 굳이 파랑에 의존할 필요가 없다. 현재 파랑기록계를 쓰는 지역은 이를 기상 정보보다 기상예보법을 개발하기 위한 실험 도구로 활용한다. 머잖아 파랑기록계는 파랑이 실어오는 정보 말고는 달리 기상 자료를 구할 수 없는 지역에서 사용할 것이다. 특히 남반구 해안에는 사람들이 가본 적도 없고, 선박이 좀처럼 지나다니지도 않고, 항공사 정규 노선에서 벗어난 외딴 대양으로부터 출발한 파도가 들이친다. 아무도 안 보는 외진 곳에서 발생한 폭풍은 바다 한가운데 있는 섬이나 노출된 해안을 불시에 덮친다. 몇 백만 년에 걸쳐 파도는 폭풍을 앞질러 달려가며 경고음을 냈지만, 우리는 오늘에 이르러서야 비로소 이들의 언어를 과학적으로 이해할 수 있다. 이처럼 현대에 파도 연구의 진척을 이룬 것은 민간에 전해오는 이야기에 힘입은 바 크다. 수 세대 동안 태평양 섬의 원주민들은 모종의 바다 너울을 보면 태풍이 몰려오는 신호라고 받아들였다. 몇 백 년 전 아일랜드의 외딴 해안가에 살던 농부들은 해안에 폭풍우가 밀려오리라는 것을 예고하는 긴 바다 너울을 보면, 죽음을 싣고 오는 파도라고 수군거리며 두려움에 떨었다.

이제 파도에 대한 연구는 제법 무르익었고, 현대인이 실용적 목적에서 바다의 파도를 참조한다는 증거는 곳곳에 널려 있다. 400미터짜리 해저 파이프라인의 종착지인 뉴저지주 롱브랜치(Long Branch)의 피싱피어(Fishing Pier) 인근에 설치한 파랑기록계는 드넓은 대서양에서 출발한 파도를 쉬지 않고 묵묵히 기록한다. 파이프라인으로 전달되는 전기 충격에 의해 밀려오는 파도의 높이(파고)와 이어지는 파도의 마루 간 간격(파장)이 해안 기지에 전해져 그래프에 자동으로 기록된다. 뉴저지 연안의 침식률을 조사하는 미군 공병대 산하 해안침식국(Beach Erosion Board)은 이 기록을 신중하게 분석한다.

최근에는 고공 비행기를 타고 아프리카 연안 앞바다에서 파도와 외안 지역을 일련의 오버랩 사진에 담아냈다. 훈련된 과학자들은 이를 보고 해안에 다가오는 파도의 속도, 즉 파속(波速)을 알아낼 수 있었다. 그리고 수학 공식을 활용해 얕은 바다에 밀려드는 파도의 움직임과 그 아래 수심의 관련성도 계산해냈다. 영국 정부는 이 요긴한 정보를 통해 제국의 손이 거의 닿지 않는 연안의 깊이까지 알아낼 수 있었다. 정상적 방법으로 측심했더라면 비용이 무지막지하게 들뿐더러 끝없는 난관에 부딪칠 터였다. 파도에 관한 새로운 지식이 대체로 그렇듯 이런 실용적인 방법도 전시(戰時)의 필요에 따라 생겨났다.

제2차 세계대전 동안, 바다의 상태나 파고를 예측하는 일은 특히 유럽과 아프리카의 노출된 해안에 상륙하기 전 상시적으로 필요한 사전 준비의 일환이었다. 그러나 처음엔 이론을 실제 상황에 적용하기가 까다로웠다. 예측한 파고와 해수면의 상태가 선박 간, 혹은 선박과 해안 간 병력과 보급품을 나르는 데 어떤 실제적 영향을 끼치는지 파악하기도 어려웠다. 전시의 실용적인 해양학은 이 최초의 시도를 통해 어느 해군 장교의 말마따나 "바다의 특성에 관한 기본 정보가 절대적으로 부족하다는 더없이 충격적인 교훈"을 얻었다.

지구가 존재해온 세월 동안, 바람이라 일컫는 움직이는 기단(氣團)은 지표면 위를 왔다 갔다 흘러 다녔다. 그리고 바다가 존재해온 세월 동안, 바람의 흐름에 따라 바닷물도 움직였다. 대부분의 파도는 바람이 물에 작용한 결과 생겨난다. 더러 해저 지진이 일으키는 해일 같은 예외도 있기는 하지만 우리 대부분이 알고 있는 파도는 바람이 일으키는 파도, 즉 풍랑(風浪)이다.

파도는 망망대해에서 혼란스러운 패턴을 빚어낸다. 저마다 다른 수많은 파열(波列)이 끊임없이 밀려들면서 서로 뒤섞이고, 또 때로는 서로를 완전히 집어삼키기도 한다. 일군의 파도는 다른 무리의 파도와 애초부터 시작된 장소와 방식은 물론 파속과 파향(波向: 파도가 진행하는 방향―옮긴이)도

저마다 다르다. 결코 해안에 닿지 못할 운명이 있는가 하면, 바다 중간을 넘어와 먼 해변에서 벽력같은 소리를 내며 부서질 운명도 있다.

수많은 과학자들은 오랜 세월에 걸쳐 집요하게 연구를 진행해온 결과, 이처럼 얼핏 어지러워 보이는 혼돈 속에도 놀라운 질서가 숨어 있음을 간파했다. 파도에 관해서는 여전히 알아야 할 게 많고, 또 아는 것을 인간한테 이롭도록 응용하기 위해 해야 할 일도 많다. 그러나 파도의 생애사를 재구성하고, 온갖 변화무쌍한 상황에서 그 움직임을 예측하고, 그것이 인간사에 미칠 효과를 예견할 수 있는 사실적 근거는 제법 탄탄하게 구축되어 있다.

전형적인 파도의 그럴듯한 생애사를 재구성해보기 전에 파도의 물리적 특성 몇 가지를 숙지할 필요가 있다. 파도에는 골(trough)에서 마루(crest)에 이르는 높이, 즉 파고(波高)가 있다. 또한 한 마루에서 다음 마루까지의 거리를 일컫는 길이, 즉 파장(波長)이 있다. 파주기(波週期)란 하나의 마루가 어떤 기준점을 통과한 때로부터 다음 마루가 그 지점을 통과할 때까지 걸리는 시간을 말한다. 이 가운데 어떤 것도 고정된 것은 없다. 모든 게 항시 변하지만 바람, 수심, 그 밖에 다른 요소들과 분명한 관련을 맺고 있다. 더욱이 파도를 이루는 바닷물은 그 파도와 함께 바다를 가로질러 이동하지 않는다. 즉 모든 물 입자는 파형(波形)이 지나갈 때 원형이나 타원형의 궤도를 형성하긴 하지만, 거의 완전하게 원상태로 돌아간다. 이는 퍽 다행스러운 일이다. 만약 파도를 구성하는 거대한 물 덩어리가 실제로 바다를 가로지르며 움직인다면 항해가 불가능할 테니 말이다. 파도를 전문적으로 연구하는 이들은 '취송 거리(fetch length, 吹送距離)'라는 그럴싸한 표현을 자주 사용한다. 취송 거리란 바람이 아무 장애물 없이 일정한 방향으로 분다고 가정할 때, 그 바람이 영향을 미치는 수평 거리를 말한다. 취송 거리가 길면 파도는 높아지게 마련이다. 진짜로 큰 파도는 만이나 좁은 해역 같은 제한된 공간에서는 만들어지지 않는다. 최대 파고를 일으키려면 파도의 취송 거리가 950~1300킬로미터는 될 만큼 강풍이 몰아쳐야 한다.

이제 여름휴가를 즐기고 있는 뉴저지 해안으로부터 1500킬로미터가량 떨어진 머나먼 대서양에서 잔잔한 날씨 후에 폭풍이 발달한다고 상상해보자. 갑작스러운 돌풍을 동반한 바람이 들쭉날쭉 불어온다. 바람은 이리저리 방향을 바꾸기도 하지만 전반적으로는 해안 쪽을 향하고 있다. 바람을 맞은 바다는 압력 변화에 반응을 보인다. 바다는 더 이상 잔잔하지 않고 오르락내리락 이랑과 고랑을 이룬다. 파도는 바람에 운명을 맡긴 채 점차 해안께로 이동한다. 폭풍이 계속 해안 쪽으로 불면, 파도는 바람한 테서 에너지를 얻어 파고가 높아진다. 파도는 어느 정도까지는 계속해서 바람으로부터 에너지를 얻는데, 만약 돌풍의 에너지를 흡수하면 파고가 한층 더 올라간다. 그러나 파고가 파장의 7분의 1보다 커지면 흰 거품을 일으키며 앞으로 고꾸라지기 시작한다. 허리케인은 맹렬한 기세로 파도의 윗부분을 날려버리기도 한다. 따라서 이처럼 폭풍이 거세게 몰아칠 때는 바람이 잠잠해지고 나서야 최대 파고가 형성된다.

대서양 먼 곳에서 바람과 물이 빚어낸 전형적인 파도를 생각해보자. 이 파도는 바람으로부터 에너지를 얻어 최대 파고를 형성하고, 주위의 다른 파도와 더불어 이른바 '거친 바다'라는 혼란스럽고 불규칙한 패턴을 이룬다. 파도가 서서히 폭풍 지대를 벗어나면 파고는 낮아지고, 파장은 늘어난다. 이제 '거친 파도'는 '너울'로 변해 평균 시속 25킬로미터로 움직인다. 해안 가까이에서는 파장이 길고 규칙적인 너울이 망망대해의 격동을 대체한다. 그러나 얕은 바다에 들어온 너울은 놀라운 변화를 겪는다. 즉 처음으로 얕은 여울 바닥의 저항을 느낀다. 그러면 파속이 느려지는데, 뒤이은 파도의 마루가 이 파도를 덮치면 갑자기 파고가 높아지고 파형은 가팔라진다. 파도는 이내 공중제비를 돌며 골 쪽으로 무너지고 물거품을 일으키며 소용돌이친다.

해변에 앉아 관찰하는 사람은 누구라도 자기 앞의 모래밭에 부서지는 쇄파(surf, 碎波: 해안 쪽으로 밀려들어 부서지는 파도—옮긴이)가 가까운 외안에서 부는 돌풍의 작품인지, 아니면 멀리서 이는 폭풍의 작품인지 똑똑히 분간할 수 있다. 바람이 갓 만들어낸 파도는 바다 멀리서도 가파르고 뾰족한 형태를 띤다. 이 파도는 수평선 멀리서부터 흰 물보라를 일으키며 다가온다. 제 앞에서 엎어지기도 하고 거품을 일으키며 나아가는 다른 파도를 덮치기도 하면서 진격하는 물보라는 해변에서 마지막으로 천천히 부서진다. 그러나 쇄파 직전의 파도가 생의 마지막 작품을 멋지게 장식하기 위해 혼신의 힘을 다하듯 높이 솟아오른다면, 파두(波頭)에 마루를 세우고 전진하다 이내 앞으로 몸체를 둥글게 말기 시작한다면, 전체 물 덩어리가 느닷없이 요란하게 으르렁거리며 골을 향해 곤두박질친다면, 그 파도는 대양 먼 곳에서 찾아온 손님으로 길고도 머나먼 여행을 마치며 마지막으로 해안에서 부서지는 것임을 알 수 있다.

지금껏 대서양 파도에 대해 살펴본 내용은 대체로 전 세계 풍랑에 모두 적용된다. 파도는 한평생 숱한 사건을 겪는다. 파도의 수명이 얼마인지, 어느 정도 먼 곳을 여행할지, 어떤 최후를 맞이할지는 모두 바다를 여행하면서 만나는 상황에 좌우된다. 파도의 중요한 속성을 하나 꼽으라면 '움직인다'는 것이다. 파도는 움직임을 지연시키거나 가로막는 것들 때문에 해체 또는 죽음을 맞이한다.

파도에 가장 큰 영향을 미치는 요소는 바다 자체에 내재하는 힘이다.

바다가 무시무시한 분노를 폭발할 때는 조류가 파도의 행로를 가로지르거나 파도와 정면으로 맞서는 순간이다. 저 유명한 스코틀랜드와 셰틀랜드(Shetland)제도 최남단의 섬버그갑(Sumburgh Head) 앞바다에서 볼 수 있는 '루스트(roost)'의 원인도 바로 이것이다. '루스트'는 북동풍이 부는 동안에는 잠잠하지만 바람이 일으킨 파도가 어디선가 밀려오면, 밀물 때는 해안 쪽으로, 썰물 때는 바다 쪽으로 흐르는 조류와 마주친다. 이는 마치 사나운 야수 두 마리가 격돌하는 것과 같다. 조류가 처음엔 섬버그갑 앞바다로, 그러다 차차 바다 쪽으로 맹렬하게 이동하면, 약 5킬로미터에 걸친 바다에서 파도와 조류의 싸움이 한바탕 질펀하게 펼쳐진다. 싸움의 기세는 조류가 일시적으로 약해지는 동안에만 다소 누그러진다.《영국제도 항해 안내서(British Islands Pilot)》는 이렇게 적고 있다. "금방이라도 무슨 일이 벌어질 것처럼 소란스럽게 요동치는 이 바다에서는 선박이 완전 통제 불능 상황에 빠지고 이따금 침몰하기도 한다. 그런가 하면 또 어떤 선박은 며칠 동안 파도에 이리저리 휩쓸리곤 한다." 전 세계 수많은 지역의 뱃사람들은 이 위험천만한 바다에 의인화한 나름의 이름을 붙여 세대에서 세대로 전수해왔다. 우리의 할아버지대 및 그들의 할아버지대와 마찬가지로, 덩캔즈비(Duncansby: 스코틀랜드 북동쪽 끝에 있는 곶─옮긴이)의 '따분한 사람'과 메이(Mey: 뉴저지주 최남단에 있는 곶─옮긴이)의 '어릿광대'는 스코틀랜드 북부의 오크니(Orkney)제도와 스코틀랜드 최북단 사이에 있는 펜틀랜드(Pentland)해협 양끝으로 포효하듯 덤벼든다. 1875년에 펴낸《북해 항해 안내서(North Sea Pilot)》의 항해 지침은 선원들에게 다음과 같은 경고 문구를 담고 있는데, 오늘날에도 자구(字句) 하나 바꾸지 않고 이를 고스란히 적용하고 있다.

모든 선박은 펜틀랜드해협으로 진입하기에 앞서 필히 승강구 입구를 누름대로 밀폐해야 한다. 작은 선박은 날씨가 화창해도 승강구를 반드시 단단히 고정해야 한다. 멀리서 무슨 일이 일어나고 있는지 파악하기 어려운 데다 잔잔하던 바다가 느닷없이 돌변하는 까닭에 미처 대처할 겨를이 없기 때문이다.

2개의 루스트는 드넓은 외해에서 시작된 너울이나 반대편에서 오는 조류를 만나 생긴다. 따라서 그 해협의 동쪽 끝 덩캔즈비곶의 '따분한 사람'은 동쪽 너울과 밀물을, 서쪽 끝 메이곶의 '어릿광대'는 서쪽 너울과 썰물을 두려워한다. 《북해 항해 안내서》는 "바다는 겪어본 적 없는 이들로서는 도저히 상상도 할 수 없는 방식으로 격랑을 일으킨다"고 적었다.

그런가 하면 이러한 여울은 파도와 조류가 격렬하고 비타협적인 투쟁을 펼침으로써 인근 해안을 보호해주는 구실도 한다. 토머스 스티븐슨(Thomas Stevenson)은 오래전 '섬버그 루스트'가 그 갑 앞바다에서 거세게 넘실대며 부서지면, 해안에 쇄파가 거의 일지 않는다는 사실을 알아냈다. 일단 조류가 힘을 다 써버리고 더는 바다를 공격할 수 없게 되면, 거센 쇄파가 해안가로 밀려와 절벽 위로 솟구치며 부서진다. 한편 대서양 서쪽 펀디(Fundy)만 입구에서 빠르게 흐르는 혼란스러운 조류는 남서쪽에서 남동쪽으로 다가오는 파도에 강하게 맞선다. 따라서 펀디만에서 볼 수 있는 쇄파는 거의 모두 그 안에서 자체적으로 생성된 것이다.

망망대해에서는 파열(波列)이 적대적인 바람을 만나면 급속도로 사라지기도 한다. 바람은 파도를 만드는 한편 파괴하기도 하기 때문이다. 따라서 대서양에서 부는 무역풍은 더러 아이슬란드에서 아프리카로 이동하는 너울을 평정하곤 한다. 그리고 파도가 이동하는 방향으로 갑자기 일어난 순풍은 파고를 분당 30~60센티미터씩 높여준다. 일단 물결이 일렁이면,

바람이 마루와 마루의 사이(골)로 파고들어 마루를 잽싸게 밀어올리기 때문이다.

　돌출한 암붕, 모래·진흙·암석으로 이뤄진 얕은 여울, 만 입구에 솟은 섬은 하나같이 해안으로 밀려드는 파도의 운명에 일정한 역할을 한다. 먼 외해에서 뉴잉글랜드 북부 해안으로 다가오는 너울은 그 힘을 온전히 지닌 채 해안에 닿는 경우가 거의 없다. 이런 너울은 조지스뱅크(Georges Bank)라고 알려진 거대한 해저 산악 지대를 통과하는 동안 힘을 모두 소진한다. 이 해저 산맥의 산마루는 컬티베이터 여울(Cultivator Shoals)에서 거의 해수면 가까이 접근해 있다. 바로 이 해저 산맥과 그 주위에서 소용돌이치는 조류 따위의 장애물이 너울의 기력을 앗아가는 것이다. 그런가 하면 만 안쪽이나 그 인근에 여기저기 흩어져 있는 섬도 파도의 힘을 흡수하므로 만 어귀에는 쇄파가 들이치지 않는다. 연안 앞바다에 군데군데 있는 암초도 해안을 보호하는 데 한몫한다. 높은 파도가 암초에 부딪쳐 해안까지 당도하지 못하도록 막아주기 때문이다.

　얼음·눈·비도 모두 파도의 적이다. 이들은 알맞은 상황에서 저마다 바다의 코를 납작하게 만들며, 해안으로 다가오는 쇄파의 기세를 누그러뜨린다. 떨어져나간 부빙 속을 헤치며 나아가는 선박은 설령 돌풍이 몰아치고 쇄파가 부빙 언저리에 부딪쳐 세차게 부서진다 해도 바다를 항해할 수 있다. 바다에 형성된 얼음 결정체가 물 입자 간의 마찰력을 키워 파도를 진정시켜주기 때문이다. 섬세한 눈 결정체도 작은 규모이긴 하지만 같은 효과를 발휘한다. 우박을 동반한 폭풍도 거친 바다를 잠재우고, 갑작스럽게 쏟아지는 폭우도 해수면을 아마인유(linseed oil, 亞麻仁油)를 뿌린 비단처럼 만들어준다. 거센 바다 너울을 잔잔하게 일렁이는 잔물결로 바꿔주는 것이다.

옛날 잠수부들은 바다가 사나워 작업하기 힘들 때면, 물에 들어가 내뱉을 요량으로 입속에 기름을 잔뜩 머금고 잠수했다. 오늘날의 뱃사람이라면 누구나 다 아는 사실을 그때 이미 실행에 옮겼던 것이다. 기름은 망망대해에서 출렁이는 파도를 진정시키는 효과가 있다. 바다에서 비상시 기름을 사용하라는 조언은 대다수 해양 국가의 공식 항해 지침서에도 분명히 나와 있다. 그러나 기름은 일단 파형이 어그러지기 시작하면 쇄파에 거의 아무런 효과도 미치지 못한다.

남극해에서는 파도가 어떤 해안에서도 부서지지 않아 전혀 훼손되지 않으며, 편서풍이 만들어낸 거대한 바다 너울이 그 지역을 계속 감돈다. 여기서는 마루와 마루 사이 거리, 즉 파장이 가장 긴 파도가 형성된다. 그런 까닭에 최대 파고의 파도를 발견할 수 있으리라 기대하기 쉽다. 그러나 남극해의 파도가 다른 바다의 파도보다 파고가 높다는 증거는 없다. 항해 기사나 선박 관리자가 간행물에 발표한 일련의 보고서에 따르면, 마루에서 골까지 7.5미터를 넘는 파도는 바다 전체를 통틀어 몹시 희귀하다. 다만 폭풍 해일은 파고가 그 갑절에 이르고, 거센 돌풍이 한 방향으로 충분히 오래 불어 취송 거리가 1000~1300킬로미터쯤 되면 파고 또한 그보다 훨씬 더 높아지기도 한다. 바다에서 폭풍 해일의 파고가 최대 어느 정도까지 가능한지는 상당한 논란거리다. 대다수 교과서는 한껏 낮춰 잡아 18미터라고 적고 있지만, 뱃사람들은 그보다 훨씬 더 높다고 단호하게 주장한다. 지난 100년 동안에는 희망봉 앞바다에서 파고가 30미터에 달하는 파도를 만난 적 있다는 프랑스 탐험가 뒤몽 뒤르빌(Dumont d'Urville)의 말을 받아들이는 분위기였다. 그러나 과학자들은 대체로 그 같은 수치는 가능하지 않다며 회의적인 반응을 보인다. 다만 측정 방법 덕분에 믿을 만하다고 여겨지는 최대 파고 기록이 하나 있기는 하다.

1933년 2월 미 해군의 라마포호(Ramapo)는 마닐라에서 샌디에이고로 항해하던 중 이레 동안 폭풍우가 몰아치는 날씨에 시달렸다. 폭풍은 캄차카반도에서 뉴욕으로 길게 뻗어가던 기상 요란(weather disturbance) 때문에 발생했는데, 그로 인해 바람의 취송 거리가 장장 수천 킬로미터에 달했다. 라마포호는 폭풍이 절정일 때도 이를 견디며 항해를 계속했다. 2월 6일, 돌풍이 최고조에 달했다. 돌풍과 열대성 폭우(스콜)를 동반한 68노트(knot: 선박이나 항공기의 속도를 재는 단위. 1노트는 1시간에 1해리를 나아가는 속도—옮긴이)의 바람이 불어 바다가 산더미처럼 용솟음쳤다. 달빛이 어리는 이른 시각, 함교에서 당직을 서던 사관은 거대한 파도가 고물 쪽에서 큰 돛대 꼭대기에 있는 망대의 띠쇠 높이까지 솟아오르는 것을 목격했다. 당시 라마포호는 흘수선(吃水線: 배와 수면이 접하는 경계—옮긴이)에 평행하게 떠 있었으며, 고물은 물마루 사이의 골에 놓여 있었다. 이런 상황에서라면 함교에서 파도 마루까지 시선(視線)의 정확한 거리를 구하는 것이 가능했다. 배의 크기를 감안해 간단한 산수로 파고를 계산하자 33.6미터라는 엄청난 수치가 나왔다.

파도는 망망대해에서 배를 집어삼키기도 하고 때로 인명을 앗아가기도 한다. 그렇지만 파도가 가장 강력하게 괴력을 발휘하는 곳은 다름 아닌 해안 지대다. 바다에서 폭풍 해일의 파고가 어떻든 (다음에 소개할 몇 가지 역사적 사례가 보여주듯) 해안에 부서지는 쇄파와 거기서 위로 치솟은 물 폭탄은 등대를 덮치고, 건물을 박살내고, 해발 30~90미터 높이에 자리한 등대의 창문 안으로 돌덩이를 집어던진다. 쇄파의 힘 앞에서는 부두도 방파제도 그 밖에 해안의 시설물도 어린애 장난감처럼 맥없이 부서지고 만다.

세계의 거의 모든 해안에는 폭풍을 실은 험한 쇄파가 이따금씩만 들이치지만, 온화한 바다라고는 구경조차 못 해본 팔자 사나운 해안도 더러 있기는 하다. 브라이스 경(Lord Bryce: 1838~1922, 아일랜드 태생의 영국 외교관·역사가·법률학자―옮긴이)은 티에라델푸에고(Tierra del Fuego: 남아메리카 남단에 있는 군도. '불의 땅'이라는 뜻―옮긴이)에서 "이보다 더 끔찍한 해안은 이 세상에 없다"고 소리쳤다. 고요한 밤이면 해안에 밀려드는 쇄파의 괴성을 30킬로미터 떨어진 내륙에서도 똑똑히 들을 수 있었기 때문이다. 다윈은 일기에 이렇게 적었다. "육지 사람이 그런 해안의 광경을 본다면 족히 일주일은 죽음·위험·난파선 따위가 어른거리는 악몽에 시달릴 것이다."

어떤 이들은 캘리포니아 북부에서 환드퓨카(Juan de Fuca)해협에 이르는 태평양 연안이 세계에서 쇄파가 가장 거센 곳이라고 주장한다. 그러나 실제로 저기압성 폭풍이 영국제도와 아이슬란드 사이를 동쪽으로 휘몰아치는 길에 놓인 셰틀랜드제도와 오크니제도의 해안보다 파도가 더 노기 등등한 곳은 찾아보기 어렵다. 전반적으로 따분하게 쓰인 《영국제도 항해 안내서》는 이런 폭풍에 대한 격정적인 감정을 거의 조지프 콘래드의 산문처럼 이렇게 적었다.

해마다 네댓 차례 발생하는 끔찍한 돌풍 때는 대기와 바다의 구분이 말끔히 사라지고, 가까이 있는 물체는 물보라 때문에 희뿌옇고, 모든 게 짙은 연기에 휩싸인 것처럼 보인다. 훤히 드러난 해안에서는 바다가 한꺼번에 솟아올라 암석 해안을 때리면 100여 미터 높이의 물거품이 일어나면서 파도가 사방으로 부서진다.

그러나 격렬한 돌풍이 짧은 기간 동안 휘몰아칠 때보다 평범한 돌풍이 제법 길게 며칠 동안 불어올 때 바다는 더 심하게 요동친다. 그러면 대서양의 힘 전체가 오크니제도의 해안을 때려 무게 수십 톤에 달하는 바위가 기단에서 떨어져 나가고, 밀려드는 파도의 굉음이 30킬로미터 떨어진 곳에서 들리기도 한다. 쇄파는 18미터 높이로 치솟고, 코스타(Costa)갑에서 북서쪽으로 20킬로미터 떨어진 노스(North) 여울의 험준한 바다가 스케일(Skail)만과 버세이(Birsay)만에서도 보일 정도다.

최초로 파랑의 세기를 측정한 사람은 로버트 루이스(Robert Louis)의 부친 토머스 스티븐슨이다. 스티븐슨은 자신이 개발한 파력계(wave dynamometer, 波力計)로 고향인 스코틀랜드 해안을 때리는 파도를 연구해 겨울 돌풍 때 파도의 세기가 1제곱피트당 2700킬로그램이나 된다는 사실을 밝혀냈다. 1872년 12월 발생한 폭풍 때 스코틀랜드 북부 해안 도시 윅(Wick)의 방파제를 무너뜨린 파도의 위세가 아마 그쯤 되었을 것이다. 당시 방파제의 바다 쪽 끝은 800톤 넘는 커다란 콘크리트 덩어리를 철제 막대로 그 아래 돌덩이에 단단히 고정해놓은 상태였다. 그해 겨울 돌풍이 정점에 달했을 때, 도시에 거주하는 한 엔지니어가 방파제 위 절벽에서 파도의 습격을 지켜보았다. 그런데 눈앞에서 콘크리트 덩어리가 떨어져나가 해안 쪽으로 휩쓸려가는 믿기 힘든 일이 벌어졌다. 폭풍이 잦아들자 잠수부들이 잔해를 조사하기 위해 나섰다. 조사 결과 놀랍게도 콘크리트뿐만 아니라 그걸 고정해놓은 돌덩이마저 휩쓸려간 것으로 드러났다. 파도가 빠져나가면서 자그마치 1350톤 무게의 콘크리트와 돌덩이를 통째로 쓸어버린 것이다. 5년 뒤, 이것은 그저 전초전에 불과했음이 드러났다. 다시 한 번 폭풍이 몰아쳐 새로 지은 2600톤 무게의 부두가 통째로 떠내려간 것이다.

우리는 폭풍 쇄파에 고스란히 노출된 바위투성이 갑이나 외로운 바위 턱 위에 세운 등대의 지킴이들을 통해 괴팍하고 심술궂은 바다 이야기를 심심찮게 들을 수 있다. 스코틀랜드의 셰틀랜드제도 최북단에 있는 운스트(Unst)섬의 등대는 해발 60미터 높이에 달린 문짝이 부서졌다. 영국해협의 비숍록(Bishop Rock) 등대에서는 겨울 돌풍 때 수면 위 30미터 지점에 달린 종이 떨어져나갔다. 스코틀랜드 해안가 벨록(Bell Rock) 등대 부근에서는 11월 어느 날, 바람이 잔잔한데도 거센 바다 너울이 밀려들었다. 그리고 이 너울 중 하나가 갑자기 등대 꼭대기까지 치솟아 바위 위 35미터 높이에 있는 등실(燈室) 지붕의 금박 구(gilded ball)에 매달린 사다리를 뜯어버렸다.

어떤 이들의 눈에는 초자연적인 것처럼 보이는 사건도 발생했다. 1840년 에디스톤록(Eddystone Rock: 영국해협 서쪽 끝에 있는 암초 — 옮긴이) 등대에서 일어난 일이 바로 그러한 사례다. 언제나 그렇듯 등대 출입문은 튼튼한 빗장으로 단단히 고정한 상태였다. 그런데 바다가 거칠게 요동치던 날 밤, 출입문이 '안에서' 부서지며 열리고, 철제 볼트와 경첩이 죄다 튕겨나갔다. 엔지니어들의 말에 따르면 이는 공기 작용의 결과로, 즉 거센 파도가 물러나면서 갑자기 발생한 역기류(back draught, 逆氣流)가 문 밖의 압력이 급격하게 낮아지는 현상과 맞물리며 일어났다.

대서양 연안의 매사추세츠주 마이닛스레지(Minot's Ledge)에 있는 29미터 높이의 등대는 부서지는 쇄파의 물 폭탄을 흠뻑 뒤집어쓰곤 한다. 애초 바위 위에 세웠던 등대가 1851년 파도에 휩쓸려간 뒤 새로 지은 등대다. 북부 캘리포니아 연안의 트리니다드갑 등대가 12월 폭풍의 습격을 받은 사례도 종종 회자된다. 해수면으로부터 59미터 떨어진 등실에서 폭풍이 다가오는 것을 지켜보던 등대지기는 인근에 있는 약 30미터 높이의 파일럿록(Pilot Rock)이 거듭해서 파도를 뒤집어쓰는 광경을 목격했다. 잠시 후 다른 것들보다 좀더 큰 파도가 등대 기단의 절벽을 때렸다. 두꺼운 물 벽(wall of water)이 등실 높이까지 치솟는가 싶더니 물보라를 일으키며 산산이 부서졌다. 호되게 얻어맞은 충격으로 등대의 불빛이 회전을 멈추었다.

암석 해안에서는 거센 폭풍 해일이 돌멩이와 암석 조각을 싣고 오는 경향이 있어 파도의 파괴력이 한층 더 강력하다. 한 번은 오리건주 해안가의 틸라묵록(Tillamook Rock)에 있는 해발 30미터 높이의 등대지기 집 위로 60킬로그램쯤 나가는 돌덩이가 덮쳤다. 이 때문에 집 지붕에 지름 6미터가량의 구멍이 뚫렸다. 같은 날 그보다 작은 돌멩이들이 비 오듯 쏟아져 해발 39.6미터 높이에 달린 등실 유리창이 죄다 박살났다. 이런 이야기 중 압권은 펜틀랜드해협 남서쪽 어귀, 해발 90미터 절벽에 자리한 더닛(Dunnet)갑 등대에 관한 것이다. 이 등대의 창문은 파도의 공격을 받아 절벽에서 떨어져나와 높이 튕겨 오른 돌멩이한테 얻어맞아 한시도 성할 새가 없다.

헤아릴 수 없이 긴 세월 동안, 파랑은 세계 곳곳의 해안을 때리며 서서히 침식해왔다. 여기에서는 절벽을 서서히 깎아내리고 저기에서는 해변 모래 수천 톤을 쓸어가는가 하면, 이러한 파괴를 만회하기라도 하려는 듯 모래톱이나 작은 섬을 만들어놓기도 한다. 대륙 절반이 바닷물에 잠기려면 지질학적으로 장구한 세월이 걸리겠지만, 이와 달리 파도의 작용은 인간의 짧은 생애 동안에도 관찰 가능한 속도로 일어난다. 따라서 우리는 대륙 가장자리가 달라지는 광경을 직접 관찰할 수 있다.

코드곶의 이스텀(Eastham)에서 시작해 북쪽으로 내달리다 피크트힐(Peaked Hill) 근처 모래 언덕에서 끝나는 점토 절벽은 너무나 빠른 속도로 침식이 이루어져 정부가 하일랜드(Highland) 등대를 세울 부지로 사들인 10에이커의 땅이 사실상 반 토막 나고 말았다. 이 절벽은 해마다 약 1미터씩 깎여나간다고 한다. 마지막 빙하기에 빙하 작용으로 생겨난 코드곶은 지질학적 관점에서 보면 그리 오래된 게 아니지만, 형성되고 나서부터 지금까지 3킬로미터 정도의 땅이 파도에 쓸려나갔다. 현재와 같은 침식률이 이어진다면, 지금으로부터 4000~5000년 후 코드곶 바깥쪽이 사라지는 결과를 피하기는 어렵다.

　바다는 마찰을 통해 암석 해안을 끊임없이 긁어내는가 하면, 마치 끌과 렌치를 들고 있기라도 한 양 바위에서 부스러기를 떼어낸다. 그렇게 해서 떨어져나간 바위 부스러기는 또다시 절벽을 깎아내리는 연장 노릇을 한다. 또한 절벽 아랫부분이 침식하면 위쪽 바윗덩어리가 통째로 바다 아래로 무너진다. 그 바윗덩어리는 쇄파의 작용으로 조각나면서 다시 공격용 무기로 쓰인다. 암석 해안에서는 이처럼 바위와 바위 부스러기가 마모되고 서로 쓸리는 과정이 끊임없이 되풀이되며, 그로 인해 생기는 소리가 귀에 들릴 만큼 야단스럽다. 암석 해안의 쇄파는 모래 해안에 밀려오는 파도와 소리부터 다르다. 낮고 굵은 음조로 우르릉거리는 암석 해안의 파도는 우연히 그곳 해변을 거니는 사람조차 쉽사리 잊히지 않는 인상적인 소리를 빚어낸다. 그러나 실제로 바닷속에서 쇄파의 소리를 직접 들어본 사람은 극히 드물 것이다. 헨우드(William Jory Henwood)는 해저로 길게 뻗어 있는 한 영국 광산을 다녀온 후 그 소리에 대해 이렇게 술회했다.

　광산 구역의 절벽 기단 아래 서 있을 때, 우리와 바다 사이에는 2.7미터 높이의 바위만 덩그마니 놓여 있었다. 큼지막한 표석(漂石)이 묵직하게 구르는 소리, 작은 조약돌이 끊임없이 뒤척이며 서로를 비벼대는 소리, 거센 바다 너울의 벽력같은 소리, 다시 튀어 오르는 파도가 하얗게 끓어오르며 우지끈거리는 소리 등 온갖 종류의 소음이 너무도 생생하게 귀에 들려왔다. 그 폭풍이 만들어내던 무시무시한 소리는 결코 잊을 수 없을 것이다. 우리 일행은 우리를 보호해주는 2.7미터 높이의 바위 방패가 미덥지 못해 몇 번이고 기겁하며 물러서기도 했

다. 그런 일을 수차례 반복하고서야 우리는 간신히 자신감을 추스르고 조사에 임할 수 있었다.■

섬나라인 영국은 항상 해안이 '강력한 침식' 작용으로 깎여나가고 있다는 사실을 의식해왔다. 1786년 카운티 조사관 존 터크(John Tuke)가 제작한 옛 지도에는 홀더니스(Holderness) 연안에서 사라진 마을 명단이 줄줄이 표기되어 있다. 거기엔 "바다에 쓸려간" 혼시버튼(Hornsea Burton), 혼시벡(Hornsea Beck), 하트번(Hartburn) 그리고 "바다에 의해 상실된" 에인션트위던시(Ancient Withernsea), 하이드(Hyde 또는 Hythe)도 포함되어 있다. 그밖에 현재의 해안 지대를 과거와 비교해볼 수 있도록 해주는 옛 기록이 많은데, 이에 따르면 해안에서 절벽이 깎여나가는 연간 침식률이 홀더니스 4.5미터, 크로머(Cromer)와 먼데슬리(Mundesley) 사이 5.7미터, 사우스올드(Southwold) 4.5~13.5미터로 상당하다는 것을 알 수 있다. 현대의 한 영국 엔지니어는 "영국 해안 지대의 모습은 이틀 내리 똑같은 법이 없다"고 썼다.

좌우지간 더없이 아름답고 흥미로운 해안 풍광은 대개 파도가 주조한 것이다. 해식 동굴은 파도가 절벽을 거의 문자 그대로 깎아서 만든 작품이다. 바위에 난 틈새를 비집고 들어간 파도가 그 틈새를 수압으로 완전히 벌려놓은 결과인 것이다. 오랜 세월에 걸쳐 틈새가 차츰 벌어지고, 수많은 미세 바위 입자가 끊임없이 떨어져나가면서 동굴이 생긴다. 이런 동굴 안에서는 유입된 물의 무게, 갇힌 공간에서 물이 움직이는 데 따른 흡인력과 압력으로 천장이 계속 파인다. 동굴 지붕(또는 튀어나온 절벽의 지

■ *Transactions*, Geol. Soc. Cornwall, vol. v, 1843.

붕)은 파도 에너지를 잔뜩 머금은 쇄파가 세차게 들이치면, 마치 파성퇴(battering ram, 破城槌: 과거에 성문이나 성벽을 부수는 데 사용한 나무기둥처럼 생긴 무기—옮긴이)에 맞은 것처럼 홀러덩 날아가버리기 일쑤다. 그리고 마침내 동굴 지붕에 구멍이 뚫리는데, 파도가 동굴에 들이칠 때마다 그 구멍 위로 거대한 물줄기, 곧 '스파우팅 혼(Spouting Horn)'이 솟구친다. 그런가 하면 좁은 곳에서는 본디 동굴이었던 것이 양쪽 옆구리가 깎여나가 이른바 '해식 아치(sea arch)'라는 천연 다리가 만들어진다. 오랜 세월 침식이 이어지면 훗날 그 해식 아치가 무너져 바다 쪽 바윗덩어리만 우두커니 남는다. 이것이 바로 굴뚝처럼 기묘한 형상으로 바다에 우뚝 솟아 있는 바위섬, 곧 시스택(sea stack)이다.

인간의 상상 속에 가장 또렷하게 자리 잡은 파랑은 '해일'일 것이다. 이는 대개 매우 다른 두 종류의 파도를 지칭하는 용어로, 둘 다 조석과는 아무런 상관이 없다. 하나는 해저 지진이 일으키는 '지진 해일'이고, 다른 하나는 이례적으로 거대한 '폭풍 해일'이다. 폭풍 해일은 허리케인급 바람이 바다를 통상적인 고조선보다 더 위쪽까지 끌어올린다.

일명 '쓰나미'라고도 부르는 지진 해일은 보통 바닷속 가장 깊은 해구에서 발생한다. 일본 해구, 알류샨열도 해구 그리고 칠레 앞바다의 아타카마(Atacama) 해구에서 시작된 해일은 수많은 인명을 앗아가곤 한다. 해구는 해저가 아래쪽으로 찌그러지고 휘어짐으로써 지표면 군데군데에 움푹 파인 구덩이로, 본래 지진의 발원지라 혼란스럽고 불안정한 장소다. 과거의 역사 기록부터 오늘날의 신문에 이르기까지 바다에서 느닷없이 거대한 해일이 일어나 해안가 거주지가 쑥대밭이 된 이야기를 우리는 흔히 접할 수 있다. 관련 기록 중 최초의 것은 서기 358년 지중해 동부 연안을 덮친 지진 해일이다. 인근 섬과 해안 저지대를 완전히 집어삼킨 이 지진 해일로 수천 명이 목숨을 잃었다. 물이 빠진 후 보니 이집트 항구 도시 알렉산드리아의 주택 지붕 위에 배가 올라앉아 있기도 했다. 1755년 포르투갈 리스본에서 지진이 발생한 뒤, 고조 수위보다 15미터나 높은 파도가 카디스(Cadiz: 에스파냐 서남부의 대서양에 접한 항구 도시—옮긴이) 연안을 덮쳤다. 지진이 일어나고 1시간쯤 뒤에 들이닥친 해일이었다. 같은 지진 해일에서 생성된 파도가 약 9시간 반 만에 대서양을 건너 서인도제도에 도착했다. 1868년에는 남아메리카의 서해안 약 4800킬로미터가 지진에 흔들렸다. 극심한 충격이 발생한 직후 바닷물이 빠져나가면서 원래 수심 12미터에 정박해둔 선박이 진흙밭에 처박혔다. 그리고 잠시 뒤 고조에 차오른 바닷물이 이번에는 그 선박들을 내륙 쪽으로 400미터가량 밀어붙였다.

이처럼 불길하게도 바닷물이 본래 장소에서 밀려나는 것은 지진 해일이 다가오고 있음을 예고하는 첫 번째 징후다. 1946년 4월 1일, 하와이 해안에 거주하는 원주민은 낯익은 쇄파 소리가 돌연 잠잠해지면서 괴이쩍을 정도로 고요해지자 두려움에 떨었다. 그들로서는 이렇게 파도가 암초 지대와 연안해에서 물러나는 현상이 그곳에서 3200킬로미터나 떨어진 알류샨열도 유니맥(Unimak)섬 부근의 깊은 해구 급사면에서 발생한 지진 때문이라는 사실을 알 도리가 없었다. 조석이 쇄파도 없이 무서운 기세로 다가오는 것처럼 바닷물이 이내 빠르게 솟구치리라는 중요한 사실 또한 알 턱이 없었다. 바닷물은 평상시 조석보다 7.5미터나 높이 솟아올랐다. 다음은 이 광경을 지켜본 사람의 목격담이다.

파두(波頭)를 꼿꼿하게 세운 쓰나미가 거대하게 굽이치면서 해안을 향해 밀려들었다. ……그러더니 해안에서 파도의 물마루가 빠져나가고, 암초밭과 연안의 진흙밭이 드러나고, 항구 바닥이 평상시 해안선보다 15미터 넘게 밀려났다.

바닷물이 빠져나가는 속도가 어찌나 빠르고 사나운지 쉿쉿거리고 으르렁거리고 덜커덩거리는 소리가 쉴 새 없이 들려왔다. 곳곳에서 주택이 바다로 떠내려갔고, 어떤 곳에서는 커다란 바위와 콘크리트 덩어리가 암초 위까지 밀려갔다. ……가재도구와 함께 사람도 바다로 휩쓸려갔는데, 그중 일부는 몇 시간 뒤 배와 비행기에서 던져준 구명보트 덕에 가까스로 생명을 구할 수 있었다.▪

탁 트인 바다에서는 알류샨열도의 지진이 일으킨 파도 높이가 30~60센티미터에 지나지 않아 배에서는 그 파도의 진격을 알아채지도 못했다. 그러나 파장은 엄청나게 길어 마루의 간격이 자그마치 145킬로미터에 이르렀다. 지진 해일이 3700킬로미터가량 떨어진 하와이제도에 당도하기까지 채 5시간도 걸리지 않은 것으로 보아 파도가 평균 시속 750킬로미터 정도로 날 듯이 달려갔음을 알 수 있다. 그 지진 해일은 태평양 동부 연안을 따라 진앙지에서 1만 2900킬로미터 떨어진 남반구 칠레 중부의 항구 도시 발파라이소(Valparaiso)까지 영향을 미쳤는데, 거기까지 이르는 데 약 18시간밖에 걸리지 않은 것으로 기록되었다.

이 특별한 지진 해일이 발생한 후 이전과 확연하게 다른 한 가지 결과가 나타났다. 요컨대 사람들은 그때 이후 지진 해일의 양상에 대해 잘 알게 된 터라 예기치 못한 재난이 들이닥쳐도 공황 상태에 빠지지 않도록 경보 체계를 마련해야겠다고 생각했다. 지진학자와 파도·조석 전문가들이 서로 손을 맞잡고 하와이제도를 보호하기 위한 경보 체계를 꾸렸다. 특수 장비를 갖춘 관측 기지를 코디액(Kodiak: 알래스카만에 있는 섬—옮긴이)에서 파고파고(Pago Pago: 미국령 사모아에 있는 항구 도시—옮긴이)까지, 발보아

▪ *Annual Rept*, Smithsonian Inst., 1947.

(Balboa: 파나마에 있는 도시—옮긴이)에서 팔라우(Palau: 태평양 서부에 있는 제도—옮긴이)까지 태평양 곳곳에 구축했다. 경보 체계는 두 단계로 이루어졌다. 첫 번째, 미국 해안측량조사국이 운영하는 지진파 관측 기지의 가청 경보에 기초하며 지진이 발생하자마자 즉각 주의를 환기시키는 단계다. 만약 지진의 진앙지가 바다 밑이고, 따라서 지진 해일이 발생할 것으로 예상되면, 선택된 조석 관측 기지로 쓰나미가 몰려드는 증거를 살피라는 경고 신호가 내려간다. 〔아주 미세한 지진 해일조차 특수한 주기(period)를 통해 포착할 수 있는데, 지진 해일은 어느 지점에서는 미약하더라도 다른 지점에서는 엄청난 파고로 치솟을 가능성이 있다.〕 두 번째, 호놀룰루의 지진학자들은 해저 지진이 일어나 실제로 특정 관측 기지가 그에 따른 해일을 기록했다는 사실을 통보받으면, 그 해일이 진앙지에서 하와이제도 사이 모(某) 지점까지 도착하는 시간을 계산해낸다. 그러면 적시에 해안 및 해안가 지역민에게 소개령(疏開令)을 내릴 수 있다. 그리하여 역사상 최초의 조직적 노력을 통해 부지불식간에 태평양의 허술한 공간을 비집고 들어와 인간이 거주하는 해안을 덮치는 불길한 해일에 적절히 대처할 수 있게 되었다. ▪

▪ 경보 체계는 구축한 이래 1960년까지 하와이제도 거주민에게 지진 해일이 밀려오고 있다는 경보를 여덟 차례 발령했다. 그중 세 차례는 실제로 위협적인 해일이었다. 그러나 규모나 파괴력 면에서는 1960년 5월 23일의 지진 해일이 단연 으뜸이었다. 그 지진 해일은 격렬한 지진이 발생한 칠레 연안에서 출발해 태평양 전역으로 퍼져나갔다. 만약 경보 체계가 갖춰지지 않았더라면 인명 피해가 컸을 것이다. 호놀룰루 관측소의 지진계에서 최초로 칠레 지진을 기록하자마자 경보 체계를 즉각 가동했다. 여기저기 산재해 있는 조석 관측 기지에서 보내온 기록으로, 실제 지진 해일이 일어났으며 태평양 전역으로 퍼져나가는 중이라는 사실을 똑똑히 확인할 수 있었다. 호놀룰루 관측소는 처음에는 뉴스 속보를 통해, 이어 공식적인 '해일 경보'를 통해 지역민에게 파도의 도착 시각과 영향이 미칠 지역 따위를 예보했다. 예보 내용은 오차 한계 내에서 정확하게 들어맞았으며, 비록 재산 손실은 막대했지만 인명 피해는 경보를 묵살한 극소수 사람에 그쳤다. 이 지진 해일에 대해서는 서쪽으로 뉴질랜드, 북쪽으로 알래스카까지 보고되었다. 일본 해안도 거센 파도의 공격을 받았다. 미국의 경보 체계는 다른 나라까지 포괄하지 않지만, 당시 호놀룰루 관리들은 일본에도 경보를 보

때로 허리케인 발생 지역의 해안 저지대를 덮치는 폭풍 해일은 풍파의 일종이긴 하지만, 통상적인 풍파와 달리 전반적으로 해수면을 상승시키는 현상을 수반한다. 이런 현상은 때로 너무 급작스러워 피신할 겨를이 전혀 없다. 열대성 허리케인에 따른 인명 피해 가운데 4분의 3 정도는 폭풍 해일 탓에 발생한다. 미국에서 가장 피해가 컸던 폭풍 해일은 1900년 9월 8일 텍사스주 갤버스턴(Galveston)의 사례, 1935년 9월 2~3일 플로리다키스(Florida Keys) 아래쪽을 급습한 사례, 그리고 1938년 9월 21일 '뉴잉글랜드 허리케인'을 동반한 사례였다. 역사상 가장 무시무시한 파괴력을 자랑한 폭풍 해일은 1737년 10월 7일 벵골만에서 발생했다. 이 때문에 선박 2만 척이 부서지고, 30만 명이 바닷물에 휩쓸려 목숨을 잃었다.■■

그 밖에 흔히 '너울'이라 부르는 큰 파도도 있는데, 특정 해안에 주기적으로 밀려들어 몇날 며칠 쇄파로 해안을 때리며 피해를 입힌다. 너울 역

냈다. 그러나 일본 당국은 안타깝게도 그 경보를 묵살함으로써 피해를 키웠다.
1960년 현재 경보 체계는 태평양 동부·서부 연안과 특정 섬에 들어선 지진 관측 기지 8곳, 널리 흩어져 있는 파랑 관측 기지 20곳(그중 4곳은 자동 파랑감지기를 보유하고 있다)으로 이뤄져 있다. 미국 해안측량조사국은 파랑 관측 기지를 늘리면 경보 체계의 효율성이 높아질 것이라고 전망한다. 그러나 경보 체계의 가장 큰 흠은 특정 해안에 도착한 파도의 파고를 예측할 수 없고, 따라서 지진 해일이 접근하는 모든 해안에 똑같은 경보를 발령해야 한다는 점이다. 따라서 파고 예측법에 대한 연구가 시급하다. 그러나 이런 한계에도 불구하고 경보 체계는 지금껏 만족스럽게 필요를 충족했으므로, 이를 세계 각지로 확장하는 데 국제적 관심이 쏠리고 있다.
■■ 1953년 2월 1일, 네덜란드 연안을 덮친 해일도 폭풍 해일의 역사에 기록할 만하다. 아이슬란드 서쪽에서 시작된 겨울 돌풍이 대서양을 가로질러 북해에 몰아쳤다. 돌풍은 중심 진로를 처음으로 가로막고 나선 육지(네덜란드 남서쪽 귀퉁이)를 사정없이 집중 공략했다. 폭풍우를 실은 파도와 조석이 엄청난 기세로 오래된 둑을 때려 100군데 넘게 구멍이 뚫렸고, 그 구멍으로 바닷물이 다투듯 밀려들어 농가와 마을을 뒤덮었다. 폭풍우는 1월 31일 토요일에 들이닥쳤는데, 이튿날 정오 무렵이 되자 네덜란드 영토의 8분의 1이 물에 잠겼다. 이 재앙으로 침수된 농경지 50만 에이커가 소금기를 머금어 못 쓰게 되었고, 건물 수천 채가 파괴되었으며, 가축 수십만 마리와 1400명의 인명이 희생당했다. 바다에 맞선 네덜란드의 투쟁사를 통틀어 가장 큰 피해를 입은 사건이었다.

시 풍파이긴 하지만, 종착지인 해안에서 몇 천 킬로미터 떨어진 바다의 대기압 변화와 관련이 있다. 아이슬란드 남쪽 같은 저기압대는 폭풍 발원지로 악명이 높은데, 그곳에서 시작된 바람이 바다를 후려쳐 거대한 너울을 일으킨다. 너울은 폭풍 지대를 떠나면 파고가 점차 낮아지고 파장은 서서히 길어지는 경향이 있다. 그리고 바다를 가로질러 수천 킬로미터의 여행을 마치면 '그라운드 스웰(ground swell)'이라는 굽이치는 파동으로 변한다. 그라운드 스웰은 규칙적이고 파고도 낮아서 갓 형성된 거센 단(短)파장의 파도가 일렁이는 지역을 지날 때면 눈에 잘 띄지도 않는다. 그러나 해안에 접근해 아래쪽 바닥이 서서히 얕아지면 높고 가파른 파도로 '솟구치기' 시작한다. 그러다 쇄파대에 들어서면 돌연 가파름이 더해지고 마루가 생성되어 부서지면서 거대한 물 덩어리가 아래로 처박힌다.

북아메리카 서해안의 겨울 너울은 알류샨열도에서 출발해 알래스카만으로 몰아치는 폭풍이 만들어낸다. 여름철 같은 해안에 들이치는 너울은 적도에서 남쪽으로 몇 천 킬로미터 떨어진 남반구의 '포효하는 40도(roaring forties: 험한 풍랑이 이는 남위 40~50도대의 해역을 말함—옮긴이)'에서 발원한다. 미국 동부 연안과 멕시코만에서는 탁월풍(prevailing wind: 일정 기간 동안 출현 빈도가 가장 높은 풍향의 바람. '우세풍'이라고도 함—옮긴이)의 방향 때문에 먼 곳의 폭풍이 일으키는 너울을 볼 수 없다.

그런가 하면 모로코 연안은 지금껏 너울에 속절없이 휘둘리는 신세였다. 지브롤터해협에서 남쪽으로 800킬로미터에 이르는 해안에 보호받을 만한 항구가 따로 없기 때문이다. 대서양의 어센션섬, 세인트헬레나섬, 사우스트리니다드섬 그리고 페르난두지노로냐(Fernando de Noronha)섬을 찾아가는 너울은 유서가 깊다. 리우데자네이루 인근의 남아메리카 해안에도 같은 종류의 파도가 찾아오는데, 그곳에서는 이를 '레사카(resaca)'라고 부른다. 남태평양 편서풍대의 폭풍에 기원을 둔, 그와 속성이 유사한 또 다른 파도는 파우모토스(Paumotos)제도를 괴롭힌다. 남아메리카의 태평양 연안에서 유명한 '쇄파의 날들(surf days)'을 만들어내는 것도 그와 비슷한 파도다. 로버트 쿠시먼 머피에 따르면 '쇄파의 날들'은 과거 구아노(guano: 페루의 태평양 연안 섬에 사는 물새의 똥이 굳어서 생긴 천연 비료―옮긴이) 무역선 선장들이 너울이 몰려와 선적 작업을 공치는 날이면 거기에 해당하는 만큼 특별 수당을 요구하던 풍습과 관련이 있다고 한다. '쇄파의 날들'이 다가오면 "방조제를 넘어 세차게 밀려드는 너울이 40톤짜리 화물차를 휩쓸어가거나, 콘크리트 부두를 송두리째 패대기치거나, 철제 난간을 철사처럼 맥없이 구부려놓는다".

너울은 발생 장소에서 서서히 이동하기 때문에 모로코 보호령(Moroccan Protectorate)은 1921년 바다 상태를 예고하는 기구를 설치할 수 있었다. 오랫동안 배가 부서지고 부두가 파괴되는 쓰라린 경험을 한 뒤의 일이었다. 그들은 매일 전신(電信)으로 바다 상황을 보고받음으로써 골치 아픈 '쇄파의 날들'이 다가오는 것을 미리 알 수 있었다. 너울이 오고 있다는 경보를 받은 선박은 항구를 떠나 넓은 바다로 이동해 안전을 도모했다. 이런 기구를 갖추기 전에는 카사블랑카(Casablanca: 모로코 북서 해안의 항구 도시―옮긴이)가 일곱 달이나 발이 묶인 적도 있으며, 세인트헬레나섬에서는 항구에 정박해 있던 선박이 사실상 거의 모두 박살나기도 했다. 현재 영국이나 미국에서 실험 중인 파도 측정 장비는 그러한 해안을 더욱 안전하게 보호할 수 있을 것으로 기대된다.

언제나 그렇듯 눈에 보이지 않는 것이 우리의 상상력을 더욱 강하게 자극하는데, 파도 또한 마찬가지다. 경외감을 불러일으키는 가장 큰 파도는 눈으로 볼 수 없다. 그런 파도는 바다 깊이 숨어서 신비로운 경로를 따라 육중하게, 끊임없이 굽이친다. 오랜 세월 동안 북극 탐사선은 툭하면 이른바 '사수(死水: 흐르지 않고 괴어 있는 물—옮긴이)'에 갇혀 있다 어렵사리 앞으로 나아간 것으로 알려졌다. 이는 오늘날 얕은 표층수의 민물과 그 아래 짠물 사이의 경계에 흐르는 내부파(internal wave) 때문인 것으로 드러났다. 1900년대 초 스칸디나비아 수로측정관 네댓 명이 해저파의 존재에 대한 관심을 촉구했으나 과학자들이 이를 철저히 연구할 수 있는 장비를 확보하기까지는 그로부터 한 세대를 더 기다려야 했다.

해수면 아래에서 오르내리는 내부파의 원인이 무엇인지는 여전히 풀리지 않는 신비다. 그러나 이것이 바다 전역에 걸쳐 일어나는 현상이라는 사실만큼은 의심할 나위가 없다. 바다 저 깊은 곳에서 내부파는 잠수함을 출렁이게 만든다. 해수면 가까이에서 이는 파도가 배를 일렁이게 하는 것과 같은 이치다. 내부파는 깊은 바다에서 멕시코 만류를 비롯한 강한 해류와 부딪친다. 해수면의 파도가 반대 방향의 조류와 맹렬하게 맞붙는 현상의 심해판이라고 할 수 있다. 내부파는 성질이 각기 다른 바닷물층이 만나는 곳이라면 어디서든 발생하는 듯하다. 우리의 눈으로 보는 파도가 대기와 바다의 경계에서 일어나는 것과 같은 원리다. 그러나 내부파는 해수면에서는 결코 볼 수 없다. 내부파의 물 덩어리는 상상을 초월할 만큼 거대하며, 파고가 90미터부터 시작되는 것도 있다.

내부파가 심해에 사는 물고기를 비롯한 생명체에 어떤 영향을 미치는지 우리는 어렴풋하게만 인식할 뿐이다. 스웨덴 과학자들은 심해 내부파가 물에 잠긴 실(sill) 위나 피오르(fiord: 빙하 작용에 의해 형성된 지형으로, 육지 깊숙이 들어간 좁고 긴 협만을 뜻함—옮긴이)로 굽이칠 때면 청어 떼가 몇몇 피오르를 찾아오기도 한다고 말한다. 탁 트인 바다에서는 온도와 염도가 다른 수괴(water mass, 水塊: 물 덩어리—옮긴이) 간의 경계선이 엄밀하게 특정 조건에 적응한 생명체에게는 더러 넘나들 수 없는 장벽으로 작용한다고 알려져 있다. 그렇다면 이들 생명체는 굽이치는 심해파를 따라 위아래로 이동할까? 변화하지 않는 일정한 온도의 바닷물에 적응했을 듯싶은 대륙사면 바닥의 동물들에게는 과연 무슨 일이 벌어질까? 추운 북극 지역에서 출발한 내부파가 폭풍 쇄파처럼 깊고 어두운 대륙사면에 몰아치면 그 동물들의 운명은 과연 어떻게 될까? 우리는 지금 이런 질문에 대한 답을 알고 있지 못하다. 그저 깊고 사나운 바다에는 우리가 풀어낸 것보다 훨씬 더 심오한 신비가 감춰져 있으리라고 짐작할 따름이다.

IO

▶▶▶▶▶▶▶▶▶▶▶▶▶▶▶▶▶▶▶

바람, 태양 그리고 지구의 자전

▶▶▶▶▶▶▶▶▶▶▶▶▶▶▶▶▶▶▶

오랜 세월 동안 햇빛과
바다와 떠도는 바람은
함께 은밀한 만남을 이어왔다네.

ㅡ루엘린 포이스

앨버트로스 3호가 1949년 한여름 일주일 내내 조지스뱅크의 안개 속을 헤쳐 나가는 동안, 나를 비롯해 그 배에 타고 있던 일행은 저마다 거대한 해류의 위력을 온몸으로 실감했다. 우리와 멕시코 만류 사이에는 150킬로미터 넘는 차가운 대서양 바다가 펼쳐져 있었지만, 남풍이 끊임없이 불어오고 멕시코 만류의 따뜻한 숨결이 조지스뱅크를 뒤덮었다. 따뜻한 공기와 차가운 바닷물이 만나자 자욱한 안개가 끝없이 피어올랐다. 앨버트로스 3호는 날마다 원형의 작은 공간에서 움직였다. 벽에 부드러운 회색 커튼이 드리우고 바닥은 유리처럼 매끈한 공간이었다. 이따금 바다제비 한 마리가 날갯짓하며 그 공간을 가로질러 날아갔다. 그럴 때면 녀석은 마치 마술을 부리기라도 하듯 한쪽 벽을 뚫고 들어와 다른 쪽 벽을 뚫고 나가는 것처럼 보였다. 저녁이면 일몰을 앞둔 태양이 배의 삭구(索具: 배에서 사용하는 로프나 쇠사슬 등의 총칭ㅡ옮긴이)에 걸린 파리한 은빛 원반처럼 보이고, 떠도는 안개는 은은한 빛을 뿌리면서 새뮤얼 콜리지(Samuel Coleridge)의 시구(詩句)를 연상케 하는 풍광을 선사했다. 느껴지되 볼 수는 없고, 분명 가까이 있는데 좀처럼 모습을 드러내지는 않는 해류라는 막강한 존재를 실감하는 것은 직접 접하는 것보다 한층 더 짜릿한 체험이었다.

영속적으로 흐르는 해류는 어쩌면 바다에서 볼 수 있는 가장 장엄한 현상일 것이다. 우리는 해류를 떠올리면 즉각 (지구라는 행성에서 벗어나 마치 다른 행성에 있는 것처럼) 지구의 자전, 지표면을 거칠게 할퀴는가 하면 부드럽게 감싸는 바람, 태양과 달의 영향력에 관심을 갖는다. 이 모든 우주적 힘은 거대한 해류와 밀접한 관련이 있으므로 나는 해류를 묘사하는 것 가운데 가장 내 마음에 드는 형용사를 붙여 '행성 해류(planetary currents)'라는 표현을 쓰고자 한다.

세상이 시작된 이래 해류는 분명 수차례 진로를 바꾸었을 것이다. (예컨대 우리는 멕시코 만류의 역사가 고작 6000만 년에 지나지 않는다는 사실을 알고 있다.) 그러나 이를테면 캄브리아기, 데본기 혹은 쥐라기에 해류가 변화한 패턴을 설명하려고 덤비는 사람이 있다면, 그는 분명 대담한 저술가일 것이다. 어쨌거나 인류의 짧은 역사 시대에 국한해 말하자면, 바다 순환의 주요 패턴이 크게 달라진 일은 없었던 듯하다. 게다가 '해류' 하면 떠오르는 첫인상은 바로 영속성이다. 이는 그리 놀라운 일이 아니다. 장구한 지질 시대가 흘러가더라도 해류를 일으키는 힘은 크게 변하지 않는 속성이 있으니 말이다. 해류를 만드는 가장 중요한 추동력은 바람이며 그 흐름을 달라지게 하는 데 영향을 끼치는 힘은 태양, 항상 동쪽으로 도는 지구의 자전, 그리고 해류의 흐름을 가로막는 대륙이다.

태양은 해수면에 고르게 비치지 않는다. 바닷물은 따뜻하면 가벼워져 널리 퍼져나간다. 반대로 차가운 바닷물은 무거워지고 밀집하는 경향이 있다. 극지방과 적도 지방의 바닷물이 서서히 자리를 바꾸는 것은 이러한 차이 때문에 일어나는 현상이다. 열대 지방의 가열된 물은 바다 상층을 따라 극지방으로 이동하고, 극지방의 바닷물은 바다 밑을 따라 적도 지방으로 이동한다. 그러나 바람이 일으키는 거대 해류 속에서는 이러한 바닷물의 이동 패턴이 모호하고 종잡을 수 없다. 가장 안정적인 바람은 북동쪽과 남동쪽에서 적도를 향해 대각선으로 부는 무역풍이다. 적도 해류가 지구 주위를 돌게끔 만드는 것이 바로 이 무역풍이다. 지구의 자전은 바람과 물, 그리고 배·탄알·새 등 모든 움직이는 물체에 전향력〔轉向力: 지구 자전에 의해 생기는 가상적 힘으로, 1835년 프랑스 물리학자 코리올리(G. G. Coriolis)가 처음 수식화해 '코리올리의 힘'이라고도 함—옮긴이〕을 가해 북반구에서는 오른쪽으로, 남반구에서는 왼쪽으로 방향을 틀게 만든다. 이들과 그 밖에 여러 힘이 어우러져 해류가 북반구 바다에서는 오른쪽으로(즉 시계 방향으로), 남반구 바다에서는 왼쪽으로(즉 시계 반대 방향으로) 느리게 소용돌이치는 것이다.

예외도 있는데, 다른 대양과 전혀 닮은 구석이 없어 보이는 인도양이 대표적 사례다. 변덕스러운 계절풍(monsoon)이 좌우하는 인도양의 해류는 계절에 따라 달라진다. 적도 북쪽에서는 거대한 물 덩어리가 계절풍이 불어오는 방향에 따라 동쪽, 아니면 서쪽으로 흐른다. 남반구 인도양에서는 해류가 꽤나 전형적인 시계 반대 방향의 패턴을 딴다. 즉 적도 아래에서 서쪽으로, 아프리카 연안을 따라 남쪽으로, 거기서 다시 편서풍을 타고 오스트레일리아를 향해 동쪽으로, 그리고 계절마다 달라지는 구불구불한 경로를 따라 북쪽으로 이동한다. 인도양의 해류는 한 곳에서는 태평양에 물을 공급하고, 다른 곳에서는 태평양의 물을 받아들인다.

지구 주위를 맴돌면서 연속적인 물의 띠를 이루는 남극해 역시 전형적인 해류 패턴에서 벗어난 또 다른 예외다. 서쪽이나 남서쪽에서 불어온 바람은 남극해의 바닷물을 끊임없이 동쪽 또는 북동쪽으로 내몰고, 해류는 얼음이 녹으면서 유입된 다량의 민물로 인해 더욱 속도가 붙는다. 남극해의 해류는 닫힌 순환을 하는 게 아니라 표층에서도 심해에서도 바닷물이 인접한 대양으로 퍼져나가며, 대신 거기서 새로 바닷물을 받아들인다.

행성 해류를 일으키는 우주적 힘의 상호 작용을 가장 뚜렷하게 볼 수 있는 곳은 다름 아닌 대서양과 태평양이다.

대서양을 오랫동안 무역로로 이용해왔기 때문이겠지만, 대서양 해류는 뱃사람들이 가장 오래전부터 알고 있었으며 해양학자들도 이를 가장 활발하게 연구해왔다. 세차게 흐르는 적도 해류는 수세대에 걸친 범선 시대(주로 범선으로 수상 교통을 하던 시대. 목선 시대 다음으로, 로마 시기부터 증기선을 발명해 이용한 18세기 말까지를 일컬음—옮긴이)의 뱃사람들에게 낯익은 것이었다. 적도 해류는 어쩌나 단호하게 서쪽으로 흐르는지 남대서양으로 건너가려는 선박은 남동 무역풍 지대에서 동쪽으로 부는 바람을 타지 않으면 한 발짝도 나아가지 못했다. 1513년 커내버럴(Canaveral)곶을 출발해 남쪽의 토르투가스(Tortugas)군도로 항해하던 폰세 데 레온(Ponce de Leon: 1460~1521, 에스파냐의 탐험가—옮긴이)의 선박 세 척은 이따금 멕시코 만류를 뚫고 항해할 수 없었다. "유리한 바람이 불었음에도 배는 앞으로 나아가기는커녕 외려 뒷걸음질을 쳤다." 몇 년 뒤, 에스파냐 선장들은 적도 해류를 이용하는 방법을 터득했다. 요컨대 서쪽으로 항해할 때는 적도 해류를 탔지만, 집으로 돌아갈 때는 멕시코 만류를 타고 멀리 해터러스곶까지 올라간 다음 드넓은 대서양을 가로지른 것이다.

최초로 멕시코 만류를 표기한 해도는 당시 식민지 우정차관이던 벤저

민 프랭클린(Benjamin Franklin)의 지시로 1769년경 완성했다. 보스턴 소재 세관위원회(Board of Customs)는 영국에서 출발한 우편선이 서쪽으로 대서양을 건너오는 데 로드아일랜드주 상선보다 2주일이나 더 걸린다고 투덜댔다. 의아하게 여긴 프랭클린은 그 일에 대해 난터킷(Nantucket: 매사추세츠주 남동해안 앞바다에 있는 섬—옮긴이)의 선장 티모시 폴저(Timothy Folger)에게 조언을 구했다. 폴저 선장은 프랭클린에게 멕시코 만류에 대해 속속들이 알고 있는 로드아일랜드주 선장들은 대서양을 서쪽으로 횡단할 때 이를 피해가는 반면, 영국 선장들은 그렇지 않으니 그런 차이가 나는 것도 무리는 아니라고 말해주었다. 폴저를 비롯해 난터킷섬의 포경선 선장들은 개인적으로 멕시코 만류에 대해 빠삭했는데, 다음은 그의 설명이다.

> 고래는 멕시코 만류의 양 옆구리를 따라 이동할 뿐 결코 그 안으로는 들어가지 않는다. 그런 고래를 잡으려고 추격전을 벌일 때면 우리는 멕시코 만류의 곁을 따라 달리다가 방향을 바꾸기 위해 수시로 그 해류를 건너곤 한다. 그런데 멕시코 만류를 건너다 더러는 한복판에서 그 해류를 거슬러 올라가는 영국 우편선을 만나 이야기를 나눈 적이 있다. 우리는 그들에게 지금 멕시코 만류 반대 방향으로 가고 있으니 시간당 5킬로미터 정도를 손해 보는 거라며 그 해류를 가로질러 가라고 조언했다. 그러나 스스로 똑똑하다고 여기는 그들은 평범한 미국 어부들의 충고를 귀담아들으려 하지 않았다.▪

"해도가 멕시코 만류에 전혀 주목하지 않고 있다는 게 유감"이던 프랭클린은 폴저에게 자신을 위해 그 해류를 좀 표시해달라고 부탁했다. 그

▪ *Transactions of the American Philosophical Society*, vol. 2, 1786.

렇게 해서 멕시코 만류의 경로가 옛 대서양 해도에 표기되었다. 프랭클린은 우편선 선장들이 사용할 수 있도록 이를 잉글랜드의 항구 도시 팰머스(Falmouth)로 보냈다. "하지만 그들은 그걸 무시했다." 그 해도는 나중에 프랑스에서 인쇄했으며, 프랑스 혁명 이후에는 〈미국철학협회 회보(Transactions of the American Philosophical Society)〉에 게재되었다. 그런데 회보 편집자들은 알뜰함이 지나쳐 프랭클린의 해도에 존 길핀(John Gilfin)의 "청어의 연중 이동(Annual Migrations of the Herring)"이라는 논문에 싣기 위해 그려둔 전혀 상관없는 삽화를 나란히 실어놓았다. 그 때문에 후대의 몇몇 역사학자들은 멕시코 만류에 관한 프랭클린의 구상이 왼쪽 상단 구석에 실린 삽화와 연관이 있다고 잘못 추정하곤 했다.

물살의 방향을 틀어버리는 파나마 지협(地峽: 거대한 두 대륙을 이어주는 좁은 띠 모양의 땅─옮긴이)이라는 장애물이 없다면, 북적도 해류는 태평양으로 건너갈 수 있을 것이다. 남아메리카 대륙과 북아메리카 대륙이 떨어져 있던 기나긴 지질 시대에는 틀림없이 그랬을 것이다. 백악기 후반에 파나마 산맥이 생성된 이래, 북적도 해류는 북동쪽으로 급히 방향을 틀어 멕시코 만류로서 다시 대서양으로 들어갔다. 멕시코 만류는 유카탄해협(멕시코 남부 유카탄반도와 쿠바 사이에 있는 해협─옮긴이)에서 동쪽으로 플로리다해협(플로리다주와 쿠바 사이에 있는 해협─옮긴이)에 이르는 바닷물 가운데 상당 비율을 차지하고 있다. 바닷속의 '강'이라는 관례적 개념에 비추어보면 이 해류는 이쪽 둑에서 저쪽 둑까지 너비가 자그마치 150킬로미터, 깊이는 수면에서 바닥까지 약 1500미터에 이른다. 아울러 유속은 3노트에 육박하고, 유량은 미시시피강의 수백 배에 달한다.

심지어 오늘날 같은 디젤 동력 시대에도 플로리다 남부 연안을 항해하는 이들은 멕시코 만류에 조심스럽게 주의를 기울인다. 만약 당신이 마이애미 아래쪽에서 작은 배를 타고 항해에 나선다면, 거의 매일 육중한 화물선이나 유조선이 플로리다키스에 바짝 붙은 듯한 물길을 따라 남쪽으로 이동하는 모습을 볼 수 있을 것이다. 뭍 쪽은 바다 밑에 잠긴 암초가 거의 끊이지 않고 이어진 벽으로, 커다란 니거헤드 산호(niggerhead coral: 산호초가 파괴되어 생긴 검은 덩어리—옮긴이)가 해수면 아래 2~4미터까지 단단한 몸을 내밀고 있다. 바다 쪽은 멕시코 만류가 흐르므로 대형 선박이 그 흐름을 거스르며 남쪽으로 내려가려면 적잖은 시간과 연료가 낭비된다. 그래서 배들은 절묘하게 암초와 멕시코 만류 사이를 조심조심 지나가는 것이다.

멕시코 만류가 플로리다 남부 앞바다에서 유독 세찬 까닭은 그곳에서는 실제로 해류가 아래쪽으로 흘러가기 때문인 것 같다. 강한 동풍이 좁은 유카탄해협과 멕시코만에서 다량의 표층수를 모아줘 그곳의 해수면은 대서양 외해보다 한층 더 높다. 플로리다주의 멕시코만 연안에 위치한 시더키스(Cedar Keys)는 해수면이 세인트오거스틴(St. Augustine: 플로리다주 동북부의 항구 도시—옮긴이)보다 19센티미터나 높다. 멕시코 만류 자체 내에서는 해수면이 한층 더 들쭉날쭉하다. 지구의 자전은 가벼운 바닷물을 멕시코 만류의 오른쪽으로 쏠리게 만든다. 그래서 멕시코 만류 내에서 해수면은 사실상 오른쪽으로 갈수록 높아진다. 쿠바 연안 앞바다는 대륙에 면한 바다보다 해수면이 45센티미터나 높다. 그러므로 '해수면'이 평평하다는 우리의 통념은 완전히 잘못된 것이다.

멕시코 만류는 북쪽으로 대륙사면의 지형을 따라 해터러스곶 앞바다로 흘러가다 거기에서 좀더 바다 쪽으로 방향을 틀어 물에 잠긴 육지 가장자리를 벗어난다. 그렇지만 그 해류는 대륙에 흔적을 남겨놓았다. 남대서양 연안에 아름답게 조각된 4개의 곶—커내버럴, 피어(Fear), 룩아웃, 해터

그림 10.1 바람이 일으키는 대서양과 태평양의 거대 해류 체계. 한류는 흰색으로, 난류와 중간 온도의 해류는 검은색으로 표시했다.

태평양

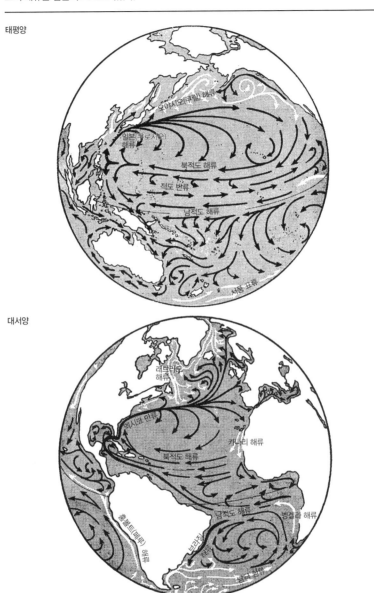

대서양

러스―은 필시 멕시코 만류가 지날 때 나타나는 강력한 회오리의 작품일 것이다. 이 곳들은 모두 초승달 끝처럼 바다 쪽으로 툭 튀어나온 지형이다. 두 곳 사이에는 해변이 둥글게 호를 그리며 길게 드리워져 있다. 리드미컬하게 소용돌이치는 멕시코 만류의 바닷물이 빚어낸 풍광이다.

멕시코 만류는 해터러스곶 너머에서 대륙붕을 벗어나 북동쪽으로 선회하는데, 좁게 굽이쳐 흐르는 이 해류는 언제나 바닷물을 칼로 자른 듯 분명하게 갈라놓는다. 그랜드뱅크스의 '꼬리'로 알려진 바다에는 래브라도 해류의 차가운 진초록 바닷물과 멕시코 만류의 따뜻한 쪽빛 바닷물 사이에 가장 뚜렷하게 경계선이 그어져 있다. 겨울에는 해류가 만나는 경계선의 수온 변화가 너무 급작스러워 선박이 멕시코 만류로 건너갈 때면, 마치 '단단하고 차가운 벽'이 두 물 덩어리를 갈라놓기라도 한 양 잠깐 동안 뱃머리가 선미보다 20도가량 더 따뜻한 바다에 놓이기도 한다. 세계에서 가장 안개가 짙게 끼는 여울도 차가운 래브라도 해류가 흐르는 지역에 위치해 있다. 대기는 차가운 북쪽 바다로 침입한 멕시코 만류에 (하얗고 두꺼운 담요처럼) 세상을 안개로 뒤덮어버리는 식으로 응수한다.

멕시코 만류는 그랜드뱅크스의 '꼬리', 즉 융기한 해저 부분을 지날 때면 동쪽으로 구부러지면서 복잡하게 휘어진 수많은 가닥으로 갈라진다. 아마도 배핀(Baffin)만과 그린란드에서 빙산을 싣고 내려오는 북극 바닷물의 힘이 멕시코 만류를 동쪽으로 흐르게끔 도와주는 것 같다. 게다가 지구 자전의 전향력도 항상 그 해류를 오른쪽으로 돌게 만든다. 남쪽으로 흐르는 래브라도 해류 자체는 내륙 쪽으로 구부러진다. 나중에 미국 동부 연안의 일부 휴양지에 가서 바닷물이 왜 그토록 차가운지 궁금하거든, 래브라도 해류가 당신과 멕시코 만류 사이에 흐르고 있다는 사실을 떠올려보라. 그러면 자연스럽게 의문이 풀릴 것이다.

멕시코 만류는 대서양을 가로지르는 동안 해류라기보다 그저 하나의 물줄기로 바뀌면서 크게 세 방향으로 퍼져나간다. 요컨대 사르가소해를 향해 남쪽으로, 노르웨이해를 향해 북쪽으로(멕시코 만류는 여기에서 소용돌이와 회오리를 일으킨다), 마지막으로 유럽 연안을 따뜻하게 해주기 위해 동쪽으로 흐른다(그중 일부는 지중해까지 흘러 들어간다). 그리고 카나리(Canary) 해류로 적도 해류와 합류함으로써 멕시코 만류가 끊임없이 이어지는 순환 고리를 이루게끔 해준다.■

남반구에서 볼 수 있는 대서양 해류는 거의 북반구 해류를 거울에 되비춘 듯한 모습이다. 거대한 소용돌이가 서-남-동-북 순서에 따라 시계 반대 방향으로 움직인다. 여기서 우세한 해류는 바다 서쪽이 아니라 동쪽에 있는 벵겔라 해류로, 아프리카 서부 연안을 따라 북쪽으로 이동하는 차가운 물줄기다. 대양 한복판을 가로지르는 강력한 남적도 해류(챌린저호에 승선한 과학자들은 이 해류를 "물레방아를 돌리는 물줄기처럼 세인트폴 바위섬을 지나서 기세 좋게 흘러갔다"고 표현했다)는 남아메리카 연안 앞바다에서 초당 약 600만 세제곱미터에 이르는 방대한 양의 물을 북대서양에 빼앗긴다. 남은 바닷

■ 해터러스곶 동쪽에는 "지붕널처럼 '서로 포개진' 일련의 해류"만 있을 뿐 더 이상 연속적으로 흐르는 난류가 존재하지 않는다는 사실이 드러남에 따라, 이제 해양학자들 사이에서는 '멕시코 만류(Gulf Stream)' 대신 '멕시코 만류계(Gulf Stream System)'라는 용어를 사용하는 것이 유행하고 있다. 멕시코 만류계는 서로 포개져 있을 뿐 아니라 너비가 좁고 유속도 빠른 해류다. 오랫동안 그랜드뱅크스 동쪽에 있다고 알려진 멕시코 만류의 주요 지류는 오늘날 저 멀리 그랜드뱅크스 서쪽에서 시작되는 것으로 드러났다. 이는 일반적 의미의 지류로서가 아니라 각각 이전 것의 북쪽에 추가된 일련의 새로운 해류로서 발달한다.
해양학자들은 바다 순환의 역학을 연구하면 할수록 '물의 바다'와 '공기의 바다'가 유사하다는 사실을 더욱 분명하게 깨달았다. 선도적인 멕시코 만류 연구자 컬럼버스 아이슬린(Columbus Iselin)은 멕시코 만류가 갈라져나가는 현상을 다음과 같은 매력적인 비유를 들어 설명했다. "중위도 편서풍대의 높은 고도에서 발견되는 제트 기류에서도 그와 동일한 현상이 나타난다. 비록 각각의 제트기류는 서로 포개지는 멕시코 만류계의 지류보다 한층 더 규모가 크기는 하지만 말이다."

물은 브라질 해류로서 남쪽을 향해 둥글게 흐르다 남대서양 해류나 남극 해류로 변해 오른쪽으로 방향을 튼다. 그 전체 흐름은 얕은 바다에서 움직이는 체계로, 대부분의 경로에서 수면 아래 180미터 이내의 상층부만이 여기에 관여한다.

태평양의 북적도 해류는 서쪽으로 흐르는 세계 최장의 해류로, 파나마에서 필리핀제도까지 장장 1만 4400킬로미터를 진행하는 동안 방향을 틀게 만드는 요소를 단 한 차례도 만나지 않는다. 그러다 필리핀제도에서 섬이라는 복병을 만나면 대부분 북쪽으로 방향을 돌리고, 거기서부터 태평양판 멕시코 만류라고 할 수 있는 일본 해류가 된다. 북적도 해류의 작은 부분은 그게 제 길이라는 듯 끝까지 서쪽을 고집하면서 미로 같은 아시아의 섬들 속으로 파고든다. 그중 일부는 방향을 정반대로 돌려 적도를 따라 동쪽으로 되짚어가면서 적도 반류(反流: 해류의 주류와 반대 방향으로 흐르는 해류―옮긴이))를 형성한다. 일본 해류[쿠로시오 해류, 혹은 물이 짙은 쪽빛을 띤다고 해서 '흑조(黑潮)'라고도 부른다]는 동아시아 앞바다의 대륙붕을 따라 북쪽으로 휘어지다 오호츠크해와 베링해에서 쏟아져 나온 차가운 물 덩어리(오야시오 해류)와 합류해 서서히 대륙에서 멀어져간다. 북대서양에서 멕시코 만류와 래브라도 해류가 만나는 장소에 특징적으로 안개가 자욱이 피어오르듯 일본 해류와 오야시오 해류가 만나는 지역에도 안개가 가득 피어나고 폭풍우를 실은 바람이 세차게 불어댄다. 미국 쪽으로 흘러가는 일본 해류는 거대한 북태평양 소용돌이의 북쪽 벽을 형성한다. 따뜻한 일본 해류의 물은 오야시오, 알류샨열도, 알래스카로부터 차가운 북극의 바닷물이 유입되면서 서서히 차가워진다. 그러다 미국 본토에 닿을 즈음에는 완연한 한류로 변해 캘리포니아 연안을 따라 남쪽으로 흘러간다. 일본 해류는 거기서 깊은 바닷물이 치솟아 한층 더 차가워진다. 미국 서해안의 여름 기후가 그리 무덥지 않은 것도 이와 관련이 깊다. 일본 해류는 캘리포니아 남부 앞바다에서 다시 북적도 해류와 합류한다.

남태평양은 면적이 드넓기 때문에 가장 인상적인 해류를 발견할 수 있으리라 기대해볼 만하다. 하지만 실상은 그렇지 않다. 남적도 해류가 지나는 길에는 툭하면 섬이 가로막는데, 그 걸림돌이 바닷물의 방향을 끊임없이 중앙 해분으로 틀어놓는다. 따라서 남적도 해류는 아시아에 당도할 즈음이면 거의 사시사철 상당히 약한 해류로 변하고, 동인도제도와 오스트레일리아 부근에서는 혼란스럽고 불명료한 패턴으로 소멸하고 만다.■
나선형 호를 그리며 남극 주위를 맴도는 서풍 표류('남극 환류'라고도 한다)는

■ 최근 해양학에서 일어난 가장 흥미로운 사건 중 하나는 남적도 해류 아래에서 정반대 방향으로 흐르는 강력한 해류를 발견한 일이다. 이 반류의 중심은 해수면에서 약 90미터 아래를 흐른다(물론 갈라파고스제도 근처에서는 동쪽 끝부분이 더 얕아지지만). 표층 해류 밑에 놓인 반류는 너비가 약 400킬로미터에 이르며, 3노트의 속도(표층 해류의 속도는 1노트에 불과하다)로 적도를 따라 최소 5600킬로미터를 동진한다. 이 반류가 존재한다는 사실은 1952년 미국 '어류·야생동물국'에서 참치 조업법을 연구하던 타운센드 크롬웰(Townsend Cromwell)이 발견했다. 크롬웰은 적도에서 참치를 잡기 위해 드리운 긴 낚싯줄이 흔히 기대하는 것과 달리 표층 해류인 남적도 해류의 영향을 받아 서쪽으로 움직이지 않고 반대 방향으로 빠르게 떠내려가는 현상을 관찰했다. 그는 이것으로 미루어 표층 해류 밑에 적도 잠류(潛流: 해면에 나타나지 않는 바닷물의 흐름―옮긴이) 또는 '크롬웰 잠류'가 흐른다는 사실을 알아냈다. 그러나 1958년에야 스크립스 해양연구소에서 '적도 잠류'에 대한 광범위한 조사를 실시했고, 그 규모가 어마어마하다는 사실이 밝혀졌다. 또한 같은 조사에서 심층 순환이 흔히 생각하는 것보다 한층 더 복잡하다는 것을 보여주는 증거도 추가로 확보했다. 동쪽으로 빠르게 흐르는 '적도 잠류' 아래에서 이번에는 서쪽으로 흐르는 또 한 층의 해류를 발견한 것이다. 800미터에 불과한 태평양 적도 지역의 상층 바다에 무려 3개의 거대한 물줄기가 켜켜이, 그러나 각자의 길을 따라 흐르고 있는 셈이다. 만약 해저 바닥까지 이러한 조사를 확대한다면, 필시 한층 더 복잡한 그림이 드러날 것으로 예상한다.
이 태평양 해류(남적도 해류)를 해도에 상세히 그리기 불과 1년 전, 영·미 해양학자들은 멕시코 만류와 브라질 해류 아래에서 북대서양부터 남대서양까지 남쪽으로 흐르는 반류를 발견했다. 해양학자들이 이러한 발견을 가능케 한 기술을 사용하기 시작한 것은 얼마 전의 일이다. 그 기술을 좀더 널리 활용한다면, 바다의 심층 순환에 대한 거의 완벽에 가까운 우리의 무지를 조금이나마 깨뜨릴 수 있을 것이다.

육지의 방해 없이 드넓은 바다를 가로지르는 세계 최강의 바람에 의해 생겨난다. 대다수 남태평양 해류와 마찬가지로 이 해류에 대해서도 불완전하게밖에 알려진 것이 없다. 다만 한 가지, 훔볼트 해류만큼은 철저히 규명되었다. 그러나 인간사에 직접적 영향을 끼치는 훔볼트 해류 외에 다른 것들은 뒷전으로 밀리고 말았다.

훔볼트 해류(페루 해류라고도 부른다)는 자신이 발원한 남극해에 버금갈 만큼 차가운 물을 싣고 남아메리카 서해안을 따라 북상한다. 그러나 이 해류가 차가운 것은 실상 심해에서 비롯되는데, 거의 끊임없이 용승(湧昇: 바닷물이 해면으로 솟아오르는 현상—옮긴이)하는 심층수에 의해 보강되기 때문이다. 본래 극지방에 사는 펭귄이 적도 바로 아래에 위치한 갈라파고스제도에서 살아갈 수 있는 것도 바로 훔볼트 해류 덕택이다. 무기물을 다량 함유한 이 차디찬 바다에는 세계 어느 곳에도 뒤지지 않을 만큼 바다 생물이 풍부하게 살아간다. 그런데 이 바다 생물을 직접 수확하는 존재는 인간이 아니라 수백만 마리의 바닷새다. 남아메리카 주민은 해안 절벽과 섬을 온통 하얗게 도배한, 햇볕에 말라 켜켜이 쌓여 있는 구아노를 통해 간접적으로 훔볼트 해류의 덕을 본다.

페루 정부의 요청으로 페루의 구아노 산업을 연구한 로버트 코커(Robert E. Coker)는 훔볼트 해류와 더불어 살아가는 생명체를 다음과 같이 생생하게 묘사했다.

가다랑어를 비롯한 한 무리의 물고기와 바다사자가 어마어마하게 떼를 지어 몰려다니는 작은 물고기 안초베타(anchobeta: '페루멸치'라고도 하며, 남동부 태평양에 서식하는 멸치과의 일종—옮긴이)를 뒤쫓고 있다. 그런가 하면 안초베타 떼는 가마우지·펠리컨·개닛(gannet: 부비새의 일종—옮긴이) 등속의 수많은 바닷

새에게 잡아먹히기도 한다. ……길게 줄 지어 날아가는 펠리컨, 낮게 움직이는
검은 가마우지 무리, 마치 폭풍우처럼 수면 위로 쏟아져 내리는 개닛은 오로지
이곳에서만 볼 수 있는 존재다. 이 새들은 주로, 아니 거의 전적으로 안초베타
를 먹고 산다. 따라서 안초베타는 저보다 덩치 큰 물고기의 먹이이기도 하지만
그와 동시에 새의 먹이이기도 하다. 이것이 바로 해마다 수천 톤에 이르는 양
질의 구아노(바닷새의 배설물)가 생산되는 배경이다.■

코커 박사는 구아노를 만드는 페루의 새들이 연간 먹어치우는 물고기
양은 미국 어부들이 잡아들이는 총 어획량의 4분의 1에 달한다고 추정했
다. 바다의 무기물을 모두 섭취하는 이 같은 바닷새의 섭생 덕택에 그 배
설물은 더없이 귀하고 질 좋은 비료로 인정받는다.

홈볼트 해류는 블랑코(Blanco: 페루 서부 태평양 연안에 자리한 곳─옮긴이) 부
근에서 남아메리카 해안을 떠나 서쪽으로 방향을 튼 다음 태평양으로 흘
러가면서 차가운 물을 적도 인근까지 실어다준다. 홈볼트 해류는 갈라파
고스제도 인근에서 다른 해류와 기묘하게 뒤섞인다. 홈볼트 해류의 차가
운 초록색 물과 적도의 푸른 바닷물이 만나면 거센 파도와 포말의 띠가
생기는데, 이는 바닷속 깊이 숨어 흐르는 물 덩어리들이 서로 맞부딪치고
있음을 보여주는 징표다.

반대 방향으로 흐르는 물 덩어리들이 곳곳에서 충돌하는 것이야말로
바다가 보여주는 가장 극적인 현상 중 하나다. 심층수가 솟아오르면서 표
층수를 밀어낼 때면 해수면이 식식거리며 한숨을 짓는 듯한 소리, 멀리
서 밀려오는 쇄파 소리가 들린다. 그리고 거품이 수면 위에 길게 드리우

■ *Bulletin*, U.S. Bureau of Fishery, vol. XXVIII, part 1, 1908, p. 338.

는 줄무늬, 세차게 들끓으며 요동치는 소용돌이 따위를 동반한다. 물 덩어리가 위로 움직인다는 것을 보여주는 분명한 증거로, 바다 깊은 곳에서 살아가는 동물이 수면 위까지 실려와 마구 먹고 먹히는 잔치판을 벌인다. 이것이 바로 로버트 쿠시먼 머피가 스쿠너선(schooner: 돛대가 2~4개 달린 세로돛식의 경쾌한 범선－옮긴이) 아스코이호(Askoy)를 타고 콜롬비아 연안 앞바다를 항해하던 날 밤 목격한 광경이었다. 고요하고 어두운 밤이었지만, 수면에서 일어나는 활동은 깊은 바닷물이 융기하고 있으며, 배 밑에서 서로 반대 방향으로 흐르는 물 덩어리들이 모종의 충돌을 일으키고 있음을 분명하게 보여주었다. 스쿠너선에 들이친 작지만 세찬 파도가 하얀 포말을 일으키며 부서졌고, 그 속에서 야광 생명체들이 발하는 푸른 불빛이 깜박거렸다. 그러다 갑자기,

배 양쪽으로, 얼마쯤 떨어져 있는지 가늠하기 어려운 거리에서 진격하는 물의 벽 같은 검은 선이 우리를 향해 달려오는 것 같았다. ……가까이에서 거센 표층수가 찰싹이고 사각거리는 소리가 들려왔다. ……이내 우리 왼쪽으로 서서히 다가오는 너울인지, 파도 마루인지 모를 어떤 것 위에서 어슴푸레하게 빛나는 거품이 빛을 발하는 발광체로 반짝이는 게 보였다. 해저 지진으로 해일이 일어나고 있는 것 아닐까 하는 막연하고도 근거 없는 두려움이 팰런(Fallon)과 나를 동시에 덮쳤다. 우리는 엔진이 고장 나고, 배가 키의 말을 듣게 해주는 바람도 한 점 없던 터라 도무지 어찌해야 할지 몰라 쩔쩔맸다. 마치 꿈인 것처럼 느릿느릿 펼쳐지는 이 모든 일을 겪고 있자니 3시간밖에 못 잔 잠에서 내가 아직 덜 깨어난 것 아닌가 하는 착각마저 들었다.
그러나 위협적으로 우리에게 다가오는, 흰 테를 두른 검은 형체는 알고 보니 겨우 30센티미터 정도 높이로 널을 뛰며 배의 강철 측면에 새겨진 '아스코이'

란 글자를 간질이는 물 덩어리에 불과했다.

……이내 날카롭게 쉿쉿거리는 소리가 어둠을 뚫고 이물의 우현에서 들려왔다. 작은 파도가 부서질 때 나는 것하고는 확연하게 다른 소리였다. 곧바로 한숨을 내쉬거나 콧김을 내뿜는 듯한 희한한 소리가 그 뒤를 이었다. ……콧김 내뿜는 소리는 수십 마리, 아니 몇 백 마리의 지느러미고래(blackfish)가 육중한 몸으로 굽이쳐 달리다 충돌 직전에 아스코이호 밑의 굽은 부분으로 미끄러지듯 잠수하면서 내는 소리였다. ……녀석들이 물을 내뿜거나 으르렁거리면서 와자지껄하게 질러대는 소리를 똑똑히 들을 수 있었다. 멀리까지 서치라이트 불빛을 비춰본 우리는 쉿쉿거리는 소리의 주인공이 해수면 위로 튀어 오르는 작은 물고기라는 사실을 알아차렸다. 녀석들은 불빛이 비치는 모든 곳에서 허공 위로 갑자기 튀어 올랐다가 우박처럼 쏟아져 내리기를 반복했다.

해수면은 생명체로 들끓었다. 상당수는 '깊은 바다에서 올라온' 것들이었다. 집게발이 없는 바다가재의 유생, 옅은 빛깔의 해파리, 척삭동물의 일종인 살파(salfa) 군체, 청어처럼 생긴 작은 물고기, 얼굴이 뜯겨나간 은빛 납작앨퉁이(hatchetfish) 한 마리, 머리를 아래쪽으로 처박고 있는 뱅에돔(rudder fish), 밝은빛을 내는 구멍을 지닌 비늘치(lantern fish), 헤엄치면서 돌아다니는 붉은색과 자주색의 게, 생김새만으로는 이름을 식별할 수 없는 그 밖의 동물, 그리고 너무 작아서 제대로 보이지도 않는 것들…….

일상적으로 대살육전이 펼쳐지고 있었다. 작은 물고기는 무척추동물을 잡아먹거나 플랑크톤을 걸러 먹었고, 오징어는 여러 크기의 물고기를 추격해 잡아먹었다. 지느러미고래는 그 오징어를 늘어지게 포식했다.

……밤이 깊어지자 무수히 들끓는 생명체가 서로 먹고 먹히는 놀라운 현상이 거의 알아챌 수 없을 만큼 천천히 잦아들었다. 마침내 아스코이호가 떠 있는 바다는 다시금 고요하고 잔잔해진 것처럼 보였고, 찰싹거리던 파도는 서서히

멀어지더니 시야에서 완전히 사라졌다.■

　이와 같은 흥미진진한 용승 현상을 직접 보거나 알아챈 사람이야 퍽 드물겠지만, 이는 수많은 해안과 드넓은 바다 곳곳에서 흔히 발생하는 과정이다. 그런 현상이 일어나면 생명체가 크게 불어난다. 세계에서 가장 큰 어장 중 일부도 바로 이 용승 덕분에 조성되었다. 알제리 연안은 정어리 어장으로 이름이 높다. 이곳에 정어리가 풍부한 까닭은 깊고 차가운 바닷물이 위로 솟아올라 천문학적인 수의 규조류를 먹여 살릴 무기물을 제공하기 때문이다. 그런가 하면 카나리제도와 카보베르데(Cape Verde)제도 건너편에 있는 모로코 서해안과 아프리카 남서 해안도 용승 현상이 광범위하게 일어난 결과 바다 생물이 풍부한 지역이다. 오만 부근의 아라비아해와 해편(Hafun)곶 부근의 소말리아 연안도 차가운 심층수가 솟아오르는 지역으로 많은 물고기가 서식한다. 어센션섬 북쪽을 흐르는 남적도 해류에서는 심해로부터 용승한 물이 일명 '차가운 혀(tongue of cold)'라 일컫는 한류를 만들어내는데, 이곳 역시 플랑크톤이 풍부하다. 혼곶 동쪽의 사우스조지아섬 부근도 용승 덕택에 세계적 고래잡이 어장으로 떠올랐다. 때로 정어리가 연간 45만 톤이나 잡히는 미국 서해안은 세계적 어장으로 꼽힌다. 영양염-규조류-요각류-청어에 이르는 먹이사슬을 촉발하는 용승 현상이 없다면 그런 어장은 생겨날 수 없을 것이다. 남아메리카 서해안의 훔볼트 해류에서 바다 생물이 더없이 풍부하게 서식하는 것도 모두 용승 덕분이다. 심층수의 용승이 갈라파고스제도까지 장장 4000킬로미터를 흐르는 훔볼트 해류를 차갑게 유지해줄 뿐만 아니라 깊은 해저층에서 영양

■ *Natural History*, vol, LIII. no. 8, 1944, p. 356

염류를 끌어올리기 때문이다.

해안 지대에서 발생하는 용승은 바람, 표층 해류, 지구의 자전, 숨은 대륙사면 기단의 모양 등 여러 요인이 상호 작용한 결과다. 바람이 전향 효과를 발휘하는 지구 자전과 손잡고 표층수를 외안으로 밀어내면, 이를 대신하기 위해 깊은 바닷물이 위로 치솟는 것이다.

심층수 용승은 드넓은 외양에서도 일어날 수 있지만, 그 경우에는 촉발 원인이 완전히 다르다. 강력하게 움직이는 두 해류가 발산하면, 그 사이가 벌어지며 생긴 빈틈을 아래에서 올라온 바닷물이 채워야 한다. 그런 장소 중 하나가 태평양을 가로지르는 적도 해류의 서쪽 끝 경계다. 거세게 이동하던 해류는 이 지점에서 급선회해 일부는 오던 것과 정반대 방향으로 흐르고, 일부는 북쪽을 향해 일본 쪽으로 향한다. 이는 혼란스럽고 험한 바닷물이다. 북쪽으로 끄는 강한 힘이 존재하므로 자전하는 지구의 힘에 민감한 적도 해류의 주류는 오른쪽으로 방향을 튼다. 그런가 하면 소용돌이와 회오리가 일어나면서 소량의 물줄기가 방향을 되돌려 도로 동태평양 쪽으로 흘러간다. 그냥 놔두면 그 흐름의 틈바구니에 깊이 파여 있을 골을 메우기 위해 아래에서부터 심층수가 솟아오른다. 영양 성분이 가득한 차가운 물이 위로 샘솟는 혼란스러운 바닷물에는 작은 플랑크톤 유기체가 바글거린다. 번식에 번식을 거듭한 녀석들은 저보다 덩치 큰 플랑크톤의 먹이가 되고, 이들은 다시 오징어나 물고기한테 잡아먹힌다. 이러한 바닷물에는 생명체가 놀랄 만큼 풍부한데, 그런 역사가 족히 수천 년은 이어져왔다는 증거가 있다. 최근 스웨덴의 해양학자들은 이렇게 해류가 발산하는 지역에서는 퇴적물층이 이례적으로 두껍다는 사실을 밝혀냈다. 그 층은 예외 없이 이 지역에서 살다가 죽어간 수많은 작은 생명체의 유해로 이뤄져 있었다.

표층수가 깊은 바다로 침강하는 것 역시 용승에 뒤지지 않는 극적인 현상이다. 그저 상상만 할 뿐 볼 수는 없기에 이는 우리 인간의 마음에 더 깊은 경외감과 신비를 안겨준다. 다량의 바닷물이 아래로 흘러내리는 현상을 주기적으로 관찰할 수 있다고 알려진 장소가 몇 군데 있다. 표층수는 심해 해류로 흘러 들어가는데, 우리는 이것이 어느 경로로 이동하는지 잘 알지 못한다. 아는 것이라곤 이게 균형을 이루고자 하는 바다 체계의 일부라는 사실뿐이다. 바다는 그 체계를 통해 일전에 어떤 곳에 나눠주려고 빌려갔던 바닷물을 되돌려주는 일을 되풀이한다.

예를 들어 북대서양은 적도 해류가 남대서양에서 실어온 상당량의 표층수(초당 약 600만 세제곱미터)를 받아들인다. 이를 깊은 층위에서 되돌려주는 장소는 차가운 북극해와 세계에서 가장 염분기가 높고 따뜻한 지중해다. 북극의 바닷물이 침강하는 지역은 두 곳, 즉 래브라도해와 그린란드 남동쪽이다. 그곳에서는 초당 약 200만 세제곱미터에 이르는 적잖은 물이 아래로 가라앉는다. 지중해의 심층수는 지중해 해분과 탁 트인 대서양 외해를 가르는 실(sill) 위로 흘러간다. 그 실은 해수면 아래 270미터 지점에 위치해 있다. 심층수가 실의 바위 가장자리 위로 흘러넘치는 것은 지중해에서 쉽게 볼 수 있는 독특한 조건 때문이다. 거의 닫혀 있다시피 한 바다 위로 뜨거운 햇살이 내리쬐어 증발율이 유독 높아지면, 유입된 강물보다 더 많은 양의 바닷물이 대기 중으로 증발한다. 따라서 지중해의 바닷물은 점차 더 짜고 밀도도 높아진다. 증발이 계속되면 지중해는 해수면이 대서양보다 낮아진다. 이런 불균형을 바로잡기 위해 대서양의 가벼운 바닷물이 강한 표층 해류를 이루며 지브롤터해협을 지나 쏟아져 들어간다.

지금의 우리야 그리 대수롭잖게 여기지만, 범선 시대에는 대서양으로 나아가는 것이 이 표층 해류 때문에 여간 골치 아픈 일이 아니었다. 1855년 작성한 옛 선박의 항해 일지에는 그 해류와 이로 인한 실질적 파급력을 다음과 같이 기록했다.

날씨 맑음. 풍압 편위(leeway: 뱃머리의 방향과 배의 진로가 이루는 각도—옮긴이) $1\frac{1}{4}$ pt. 정오에 알메리아(Almeria)만에 들어선 후 로게타스(Roguetas: 에스파냐의 남부 도시—옮긴이) 마을 앞바다에 닻을 내림. 수많은 선박이 서쪽으로 나아갈 기회만 엿보며 기다리고 있는 광경을 보았음. 줄잡아 1000척의 배가 악천후 때문에 지브롤터해협과 이곳 사이에 발이 묶여 있음을 알게 됨. 그중 일부는 무려 6주 동안이나 대기 상태였으며, 말라가(Malaga: 로게타스에서 동쪽으로 100킬로미터 넘게 떨어져 있는 에스파냐 남부의 항구 도시—옮긴이)까지 멀리 나갔다 해류에 의해 도로 밀려온 선박도 있음. 실제로 지난 3개월 동안 대서양으로 진출한 선박은 단 한 척도 없음.

나중에 알아본 결과 이 표층 해류는 평균 약 3노트 속도로 지중해에 쏟아져 들어오는 것으로 드러났다. 대서양으로 나가는 심층 해류는 속도가 한층 더 빠르다. 어찌나 맹렬하게 흐르는지 이를 측정하려고 아래로 내려보낸 해양 장비들이 바닥의 돌에 세차게 부딪쳐 망가지기도 했다. 한 번은 지브롤터해협 부근에 설치한 팰머스 케이블이 "면도날처럼 날카롭게 마모되어 할 수 없이 그걸 포기하고 새것을 해안에 바짝 붙여 깔아야 했다".

지브롤터해협의 '실' 위를 넘어가는 심층수와 마찬가지로, 대서양 북극 지방에서 밑으로 침강하는 물도 깊은 해양 분지로 널리 퍼져나간다. 북대서양을 여기저기 떠도는 물은 적도를 건너 남쪽으로 이동해 남극해에서 북쪽으로 이동하는 2개의 바닷물층 사이에 끼어든다. 남극해에서 출발한 바닷물 일부는 그린란드·래브라도·지중해에서 온 대서양 바닷물과 섞여 도로 남쪽으로 돌아간다. 그러나 나머지는 적도를 넘어 북쪽으로 계속 이동해 해터러스곶 근처까지 흘러간다.

이런 심층수의 흐름은 사실 '흐름'이라고 부르기도 뭣하다. 조심조심 기다시피 하는 차갑고 무거운 바닷물은 속이 터질 정도로 느리게 움직인다. 하지만 그 양이 방대하며 세계 전역을 누비고 다닌다. 전 세계를 쏘다니는 심층수는 (표층이 아니라 깊고 어두운 심해에서 살아가는) 일부 바다 동물군을 널리 퍼뜨리는 역할도 한다. 해류의 원천에 관한 우리의 지식에 비춰 보건대 심해의 무척추동물이나 어류 같은 종을 남아프리카 연안이나 그린란드 앞바다에서 일부 수집했다는 사실은 중요한 의미를 딴다. 다른 어느 곳보다 심해 동물군이 한층 더 다양하게 발견되는 버뮤다 부근은 남극해·북극해·지중해에서 흘러온 심층수가 대거 뒤섞이는 지역이다. 햇빛이라고는 구경도 못하는 이 심층수에는 기이하게 생긴 심해 거주민이 살아가고 번식하며 떠돌아다닌다. 느릿느릿 움직이는 이런 해류는 특성이 거의 변하지 않으므로 세대를 면면히 이어오고 있다.

그런 까닭에 전적으로 태평양, 대서양, 인도양 혹은 남극에 속해 있는 바닷물이란 있을 수 없다. 지금 버지니아 해변이나 라호이아에서 유쾌하게 부서지는 파도는 몇 년 전 남극의 빙산 기슭을 찰싹이거나 지중해의 햇빛 아래 반짝이고 있다가 보이지 않는 깊은 물길을 따라 오늘 내 눈앞에 당도한 것일지도 모른다. 이처럼 깊이 숨어 흐르는 해류 덕분에 모든 바다는 진정으로 한 몸이 된다.

II

▰▰▰▰▰▰▰▰▰▰▰▰▰▰▰▰▰▰▰▰▰

움직이는 조석

▰▰▰▰▰▰▰▰▰▰▰▰▰▰▰▰▰▰▰▰▰

달은 바다와 단단히 합의한 동맹의 규칙을
모든 나라에서 어김없이 지켜나간다.
─가경자 비드▪

조석을 만들어내는 신비로운 힘을 느끼지 못하거나 거기에 반응하지 않는 바닷물은 단 한 방울도 없다. 가장 깊은 심연의 바닷물도 마찬가지다. 조석보다 더 강력하게 바다에 영향을 끼치는 요소는 없다. 조석에 비하면 바람이 일으키는 파도(풍랑)는 기껏해야 상층 바다(해수면 아래 180미터까지)만이 느낄 수 있는 표층의 움직임에 불과하다. 행성 해류라 해도 크게 다르지는 않다. 행성 해류는 인상적일 정도로 규모가 크지만, 그렇더라도 몇 백 미터의 상층 바다 이하까지 포괄하는 경우는 좀체 드물다. 하지만 다음의 한 가지 예를 통해 분명히 알 수 있듯 조석 운동의 영향을 받는 물의 규모는 엄청나다. 조석이 하루 두 차례씩 북아메리카 동부 연안

▪ The Venerable Bede: 가경자(可敬者)는 로마가톨릭에서 시복 후보자에게 잠정적으로 주는 호칭─옮긴이.

의 작은 파사마쿼디(Passamaquoddy)만에 실어오는 물은 약 20억 톤이며, 펀디만 전체에 실어오는 물은 자그마치 1000억 톤에 달한다.

조석이 표층에서 해저까지 바다 전체에 고루 영향을 미친다는 사실을 극적으로 보여주는 사례는 세계 각지에서 발견할 수 있다. 메시나(Messina)해협에서는 반대 방향으로 흐르는 조류끼리 충돌해 소용돌이를 일으킨다[그중 하나가 예부터 유명한 카리브디스(Charybdis: 시칠리아섬 앞바다의 큰 소용돌이—옮긴이)다]. 그 소용돌이는 메시나해협의 바닷물을 크게 휘저어 걸핏하면 심해 물고기를 등대가 있는 해변에 패대기치곤 한다. 퇴화한 눈, 또는 비정상적으로 커다란 눈, 발광 기관이 달린 몸통 등 심해 거주민임을 한눈에 알아볼 수 있는 물고기다. 따라서 이 지역에서는 메시나 해양생물연구소에 조달할 심해 동물을 얼마든지 채집할 수 있다.

조석은 움직이는 바닷물이 달 그리고 그보다 멀리 떨어져 있는 태양의 인력에 보이는 반응이다. '이론상으로는' 모든 물방울 하나하나와 우주의 가장 먼 곳에서 빛나는 별 사이에도 서로를 끌어당기는 중력이 작용한다. 그러나 '실질적으로는' 머나먼 별이 끌어당기는 힘은 무시할 수 있을 정도로 미미해 바다가 달과 해에 반응하는 좀더 광대한 운동 속에서는 거의 의미가 없다. 해안 지역에 살면서 늘 밀물과 썰물을 봐온 사람은 태양보다는 달이 조석을 훨씬 더 크게 좌우한다는 사실을 잘 알고 있다. 또한 달이 매일 전날보다 평균 50분씩 늦게 뜨는 데 맞춰 만조 시간도 대부분의 장소에서 날마다 그만큼씩 늦어진다는 걸 알아챌 수 있다. 달이 한 달 주기로 차고 기우는 데 따라 만조의 수위도 달라진다. 한 달에 두 번, 요컨대 달이 그저 하늘에 떠 있는 은색 실 조각(초승달—옮긴이)에 불과할 때와 다시 보름달로 차오를 때, 조석 변화가 가장 크다. 즉 그때가 태음월(lunar month, 太陰月: 초승달부터 다음 초승달까지의 기간. 약 29.5일—옮긴이) 가운데 간만

의 차가 가장 크다. 이를 대조(大潮) 또는 사리(spring tide)라고 한다. 이때
는 태양·달·지구가 똑바로 일직선상에 놓이므로 두 천체가 끌어당기는
힘이 더해짐으로써 해변의 바닷물 수위를 높이고, 쇄파가 해식애(海蝕崖:
해양과 육지가 접하는 경계에서 바닷물에 의한 해식과 풍화의 물리적·화학적 작용으로 생
성된 절벽―옮긴이)에 부딪쳐 위로 솟구치게 만들고, 넘실대는 조수가 항구
로 밀려들어 배를 부두 높이 떠오르게 한다. 그런가 하면 한 달에 두 번,
상현달과 하현달 때는 태양과 달 그리고 지구가 각각 삼각형의 꼭짓점에
놓임으로써 태양과 달의 인력이 서로 상쇄된다. 이처럼 조석 활동이 느려
지는 때를 소조(小潮) 또는 조금(neap tide)이라고 한다. 이때는 한 달 중 고
조(高潮)와 저조(低潮)의 차이가 가장 작다.

무게가 달의 2700만 배에 달하는 태양이 지구의 조그만 위성에 불과한
달보다 조석에 미치는 영향이 작다는 사실은 언뜻 놀랍게 들린다. 그러나
우주의 역학에 따르면, 질량보다는 거리가 더 중요하다. 수학적 계산을
열심히 해보면 조석에 미치는 달의 위력은 태양의 갑절이 넘는다.

그러나 조석은 이 모든 사실로 짐작할 수 있는 것보다 한층 더 복잡하
다. 태양과 달의 영향은 달의 위상이 어떠한가, 태양과 달이 지구에서 얼
마나 떨어져 있는가, 그리고 태양과 달이 지구의 북반구를 비추는가 남반
구를 비추는가에 따라 끊임없이 달라지고 변화한다. 모든 물에는 자연적
인 것이든 인공적인 것이든 나름의 진동 주기가 있다는 사실도 문제를 더
욱 까다롭게 만든다. 용기에 담긴 물을 휘저어보라. 그러면 그 물은 시소
(seesaw) 또는 요동(rocking) 운동을 하는데, 용기 가장자리가 진폭이 가장
크고 중앙이 가장 작다. 조석학자들은 바다에는 수많은 '해분'이 있고, 이
들에겐 저마다 너비와 깊이에 따라 결정되는 고유의 진동 주기가 있다고
믿는다. 물을 움직이게 만드는 교란은 달과 태양이 끌어당기는 힘이다.

그러나 운동의 종류, 즉 물의 진동 주기는 해분의 규모에 따라 달라진다. 이제 이것이 실제 조석과 관련해 어떤 의미를 지니는지 살펴보자.

조석은 놀라운 역설을 한 가지 드러낸다. 그 핵심은 바로 이렇다. 즉 조석을 일으키는 것은 지구 밖에 존재하는 우주적 힘인데, 이 힘은 지구의 모든 부분에 고르게 작용하는 것 같지만 실상 특정 장소의 조석은 저마다 고유하며 거리가 조금밖에 떨어지지 않은 곳에서도 놀라우리만큼 큰 차이가 난다. 해안에서 긴 여름휴가를 보내다 보면, 내가 지금 머무르는 작은 만에서 보는 조석이 친구가 여름휴가를 보내는 (30킬로미터밖에 떨어지지 않은) 해안의 조석과 양상이 꽤나 다르며, 과거에 가본 적 있는 해안과도 판이하다는 걸 깨달을 수 있다. 만약 난터킷섬에서 여름을 보낸다면, 조차(潮差: 연속적인 고조와 저조의 차이―옮긴이)가 불과 몇십 센티미터밖에 나지 않아 뱃놀이나 수영을 할 때 거의 조석의 방해를 받지 않을 것이다. 그러나 펀디만 위쪽에서 휴가를 보낸다면, 조차가 12~15미터에 이르는 조석에 적응해야 한다. 난터킷섬과 펀디만은 둘 다 메인(Maine)만이라는 같은 바다에 자리하고 있는데도 말이다. 체서피크만에서 휴가를 보낸다면, 같은 만에 있는 해안의 여러 장소에서 고조 시간이 자그마치 12시간이나 차이가 난다는 걸 깨달을 수 있다.

이를 통해 알 수 있는 사실은 '조석'의 특성을 결정하는 데 가장 중요한 요소는 바로 국지적 지형이라는 점이다. 물을 움직이게 하는 것은 태양이나 달 같은 천체의 인력이지만, 그 물이 어떻게, 얼마나 멀리, 얼마나 강력하게 상승하느냐는 해저의 기울기, 해협의 깊이, 만 어귀의 너비 같은 요소에 따라 달라진다.

미국 해안측량조사국은 세계 어느 곳에 대해서든 과거 및 미래 어느 날의 조석 수위와 시간을 계산해낼 수 있는, 로봇처럼 생긴 놀라운 기계를 보유하고 있다. 여기에는 딱 한 가지 조건이 선행되어야 하는데, 바로 해당 지역의 지형적 특성이 조석 운동에 어떤 영향을 미치는지 미리 조사해 둬야 한다는 것이다.

조석과 관련해 가장 두드러진 점은 바로 조차인데, 이 조차는 지역마다 꽤나 다르다. 따라서 어느 장소의 거주민이 거의 재앙이라고 여기는 밀물을 그곳에서 불과 150킬로미터밖에 떨어지지 않은 해안 마을의 거주민은 신경조차 쓰지 않는 일마저 생긴다. 세계에서 고조의 수위가 가장 높은 곳은 펀디만이다. 대조 때 펀디만의 갑 부근에 있는 미나스(Minas) 유역에서는 수위가 무려 15미터나 상승한다. 조차가 9미터 이상 벌어지는 장소는 세계 각지에 6곳이 넘는 것으로 알려져 있다. 아르헨티나의 푸에르토 가예고스(Puerto Gallegos), 알래스카의 쿡(Cook)만, 데이비스(Davis)해협의 프로비셔(Frobisher)만, 허드슨해협으로 흐르는 콕속(Koksoak)강, 프랑스의 상말로(St. Malo)만 등이다. 그런가 하면 이 밖의 대부분 장소에서는 고조의 수위가 고작 수십 센티미터, 아니 몇 센티미터밖에 오르지 않는다. 조차가 30센티미터도 되지 않는 타히티섬의 조석은 얌전히 오르락내리락한다. 해양 섬은 대체로 조차가 미미하다. 그러나 조석의 간만차를 지역별로 일반화하려는 시도는 위험하다. 그다지 멀지 않은 두 지역이 기조력(tide producing force, 起潮力: 조석을 일으키는 힘―옮긴이)에 매우 상이하게 반응할 수 있기 때문이다. 파나마 운하의 대서양 쪽은 조차가 30~60센티미터에 불과하지만, 그곳에서 65킬로미터 정도밖에 떨어지지 않은 태평양 쪽은 무려 4~5미터나 된다. 오호츠크해도 간만의 차가 큰 또 하나의 장소다. 그곳의 조차는 대부분 지역이 60센티미터 정도로 크지 않지만, 일부지역은 3미터에 이르고 안쪽에 자리한 펜진스크(Penjinsk)만 윗부분은 자그마치 11미터에 달한다.

똑같은 해와 달이 비추는데도 조차가 어디는 몇 센티미터에 그치는가 하면, 어디는 12~15미터나 되는 까닭은 무엇일까? 가령 난터킷섬의 해안에서는 조차가 30센티미터에 불과한데, 같은 바다에 속한 펀디만은 12~15미터로 상당하다는 사실을 과연 어떻게 설명할 수 있을까?

이러한 지역적 편차를 가장 그럴듯하게 설명하는 이론은 바로 최근 제기된 조석진동설(theory of tidal oscillation)이다. 각각의 천연 해분에 담긴 물은 사실상 조석이 거의 일어나지 않는 중앙의 파절(波節: 진동이 제로인 지점−옮긴이)을 중심으로 위아래로 진동한다는 가설이다. 요컨대 난터킷은 물의 움직임이 거의 없는 해분의 파절 가까이 자리하고 있어 조차가 작은 것이다. 이 해분의 기슭을 따라 북동쪽으로 이동하다 보면 코드곶의 노짓(Nauset) 항구 1.8미터, 글로스터(Gloucester) 2.7미터, 웨스트쿼디(West Quoddy)갑 4.7미터, 세인트존(St. John) 6.3미터, 폴리(Folly)갑 11.8미터로 조차가 꾸준히 증가한다는 것을 알 수 있다. 펀디만에서는 노바스코샤(Nova Scotia) 해안이 건너편인 뉴브런즈윅(New Brunswick) 해안보다 조차가 약간 더 크며, 조차가 가장 큰 곳은 맨 안쪽의 미나스 유역이다. 펀디만에서 막대한 양의 물이 움직이는 현상은 여러 상황이 어우러진 결과다. 펀디만은 진동하는 해분의 끝자락에 놓여 있다. 더욱이 해분의 자연적 진동 주기는 대략 12시간으로, 대양 조석의 주기와 거의 일치한다. 따라서 만 내에서 일어나는 물의 움직임은 대양 조석에 의해 유지 및 엄청나게 증폭된다. 펀디만은 위쪽으로 가면서 점차 좁고 얕아지는데, 이 또한 엄청난 양의 물이 계속 좁아지는 지역으로 한꺼번에 쏠리면서 수위를 한껏 높이는 데 기여한다.

조차뿐 아니라 조석의 리듬도 바다마다 차이가 난다. 세계적으로 밀물과 썰물은 마치 밤이 지나면 낮이 찾아오듯 계속 번갈아가면서 나타난다.

그러나 매 태음일(lunar day, 太陰日: 달이 한 자오선을 지나 다시 그곳까지 돌아오는 데 걸리는 시간. 약 24시간 50분—옮긴이)마다 고조와 저조가 두 차례씩 나타나느냐, 한 차례씩 나타나느냐에는 일정한 규칙이 따로 없다. 동부 연안이든 서부 연안이든 대서양을 잘 아는 이들은 하루 두 번의 고조와 저조를 '정상적' 리듬이라고 여길 것이다. 그곳에서는 매 고조가 바로 직전의 고조만큼 높이 차고, 이어지는 저조도 직전 것과 같은 지점까지 빠져나간다. 그러나 대서양의 광활한 내해인 멕시코만에서는 대부분의 가장자리를 따라 이와 다른 리듬이 펼쳐진다. 그곳에서는 조차가 기껏해야 30~60센티미터를 넘지 않는 사소한 움직임에 불과하다. 게다가 멕시코만 연안의 어떤 장소에서는 24시간 50분의 태음일에 각각 한 번의 밀물과 썰물이 길고 느긋한 리듬을 빚어내기도 한다. 옛사람들이 조석을 일으키는 주범이라고 본 땅속 괴물이 차분하게 숨고르기를 하는 것이다. 이러한 조석의 '일주기(日週期: 하루 한 차례 주기—옮긴이)'는 멕시코만뿐 아니라 알래스카의 세인트마이클(Saint Michael), 프랑스령 인도차이나의 도손(Do Son) 등지에서도 발견할 수 있다. 그러나 세계 해안의 대부분 지역에서는, 요컨대 태평양 해분과 인도양 연안의 대부분 지역에서는 '일주기' 혹은 '반일주기(半日週期: 하루 두 차례 주기—옮긴이)'가 뒤섞여 나타난다. 다시 말해 하루에 두 차례 고조와 저조가 나타나는 것은 맞지만, 이어지는 고조가 직전 고조와 같지 않아 좀처럼 평균 해수면까지 오르지 않거나 썰물 때 물이 빠져나가는 정도에 큰 차이가 난다.

같은 바다인데도 거기에 속한 지역마다 태양과 달의 인력에 반응하는 리듬이 각기 다른 까닭이 뭔지는 간단히 설명하기 어렵다. 수학적 계산을 토대로 연구하는 조석학자에게야 더없이 명쾌해 보이는 문제일지 몰라도 말이다. 그 이유를 어렴풋하게나마 알아차리려면 태양·달·지구의 상대적 위치가 변하는 데 따른 결과인 수많은 조석 유발 요소를 찬찬히 고려해야 한다. 대륙과 바다는 그 모든 요소에 어느 정도 영향을 받지만, 각 지역의 지리적 특성에 따라 다른 요소보다 어떤 특정 요소에 유독 민감하게 반응한다. 대서양 해분의 모양과 깊이는 조석이 '반일주기'를 만들어내는 요소에 가장 강하게 반응하도록 이끈다. 반면 태평양과 인도양은 '일주기'와 '반일주기' 모두에 영향을 받아 혼합된 형태의 조석이 나타난다.

타히티섬은 작은 지역조차 기조력 중 (다른 것은 배제하면서) 어느 한 가지에만 예민하게 반응하는 전형적 사례다. 흔히 타히티섬에서는 해변을 내다보며 조석 단계를 파악하면 하루 중 어느 때인지를 알아낼 수 있다고 한다. 엄밀하게 맞는 말은 아니지만, 그런 얘기가 나오는 데는 어느 정도 근거가 있다. 다소 차이가 있긴 하지만 고조는 대체로 정오와 자정에, 저조는 오전 6시와 오후 6시에 일어난다. 그곳의 조석은 날마다 50분씩 조석 시간을 앞당기는 달의 영향을 무시하는 듯하다. 타히티의 조석은 왜 달 대신 태양에 반응할까? 이에 대한 가장 그럴싸한 설명은 타히티섬이 달에 의해 진동하는 해분의 축이나 파절에 자리하기 때문이라는 것이다. 그 지점에서는 달에 대한 반응이 대단히 약해지고, 따라서 바닷물은 태양이 이끄는 리듬에 좌우된다.

언젠가 우주의 관찰자가 지구 조석의 역사를 쓰게 된다면, 그들은 필시 지구 나이가 어렸을 때 조석이 가장 장대하고 강력했다고, 그리고 조석이 서서히 약해져 덜 별 볼일 없어지다 어느 날 문득 멈추었다고 기록할 것이다. 지상에 존재하는 모든 것이 그러하듯 지금 우리가 보고 있는 조석 역시 과거의 것과는 다르며, 언젠가는 우리 눈앞에서 사라질 것이다.

지구가 어렸을 때, 밀려드는 조석은 분명 경악할 만한 사건이었을 것이다. 이 책 앞에서 가정한 것처럼 만약 달이 지구 지각의 일부가 떨어져나가서 만들어졌다면, 필시 한때는 부모인 지구 가까이에 붙어 있었을 것이다. 달이 지금의 위치에 이른 것은 약 20억 년 동안 서서히 지구에서 멀어진 결과다. 달까지의 거리가 오늘날의 절반가량이었을 때, 달이 대양 조석에 미치는 힘은 지금보다 8배나 컸고, 조차 역시 어떤 해안에서는 100여 미터에 이르렀을 것이다. 그러나 깊은 해분이 생성된 것으로 여겨지는 시기, 곧 지구의 나이가 몇 백만 살에 불과했을 때 조석의 규모가 어땠는지는 도저히 상상할 수 없다. 모르긴 해도 하루 두 차례씩 맹렬하게 밀려드는 만조가 대륙 언저리를 온통 뒤덮었을 것이다. 조석이 밀려들면 쇄파가 미치는 거리도 상당히 늘어났을 테고, 결국 파도는 가파른 절벽의 꼭대기를 때리고, 내륙 안쪽까지 밀려와 육지를 침식했을 것이다. 이처럼 살기등등하게 밀려드는 조석은 어린 지구를 전체적으로 황량하고 암울하고 살기 힘든 장소로 만드는 데 적잖이 기여했으리라.

이런 상황에서는 해안이든 그 너머 육지든 생명체가 살아갈 수 없었다. 상황이 달라지지 않았다면, 생명체가 어류를 넘어선 단계까지 진화하지 못했으리라고 가정하는 게 사리에 맞다. 그러나 달은 몇 백만 년에 걸쳐 서서히 물러났고, 자신이 일으킨 조석 마찰(tidal friction: 달과 지구가 궤도를 따라 움직일 때 다른 천체의 주기적 인력 변화로 인해 천체 내에서 일어나는 변형—옮긴이)에 의해 지구에서 점차 멀어졌다. 바다 바닥, 얕은 대륙의 가장자리, 내해를 지나는 바닷물에는 조석을 서서히 파괴하는 힘이 있다. 조석 마찰이 지구의 자전 속도를 조금씩 늦춰주기 때문이다. 앞에서 말한 어렸을 때의 지구는 자전축을 중심으로 완전히 한 바퀴 도는 데 아주 짧은 시간밖에 걸리지 않았다(4시간 정도). 그때 이후 지구 자전은 크게 느려져서 이제 삼척동자도 다 알다시피 24시간을 주기로 순환한다. 수학자들은 지구의 자전 속도가 앞으로도 하루가 지금의 약 50배로 늘어날 때까지 계속 느려질 거라고 추정한다.

조석 마찰은 이제까지 달을 32만 킬로미터 넘게 밀어낸 것처럼 제2의 이러한 노력을 간단없이 계속할 것이다. (역학 법칙에 따르면, 지구의 자전 속도가 느려질수록 달의 자전 속도는 빨라지고 원심력에 의해 달은 점점 더 멀어진다.) 서서히 물러나는 달은 조석에 미치는 영향이 줄어들고, 따라서 조석은 점차 미약해진다. 달이 지구 주위를 도는 데 걸리는 시간도 조금씩 길어진다. 마침내 하루 길이와 한 달의 길이가 일치하면 달은 더 이상 지구 주위를 돌지 않을 테고, 달에 의한 조석도 없어질 것이다.

물론 이 모든 일이 일어나려면 우리 머리로는 상상하기 어려운 오랜 시간이 걸릴 것이다. 지구상에서 인간 종이 사라지는 현상이 그보다 먼저 나타날 개연성도 있다. 웰스(H. G. Wells)의 공상과학 소설에나 등장할 법한 까마득한 이야기인지라 우리는 거기에 대해 깊이 생각하려 들지 않는다. 그러나 우리 인간은 지상에 머물도록 허락받은 짧은 세월 동안에도 이러한 우주적 과정의 영향이 얼마간 나타나는 것을 목격할 수 있다. 우리 시대의 하루는 바빌로니아(메소포타미아 남동쪽의 고대 왕국—옮긴이) 시대의 하루보다 몇 초 더 길어졌다고 한다. 영국의 왕실 천문학자는 최근 미국철학협회에 세계가 곧 두 종류의 시간 가운데 하나를 선택해야 한다고 주의를 환기시킨 바 있다. 조석으로 인해 하루가 길어지는 현상은 진즉부터 시간을 재는 인간의 문제를 까다롭게 만들고 있다. 지구 자전을 기준으로 한 전통적인 시계는 하루 길이가 늘어나는 효과를 고려하지 못한다. 오늘날 새롭게 고안하고 있는 원자시계(원자나 분자의 진동 주기로 시간을 재는 매우 정확한 시계—옮긴이)는 실제 시간을 보여주므로 전통적인 시계와 다를 것이다.

조석은 점차 얌전해졌고, 조차도 수백에서 수십 미터가 아니라 몇 미터 단위로 줄어들었다. 그러나 항해자들은 여전히 조석과 조류의 단계뿐 아니라 조석과 간접적으로 연관된 바다의 거센 운동 및 교란 상태에 주의를 기울인다. 인간이 고안한 그 어떤 것도 거센 파도를 잠재울 수 없으며, 바닷물의 조석 리듬을 좌지우지할 수 없기 때문이다. 밀물이 충분한 물을 여울에 채워주지 않는 한 제아무리 현대적인 장비를 동원한다 해도 배한 척조차 온전히 띄우지 못한다. 퀸 메리호(Queen Mary)라 해도 별수 없이 게류(憩流: 흐름의 방향이 바뀌기에 앞서 일시 정지하고 있는 상태의 바닷물—옮긴이)가 뉴욕 항구의 부두로 들어오길 기다려야 한다. 그러지 않았다가는 거센 조류가 배를 부두에 힘껏 밀어붙여 박살 낼 수도 있다. 펀디만은 조차가커서 일부 항에서는 항만 활동이 조석 자체처럼 리드미컬한 패턴을 띤다. 선원은 밀물이 들어온 몇 시간 동안만 부두에 배를 대고 짐을 싣거나 부릴 수 있으므로 썰물 때 진흙 속에 꼼짝없이 갇혀 있지 않으려면 서둘러부두를 떠나야 한다.

조류는 좁은 통로를 지나거나 반대쪽에서 밀려오는 너울 및 역풍과 마주치면 더러 통제하기 힘들 만큼 사정없이 요동쳐 세상에서 가장 험악한물길을 만들기도 한다. 조류가 항해에 끼치는 위험을 파악하려면 세계 각지의 안내서와 지침서를 꼼꼼히 살펴봐야 한다.

제2차 세계대전 이후에 출간한 《알래스카 항해 안내서(Alaska Pilot)》에는 이렇게 적혀 있다. "알류샨열도 부근을 지나는 선박을 위험에 빠뜨리는 요소로는 (불완전한 측량 다음으로) 조류를 꼽을 수 있다." 태평양에서 베링해로 들어서는 선박이 주로 이용하는 우날가(Unalga)와 아쿠탄(Akutan)수로에는 강한 조류가 흐른다. 외안에서도 그 힘을 느낄 정도이며, 선박이 난데없이 바위 쪽으로 휩쓸리기도 한다. 아쿤(Akun)해협에서는 만조가산맥을 타고 흐르는 격류만큼이나 빠르고, 위험천만한 회오리나 단조(湍

潮: 해류가 해저 장애물이나 반대 해류와 부딪쳐 생기는 해면의 물보라—옮긴이)를 수반하기도 한다. 조류가 이 수로를 지날 때 바람이나 너울과 마주치면 격랑이 인다.《알래스카 항해 안내서》는 4.5미터의 거센 파도가 느닷없이 솟구쳐 배를 덮칠 수 있으므로 "선박은 침수당할 경우를 대비해야 한다"고 경고한다. 실제로 그렇게 목숨을 잃은 사람이 더러 있었다.

지구 반대편의 경우, 밀물 때는 대서양 외해에서 동쪽으로 흐르는 조류가 세틀랜드제도와 오크니제도 사이를 지나 북해로 밀려들고, 썰물 때는 조류가 역시 같은 물길을 따라 되돌아간다. 그 물은 조석의 어느 단계에서인가 묘하게 위로 솟은 반구형 혹은 불길한 구멍이나 홈을 지닌 위험하기 짝이 없는 소용돌이를 무수히 몰고 오기도 한다. 선박은 바다가 잔잔한 날에도 펜틀랜드해협의 소용돌이 '스월키(Swilkie)'에 주의하라는 경고를 듣는다. 북서풍이 부는 썰물 때 그곳 바다에 거세게 휘몰아치는 스월키는 "한 번 겪어본 적 있는 사람은 고개를 절레절레 흔들 만큼" 선박한테 위협적인 존재다.

에드거 앨런 포(Edgar Allan Poe)는 〈큰 소용돌이에 휘말리다(A Descent into a Maelstrom)〉(1841년 발표한 단편소설—옮긴이)에서 "사악하기 이를 데 없는 조석의 모습"을 문학으로 형상화했다. 글을 읽은 사람은 누구라도 그 얘길 잊지 못할 것이다. 노인은 친구를 바다 위 높이 솟은 산 절벽으로 피신시킨 뒤, 그 아래 섬들 사이로 지나는 좁은 물길을 내려다보게 했다. 불길한 거품을 물고 불안하게 들끓으며 흘러가던 바닷물이 삽시간에 그의 눈앞에서 소용돌이를 일으키더니 소름끼치는 소리를 내며 좁은 물길로 치달았다. 이윽고 노인은 친구한테 그 소용돌이에 휘말려들었다 기적적으로 살아난 이야기를 들려주었다. 대부분의 독자는 이 이야기 중 어디까지가 사실이고 어디까지가 작가의 풍부한 상상력의 소산인지 궁금해진

다. '메일스트롬(Malestrom)'이라 부르는 그 큰 소용돌이는 실제로 존재한
다. 요컨대 작가가 무대로 삼은 노르웨이 서해안 앞바다에 있는 로포텐제
도의 두 섬 사이에서 나타난다. 포가 묘사한 바에 따르면, 이는 하나의 거
대한 소용돌이 혹은 일련의 소용돌이로, 배에 탄 사람들이 실제로 회오리
치는 물의 깔때기 속으로 빨려 들어가곤 했다. 포가 사실을 일부 과장하
긴 했지만 실질적이고 상세한 자료인 《노르웨이 북서부·북부 해안의 항
해 지침서(Sailing Directions for the Northwest and North Coasts of Norway)》를
보면 작가가 집필하면서 뼈대로 삼은 기본적 내용이 대체로 사실임을 알
수 있다.

> 모스켄(Mosken)과 로포토덴(Lofotodden) 사이를 흐르는 소용돌이 말스트룀
> (Malström), 즉 모스켄스트라우멘(Moskenstraumen)에 관한 소문은 사실 크게
> 과장되어 있지만, 여전히 로포텐(Lofoten)제도에서 가장 위험한 조류다. 그 거
> 센 조류는 주로 지반의 불규칙성에 기인한다. ……조류의 세기가 커지면 바다
> 는 점점 더 거칠고 종잡을 수 없어지면서 커다란 소용돌이(말스트룀)를 일으킨
> 다. 소용돌이가 일어나면 어떤 선박도 그 안으로 들어가서는 안 된다.
> 그 소용돌이는 입구가 넓고 둥글며 아래로 내려갈수록 둘레가 점점 더 좁아지
> 는, 뒤집힌 종 모양의 공동(空洞)이다. 처음 형성되었을 때 가장 크며, 조류와
> 함께 이동하면서 점차 작아지다 이내 완전히 사라진다. 하나의 소용돌이가 잦
> 아들기 전에 두 번째, 혹은 세 번째 것이 나타나 앞의 것을 뒤따르므로 바다에
> 수많은 구멍이 나 있는 것처럼 보인다. ……어부들은 자기네가 소용돌이에 접
> 근하고 있다는 것을 의식하고 노를 비롯한 부피 큰 물건을 거기에 던져 넣을
> 시간이 있으면, 그 소용돌이를 안전하게 건너갈 수 있다고 확신한다. 왜냐하면
> 회오리치는 바다의 활동이 거기에 던진 무언가에 의해 방해를 받아 연속성이

깨지면, 사방에서 바닷물이 밀려들어 그 구멍을 막아버리기 때문이다. 같은 이유에서 산들바람이 강하게 불 때 파도가 부서지면 소용돌이가 일기는 하지만 움푹 파인 구멍이 생기지는 않는다. 살트스트룀(Saltström: 인근 마을 '살트스트라우멘(Saltstraumen)'의 이름을 딴 소용돌이—옮긴이)이 일어날 때는 배와 사람들이 거기로 빨려들어 수많은 인명 피해가 나기도 한다.

조석이 만들어내는 이례적 현상 가운데 가장 잘 알려진 것은 아마도 해소(海嘯: 강어귀에 갑작스럽게 들이닥치는 큰 밀물—옮긴이)일 것이다. 해소 현상이 나타나는 유명한 장소는 세계적으로 6곳이 넘는다. 해소는 상당량의 밀물이 하나 혹은 많아야 두세 개의 파도로서 가파르고 높은 파두를 이루며 강으로 밀려드는 것을 말한다. 해소가 만들어지는 조건은 여러 가지다. 일단 간만의 차가 커야 하고, 강어귀에 모래톱을 비롯한 장애물을 갖춰 조석이 저지당하고 물러나야 한다. 그렇게 내쫓긴 조석이 마침내 세력을 규합해 도로 들이닥치는 것이다. 아마존강은 강 상류까지 역류하는 해소의 거리가 320킬로미터로, 사실상 다섯 번의 밀물에 해당하는 해소가 한꺼번에 강을 거슬러 오르는 셈이다.

중국해로 흘러드는 첸탕강(錢塘江)은 세계에서 가장 규모가 크고, 가장 위험하고, 또 가장 유명한 해소가 있어 모든 선박이 영향을 받는다. 고대 중국인은 해소를 일으키는 혼령의 노여움을 달래기 위해 첸탕강에 제물을 바치기도 했다. 첸탕강 해소의 규모와 기세는 강어귀에 쌓이는 토사가 변함에 따라 세기마다, 아니 10년마다 다르게 나타났다. 오늘날에는 거의 한 달 내내 해소가 높이 2.4~3.3미터, 속도 12~13노트의 파도로 첸탕강을 거슬러 올라간다. "해소의 파두는 들끓는 거품으로 이뤄진 깎아지른 절벽 모양인데, 그 파두가 제 몸을 끌어안으면서 앞으로 부서지며 강물을 때린다." 해소가 최고로 격렬해지는 것은 보름달과 초승달의 대조 때인데, 진격하는 파도의 마루가 수면 위로 7.5미터나 치솟는다고 알려져 있다.

첸탕강만큼 장관을 이루지는 않지만 북아메리카에도 해소가 발생한다. 뉴브런즈윅주 페티코디악(Petitcodiac) 강가에 있는 몽크턴(Moncton)에서 생기는데, 보름달과 초승달의 대조 때만 비교적 봐줄 만하다. 조석이 높고 물살이 거센 알래스카 쿡만에 있는 턴어게인 물길(Turnagain Arm)에서도 몇 가지 조건이 맞아떨어지면 밀물이 해소를 이루며 달려든다. 진격하는 해소의 파두가 1.2~1.8미터나 될 때도 있어 소형 선박한테는 위험하기 때문에 사람들은 해소가 밀려들 때면 선박을 편평한 모래톱 위쪽으로 끌어 올려둔다. 해소는 쇄파 소리를 내면서 서서히 밀려드는데, 어느 지점에서건 그 소리가 들리기 시작한 때로부터 약 30분 뒤에 당도한다.

조석이 인간뿐 아니라 바다 생명체의 삶에 미치는 영향은 세계 각지에서 관찰할 수 있다. 굴·홍합·따개비 같은 수많은 고착 동물은 직접 사냥을 할 수 없으므로 먹이를 실어다주는 조석에 전적으로 의존하는 생활을 한다. 고조선과 저조선 사이(조간대)에서 살아가는 생명체는 형태와 구조를 그 장소에 훌륭하게 적응시킴으로써 말라 죽을 위험과 바닷물에 휩쓸릴 위험이 지배하는 환경에서, 바다의 적과 육지의 적이 병존하는 환경에서 살아남을 수 있었다. 이들은 더없이 정교한 생체 조직을 발달시킴으로써 수 톤에 달하는 바위를 실어가고 단단한 화강암을 박살 낼 만큼 위력적인 폭풍파의 공격을 이겨내며 별 탈 없이 살아간다.

그러나 뭐니 뭐니 해도 믿기지 않을 정도로 정교하고 흥미로운 적응 기제는 바로 번식 주기가 달의 위상이나 조석의 단계와 일치하게끔 작동하는 특정 바다 동물한테서 찾아볼 수 있다. 유럽에서는 굴의 산란 활동이 보름달이나 초승달이 뜨고 이틀 뒤인 대조 때 절정을 이룬다는 게 기정사실이다. 북아프리카의 바다에서는 반드시 보름달이 뜬 날 밤에만 생식세포를 바다에 방출하는 성게가 살고 있다. 세계의 대부분 열대 바다에서는 작은 갯지렁이의 산란 활동이 조석 주기에 정확하게 맞춰져 있어 녀석들을 관찰하기만 해도 지금이 몇 월인지, 며칠인지, 심지어 몇 시인지 알아맞힐 수 있다.

태평양의 사모아제도 부근에서는 팔롤로(palolo: 털갯지렁이의 일종－옮긴이)가 얕은 바다의 바닥에서 바위나 산호 무더기에 구멍을 뚫고 들어앉아 있다. 녀석들은 1년에 두 차례 10월과 11월 하현달의 소조 때, 구멍에서 빠져나와 무리 지어 수면을 온통 뒤덮는다. 팔롤로는 저마다 그렇게 하기 위해 문자 그대로 자기 몸을 두 동강 내는데, 머리 부분은 바위 터널에 남아 있고 꼬리 부분은 생식세포를 싣고 해수면으로 떠올라 정자와 난자를 풀어놓는다. 이런 일은 하현달이 뜨기 전날, 그리고 하현달이 뜨고 난 이틀날 새벽에 생긴다. 산란이 일어나는 두 번째 날에는 방출한 난자의 양이 어찌나 많은지 바다 색깔이 뿌옇게 변할 정도다.

피지(Fiji)제도 주위의 바다에도 팔롤로와 비슷한 갯지렁이가 살고 있는데, 그곳 거주민은 이를 '음발롤로(Mbalolo)'라고 부르며, 10월 산란기를 '작은 음발롤로(Mbalolo lailai)', 11월 산란기를 '큰 음발롤로(Mbalolo levu)'라고 표기한다. 길버트제도 부근에 사는 이와 흡사한 갯지렁이는 6~7월에 달이 특정 위상일 때 반응을 보인다. 그리고 말레이제도에서는 팔롤로와 유연관계인 갯지렁이가 3~4월 보름달이 뜨고 이틀 뒤와 사흘 뒤(조석이 최고조에 달하는 때) 밤에 수면으로 떼 지어 몰려온다. 일본의 팔롤로는 10~11월에 초승달이 뜬 후, 그리고 다시 보름달이 뜬 후 수면으로 무리 지어 오른다.

이와 관련해서는 자연스럽게 한 가지 질문이 떠오른다. 그러한 행동을 촉발하는 추동력은 모종의 조석 상태인가, 아니면 그보다 더 신비로운 달의 어떤 다른 영향인가? 아직은 누구도 거기에 답하지 못하고 있다. 다만 리드미컬한 물의 움직임 때문이라거나, 물의 압력 때문이라고 답하는 게 비교적 무난해 보인다. 그러나 왜 하필 1년 중 어느 특정 조석일 때만 그러한 행동이 일어나느냐, 왜 어떤 좋은 만조일 때 또 어떤 좋은 물의 움직임이 가장 둔할 때 종족을 보존하려 하느냐고 되묻는다면 현재로서는 누구라도 답변이 궁하다.

조석의 리듬에 가장 정교하게 적응한 동물은 바로 사람 손바닥 길이의 빛나는 작은 물고기, 곧 색줄멸(grunion)이다. 이들의 적응 과정이 어떠한지, 그 과정이 얼마 동안 계속되었는지 말해줄 사람은 없다. 하지만 색줄멸은 조석의 '하루' 리듬뿐 아니라 특정 조석이 다른 것보다 해안에 더 높게 올라오는 '한 달' 리듬까지 알아차린다. 녀석들은 산란 습성을 분명하게 조석 주기에 맞춤으로써 종의 존속 자체를 그러한 적응의 정확성에 기대고 있다.

색줄멸은 3~8월까지 매 보름달 직후 캘리포니아 해안에 밀려드는 쇄파를 타고 나타난다. 조석이 밀물 단계에 이르렀다 서서히 느려지고 머뭇거리며 빠져나가기 시작한다. 그러면 썰물의 파도 속에서 녀석들이 모습을 드러낸다. 파도 마루를 타고 해변에 실려올 때면 몸이 달빛을 받아 빛난다. 녀석들은 한동안 젖은 모래에 몸을 누인 채 반짝이다 다음 번 파도가 밀려들 때 거기에 휩쓸려 도로 바다로 돌아간다. 밀물이 썰물로 바뀌고 나서 약 1시간 동안, 색줄멸 수천 마리가 물을 떠나 해안으로 올라와 있다가 다시 바다로 돌아가는 장관이 줄곧 펼쳐진다. 이것이 바로 색줄멸의 산란 활동이다.

파도와 파도 사이의 짧은 순간에 수컷과 암컷 색줄멸이 젖은 모래밭으로 함께 기어 올라온다. 암컷은 알을 낳고 수컷은 그 알을 수정시킨다. 부모 물고기가 바다로 돌아가면, 모래에 묻힌 알 무더기만 남는다. 그날 밤 이어지는 파도는 알을 휩쓸어가지 않는다. 조석이 이미 썰물로 돌아섰기 때문이다. 다음 번 고조의 파도 역시 알을 방해하지 않을 것이다. 보름달이 지난 뒤에는 한동안 만조의 수위가 서서히 낮아지기 때문이다. 이제 알은 최소한 보름 정도는 물에 휩쓸려갈 우려 없이 따뜻하고 축축한 모래의 품에 안겨 발달 과정을 거친다. 2주 동안 수정란이 유생 단계의 작은 물고기로 탈바꿈하는 마법이 펼쳐진다. 완벽한 꼴을 갖춘 작은 색줄멸은 아직껏 난자의 세포막 속에 들어 있고, 모래 밑에 묻혀 방출될 순간만 엿본다. 그 순간은 초승달의 만조와 함께 찾아온다. 만조의 파도가 작은 색줄멸 알이 묻힌 지점까지 굽이치며 달려들어 모래를 깊숙이 헤집는다. 모래가 씻겨나갈 때 차가운 바닷물의 감촉을 느낀 알은 세포막이 파열되고 새끼 물고기로 부화한다. 색줄멸을 풀어준 파도는 녀석들을 바다로 데려간다.

그러나 조석과의 관련성을 보여주는 동물 가운데 내게 가장 큰 즐거움을 안겨주는 것은 단연 몸이 편평한 작은 갯지렁이 콘볼루타 로스코펜시스(Convoluta roscoffensis)다. 브르타뉴 북부와 채널제도의 모래 해안에 서식하는 콘볼루타는 딱히 외형상의 특이 사항은 없지만 잊히지 않는 한 가지 속성이 있다. 녀석들은 녹조류와 특이한 공생 관계를 맺고 살아가는데, 녹조류 세포가 그들 몸속에 살고 있어 조직이 녹색을 띤다. 한편 콘볼루타는 전적으로 자기한테 얹혀사는 식물이 만든 녹말만 먹는 의존적인 섭생 탓에 소화 기관이 퇴화했다. 녹조류 세포가 (햇빛을 필요로 하는) 광합성을 하려면, 콘볼루타는 조석이 썰물로 바뀌자마자 조간대의 축축한 모래 속에서 기어 나와야 한다. 그래서 모래밭이 콘볼루타 수천 마리로 이뤄진 커다란 녹색 조각들로 얼룩진다. 조수가 밀려난 몇 시간 동안 녀석들은 햇볕을 쬐며 누워 있고, 녹조류는 광합성을 통해 당분과 녹말을 만든다. 조수가 돌아오면 콘볼루타는 물에 휩쓸려 깊은 바다로 떠내려가지 않기 위해 다시 모래 속으로 기어 들어간다. 그래서 이 갯지렁이는 평생토록 조석 단계에 따라 썰물 때는 햇볕을 쬐러 모래 위로 기어 나왔다가 밀물 때는 기어 들어가는 행동을 지치지도 않고 되풀이한다.

콘볼루타와 관련해 결코 잊을 수 없는 광경이 하나 있다. 모종의 문제를 연구하기 위해 한 해양생물학자가 그 갯지렁이 군체를 몽땅 실험실로 옮겨왔을 때의 일이다. 그는 녀석들을 실험실 수족관에 집어넣긴 했지만 조석마저 옮겨올 수는 없었다. 그러나 콘볼루타는 하루에 두 번씩 수족관 아래 깔아놓은 모래에서 기어 나와 햇볕을 쬐었다. 그리고 매일 두 차례씩 모래 속으로 기어 들어갔다. 콘볼루타는 뇌가 없고, 따라서 우리가 말하는 이른바 기억이란 것도 없다. 어떤 분명한 지각력 따위도 없다. 그렇지만 녀석들은 실험실이라는 낯선 장소에서도 작은 초록색 몸통 구석구석에 먼 바다의 조석 리듬을 기억한 채 계속해서 제 삶을 살아간다.

인간과 인간을 둘러싼 바다

12

ㅅㅅㅅㅅㅅㅅㅅㅅㅅㅅㅅㅅㅅㅅㅅ

지구의 온도 조절 장치

ㅅㅅㅅㅅㅅㅅㅅㅅㅅㅅㅅㅅㅅㅅㅅㅅ

폭풍우는 남방 밀실에서 몰려오고,
추위는 북풍을 타고 오느니라.

—욥기

파나마 운하를 건설하자는 제안이 처음 나왔을 무렵, 유럽 사회는 그 기획에 격렬하게 반대했다. 특히 프랑스는 그런 운하를 건설하면 적도 해류의 물을 태평양에 빼앗기고, 그럴 경우 멕시코 만류가 사라져 겨울 기후가 견디기 힘들 만큼 추워질 거라고 볼멘소리를 했다. 프랑스인들은 놀란 나머지 해양학적 사건이 가져다줄 효과를 전혀 엉뚱하게 예측했지만, 단한 가지 그들이 생각한 일반적 원리, 즉 기후와 해양 순환의 패턴이 밀접하게 연관되어 있다는 것만큼은 옳았다.

해류의 패턴을 미묘하게 바꾸거나(혹은 바꾸고자 노력하거나), 기후를 마음대로 조정하려는 시도가 계속 이어지고 있다. 우리는 종종 오야시오 해류의 방향을 아시아 연안에서 다른 곳으로 틀어버리려는 기획이나 멕시코 만류를 제어하려는 시도에 관한 이야기를 듣곤 한다. 1912년경 미 의회는 레이스(Race)곶에서 그랜드뱅크스를 가로질러 동쪽으로 방파제를 쌓는 데 사용할 예산을 책정해달라는 요청을 받았다. 북극해에서 남쪽으로 흐르는 한류를 차단하기 위한 방파제였다. 이런 구상을 지지한 사람들은 그렇게 하면 멕시코 만류가 미국 북부 본토에 더 가까이 흐름으로써 겨울이 따뜻해질 거라고 믿었다. 예산 책정 요구는 끝내 받아들여지지 않았다. 하지만 설령 예산을 책정했다 하더라도, 그때나 그 이후나 엔지니어들이 과연 해류의 흐름을 마음대로 통제하는 데 성공했으리라고 장담할 만한 근거는 거의 없다. 사실 그런 일을 진행하지 않은 것은 천만다행이다. 그런 구상은 대부분 흔히 기대하는 것과는 다른 효과를 초래하기 때문이다. 이를테면 멕시코 만류를 미국 동부 연안에 더 가까이 흐르도록 만들면 미국의 겨울은 따뜻해지는 게 아니라 되레 더 추워질 것이다. 북아메리카 대서양 연안에서 탁월풍은 대륙을 가로질러 바다 쪽을 향해 동쪽으로 분다. 따라서 멕시코 만류를 뒤덮은 기단은 좀처럼 우리에게 닿지 않는다. 그러나 난류를 실어오는 멕시코 만류는 우리 기후에 큰 영향을 미친다. 겨울의 차가운 바람은 중력에 의해 따뜻한 바닷물 위의 저기압 지역으로 이동한다. 멕시코 만류의 온도가 보통 때보다 높았던 1916년 겨울은 미국 동부 연안의 날씨가 유독 춥고 눈이 많이 내린 때로 오래 기억되고 있다. 멕시코 만류를 연안 쪽으로 더 가까이 옮기면, 기후가 온화해지기는커녕 결과적으로 겨울에 내륙 안쪽에서 더 차갑고 강한 바람이 불어올 것이다.

북아메리카 동부의 기후는 멕시코 만류에 큰 영향을 받지 않지만 그 '하류'의 육지는 사정이 크게 다르다. 앞에서 살펴보았듯 멕시코 만류의 따뜻한 물은 우세한 편서풍에 밀려 뉴펀들랜드뱅크스(Newfoundland Banks)에서 동쪽으로 방향을 튼다. 그러나 멕시코 만류는 얼마 지나지 않아 여러 갈래로 나뉜다. 그중 하나는 그린란드 서해안을 향해 북쪽으로 흐르는데, 거기서 멕시코 만류의 따뜻한 물은 페어웰(Farewell)곶 부근으로부터 동그린란드(East Greenland) 해류에 실려온 얼음과 만난다. 아이슬란드 남서 해안으로 치닫는 또 다른 물길은 북극해에 섞여 소멸하며 아이슬란드 남해안의 기후를 온화하게 만들어준다. 그러나 멕시코 만류, 즉 북대서양 표류(North Atlantic Drift: 북대서양 해류라고도 함—옮긴이)의 주요 지류는 동쪽으로 흐르다 이내 여러 갈래로 나뉜다. 그중 가장 남쪽을 흐르는 물줄기는 에스파냐와 아프리카 쪽으로 선회해 북적도 해류와 재합류한다. 가장 북쪽으로 흐르는 물줄기는 '아이슬란드 저기압대' 근방에서 부는 바람에 의해 동쪽을 향해 길을 서두르며 유럽 연안으로 흘러 그곳 바다를 비슷한 위도상에 있는 세계 어떤 지역보다 따뜻하게 만들어준다. 비스케이(Biscay)만 이북에서부터 그 영향을 잘 느낄 수 있다. 멕시코 만류는 스칸디나비아 연안을 따라 북동쪽으로 흘러갈 때면 서쪽으로 굽어 흐르는 수많은 지류로 갈라지면서 북극 섬들에 따뜻한 물의 숨결을 안겨주는가 하면, 어지러운 회오리와 소용돌이를 일으키며 다른 해류와 뒤섞인다. 이들 지류 중 하나에 의해 따뜻해진 스피츠베르겐제도의 서해안은 북극 지역임에도 여름에 화사한 꽃이 다투어 피어난다. 그러나 북극 해류의 영향권 아래 놓인 스피츠베르겐 동해안은 여전히 황량하고 살풍경한 모습 그대로다. 멕시코 만류가 노르웨이 최북단의 노스곶 주위를 지나는 까닭에 함메르페스트(Hammerfest: 노르웨이 북부의 항구 도시—옮긴이)나 무르만스크(Murmansk: 러시아 서북부의 항구 도시—옮긴이)는 부동항(不凍港)을 유지할 수 있다. 그에 반해 이곳에서 약 1300킬로미터 떨어진 발트해 연안의 항구 도시 리가(Riga: 라트비아의 수도—옮긴이)는 훨씬 더 남쪽인데도 꽁꽁 얼어붙어 있다. 대서양에서 흘러온 이 바닷물은 마침내 북극해 어디쯤, 그러니까 노바야젬랴(Novaya Zemlya: 러시아 북서부의 섬. 러시아어로 '새로운 땅'이라는 뜻—옮긴이) 부근에서 얼음장 같은 북극의 바닷물에 뒤섞이며 서서히 자취를 감춘다.

멕시코 만류는 언제나 따뜻한 바닷물의 흐름이지만, 그럼에도 온도가 해마다 달라진다. 얼핏 하찮아 보이는 이러한 변화도 유럽의 기온에 적잖은 영향을 끼친다. 영국 기상학자 브룩스(C. E. P. Brooks)는 북대서양을 "온수 수도꼭지 하나와 냉수 수도꼭지 2개가 달린 거대한 욕조"라고 표현했다. 온수 수도꼭지란 멕시코 만류를, 냉수 수도꼭지란 동그린란드 해류와 래브라도 해류를 일컫는다. 멕시코 만류는 수량과 수온이 경유 지역에 따라 제각각인 데 반해, 동그린란드 해류와 래브라도 해류는 수온은 어디나 거의 비슷하고 수량만 크게 차이 난다. 세 물줄기가 어떤 식으로 만나느냐에 따라 동대서양의 표층수 온도가 달라진다. 이는 유럽의 날씨나 북극해에서 발생하는 일에도 커다란 영향을 미친다. 예컨대 동대서양의 수온이 겨울에 아주 조금만 올라가도 유럽 북서부를 뒤덮은 눈이 더 일찍 녹고, 땅의 해빙도 빨라진다. 아울러 봄의 논밭갈이도 일러지고, 가을 수확도 한층 풍작을 이룬다. 또한 봄에 아이슬란드 부근의 얼음이 덜 생기고, 한두 해 뒤에는 바렌츠해에 떠다니는 부빙도 줄어든다. 유럽 과학자들은 이런 상관관계를 명확하게 밝혀냈다. 언젠가 유럽 대륙의 장기 기상예보는 부분적으로 대양의 수온을 토대로 이뤄질 것이다. 그러나 현재로서는 충분히 넓은 지역에서 충분히 촘촘한 간격으로 수온을 측정할 수단이 없다.■

■ 1950년대에는 수온 기록 도구를 개발하는 데 커다란 진척이 이루어졌다. 선박 뒤에 서미스터 체인(thermistor chain)을 끌고 다님으로써 약 150미터 깊이의 바다 수온을 연속적으로 기록할 수 있게 된 것이다. 이 전자 심해수온기록계는 이용 가능한 케이블의 길이가 어느 정도냐에 따라 어떤 깊이의 수온도 잴 수 있다. 이는 초창기 심해수온기록계를 크게 개

지구 전체로 볼 때 바다는 온도를 조절하고 안정시키는 거대한 장치다. 바다는 지금껏 "태양 에너지가 남아도는 계절에는 비축해두었다 모자라는 계절에는 되돌려주는, 태양 에너지의 저축 은행"으로 묘사되곤 했다. 만약 바다가 없다면 세상은 상상할 수 없으리만큼 극심한 온도 변화에 시달릴 것이다. 지표면의 4분의 3을 외투처럼 뒤덮은 물은 너무나 중요한 한 가지 특성을 지니고 있다. 바로 열을 흡수하거나 방출하는 능력이 뛰어나다는 점이다. 열용량이 매우 큰 바다는 태양한테서 상당량의 열을 빼앗고도 그다지 '뜨거워지지' 않으며, 막대한 열을 도로 내놓고도 그다지 '차가워지지' 않는다.

바다는 해류라는 매개를 통해 열기와 냉기를 몇 천 킬로미터의 지역에 골고루 나눠준다. 남반구 무역풍대에서 발원한 난류의 이동 경로를 추적하면, 그 해류가 1만 1000킬로미터의 물길을 1년 반에 걸쳐 흘러 다니는 동안 애초의 따뜻함을 유지한다는 걸 알 수 있다. 바다는 이처럼 물을 재분배하는 역할을 떠안음으로써 태양이 지구를 비출 때 생기는 차별을 얼마간 보완한다. 해류는 이처럼 적도 지방의 더운물을 극지방으로 나르고, 대신 래브라도 해류나 오야시오 해류 같은 표층류 그리고 훨씬 더 중요한 심층류를 통해 차가운 물을 적도 지방에 실어다준다. 지구 전체에서 열기를 재분배하는 일은 절반은 해류에 의해, 나머지 절반은 바람에 의해 이

선한 것으로, 배가 움직이는 동안 갑판 기록계에 수온을 나타내는 연속적인 그래프가 생성된다. 해수 온도를 연구하는 데 한층 더 획기적인 결과물은 바로 항공복사온도계(airborne radiation thermometer)다. 이는 바다 위를 날면서 해수면 온도를 기록하는데, 1도의 몇 분의 1까지 맞추는 정확도를 자랑한다. 해양학자들은 이 기구가 정확도를 더욱 높이도록 한층 더 정교하게 개발할 여지가 있다고 보지만, 멕시코 만류의 가장자리를 기록하는 것 같은 작업을 통해 이미 그 유용성을 검증받았다. 1960년 우즈홀 해양연구소에서 실시한 멕시코 만류 조사 때, 저공 비행기 한 대가 무려 4만 8000킬로미터를 누비고 다니면서 멕시코 만류가 지나가는 여러 지역의 해수면 온도를 측정했다.

루어진다.

'물의 바다'와 그 위에 드리운 '공기의 바다'는 지구의 상당 부분에서 직접 접촉하는데, 두 바다가 만나는 경계면에서는 중요한 상호 작용이 계속된다.

공기는 바다를 데우기도 하고 식히기도 한다. 대기는 증발하는 수증기를 받아들이는데, 그 과정에서 소금은 대부분 바다에 남으므로 바다의 염도가 점차 높아진다. 지구를 감싸고 있는 기단은 장소에 따라 무게가 다른데, 그로 인해 해수면에 가하는 압력도 달라진다. 해수면이 고기압 지대에서는 하강하고, 저기압 지대에서는 상승하는 것이다. 공기는 움직이는 바람의 도움으로 해수면에 작용해 파도를 일으키고, 해류를 흘러가게 만든다. 아울러 해수면을 '바람이 불어오는 쪽 해안'에서는 낮추고, '바람이 불어가는 쪽 해안'에서는 높여준다.

그러나 바다가 공기를 좌우하는 것이 그 반대의 경우보다 훨씬 더 크다. 바다가 대기의 온도와 습도에 미치는 영향은 열기가 공기로부터 바다에 소량 전달되는 경우보다 한층 더 크다. 물을 섭씨 1도 올리는 데 드는 열량은 같은 부피의 공기를 1도 올리는 데 드는 열량의 3000배에 달한다. 따라서 1세제곱미터의 물을 1도 식힐 때 나오는 열은 공기 3000세제곱미터의 온도를 1도 높일 수 있다. 다른 예를 하나 들어보자. 요컨대 1미터 깊이의 바닷물층 온도를 0.1도 낮추고 얻은 열은 33미터 두께의 공기층 온도를 10도 올릴 수 있다. 기온은 대기압과 밀접한 관련이 있다. 공기가 차가운 곳은 기압이 높은 경향이 있고, 따뜻한 공기는 저기압을 선호한다. 따라서 바다와 공기 사이의 열전달은 고기압대와 저기압대를 변화시킨다. 또한 바람의 방향과 세기에 막대한 영향을 끼치며 폭풍의 진로를 좌우한다.

바다 위에 상존하는 고기압 중심은 6개쯤 되는데, 남반구와 북반구에 각각 3개씩 있다. 이들 지역은 주변의 육지 기후를 좌우하는 역할을 할 뿐 아니라 지구에서 볼 수 있는 탁월풍 대부분이 발생하는 곳이라 전 세계에 영향을 끼친다. 무역풍은 북반구와 남반구의 고기압대에서 시작된다. 이 거대한 바람은 드넓은 범위에 걸친 바다 위로 부는 동안에는 본연의 면모를 잘 유지한다. 이 바람이 혼란을 겪고 방해를 받으며 변형되는 것은 오로지 육지 위로 불 때뿐이다.

대양의 다른 지역에는 저기압대가 형성되어 있다. 저기압대는 특히 겨울에 주변 육지보다 따뜻한 바다 위에서 생긴다. 이동성 저기압이나 사이클론성 폭풍은 저기압대에 의해 이끌리는데, 이 지대를 신속히 가로지르거나 그 가장자리를 스쳐 지나간다. 따라서 겨울 폭풍은 '아이슬란드 저기압대'를 가로질러 셰틀랜드제도와 오크니제도를 지나 북해와 노르웨이해로 향하는 길을 택한다. 그 밖의 다른 폭풍은 스카게라크(Skagerrak: 덴마크와 노르웨이 사이에 있는 해협—옮긴이)와 발트해 위에 형성된 또 다른 저기압대에 이끌려 유럽 내륙으로 이동한다. 다른 무엇보다 유럽의 겨울 기후에 큰 영향을 끼치는 것은 아이슬란드 남쪽의 따뜻한 바다를 뒤덮은 저기압대다.

한편 바다와 육지에 내리는 비는 대부분 바다에서 증발한 것이다. 증발한 물은 바람 속에서 수증기 형태로 떠돌다 온도가 변하면 비의 형태로 떨어진다. 유럽에 내리는 비는 대부분 대서양에서 증발한 물로 이뤄져 있다. 미국에서는 멕시코만과 대서양 서쪽의 열대 바다에서 상승한 수증기와 따뜻한 공기가 바람을 타고 미시시피강의 드넓은 계곡 위로 올라가 북아메리카 동부 대부분 지역에 비를 뿌린다.

어떤 지역이 엄혹한 대륙성 기후를 띠느냐, 아니면 온화한 바다의 영향권 아래 놓이느냐는 바다와의 거리보다 해류·바람의 패턴 및 대륙의 형세에 달려 있다. 북아메리카 동부의 대서양 연안은 주도적인 바람이 서풍이라 바다의 덕을 거의 보지 못한다. 반면 북아메리카 서부 연안은 몇 천 킬로미터의 태평양을 건너온 편서풍이 지나는 길목에 놓여 있다. 태평양의 촉촉한 숨결은 기후를 온화하게 해주고, 캐나다의 브리티시컬럼비아주, 미국의 워싱턴주와 오리건주에 짙은 열대 우림을 형성해놓았다. 그러나 온전히 그 편서풍의 영향 아래 놓이는 지역은 대체로 길게 뻗은 서부 연안에 그친다. 바다와 나란히 펼쳐진 해안 산맥이 가로막고 있기 때문이다. 반면 유럽 대륙은 바다를 향해 탁 트여 있어 '대서양 기후'가 내륙으로 몇 백 킬로미터 안쪽까지 영향을 미친다.

얼핏 말이 안 되는 것 같지만 바다와 가깝기 때문에 건조한 사막 기후가 나타나는 지역이 세계적으로 몇 곳 있다. 칠레의 아타카마(Atacama) 사막이나 아프리카의 칼라하리(Kalahari) 사막이 건조한 것은 희한하게도 바다와 관련이 깊다. 이처럼 바다에 인접한 사막에는 항상 다음의 두 가지 조건이 어우러져 있다. 바로 탁월풍이 부는 길목에 놓인 서안(西岸)이라는 것과 해안에 한류가 흐른다는 것이다. 남아메리카 서안에서는 차가운 훔볼트 해류—태평양의 바닷물이 적도 쪽으로 되돌아가는 거대한 흐름—가 칠레와 페루 해안에서 북쪽으로 흐른다. 앞서 언급한 대로 훔볼트 해류가 차가운 것은 용승한 심층수가 끊임없이 더해지고 있기 때문이다. 이 한류가 외안으로 흘러 그 지역이 건조해진다. 오후에 해안에서 무더운 육지 쪽으로 부는 해풍은 찬 바다 위의 찬 공기를 실어온다. 육지에 다다른 공기는 해안 산맥을 타고 올라간다. 그 공기는 따뜻한 육지가 데워주는 정도를 상쇄하고도 남을 만큼 충분히 차갑다. 그래서 상승하는 중에도 수증기의 응결이 거의 이뤄지지 않는다. 구름층이 겹겹이 쌓이고 운무가 잔뜩 끼어 있어 금방이라도 비를 뿌려줄 것 같지만, 훔볼트 해류가 이들 해안의 낮익은 길을 따라 흐르는 한 그런 기대는 이뤄지지 않는다. 아리카(Arica)에서 칼데라(Caldera)까지 이어진 칠레 서북부 연안은 연평균 강수량이 채 25밀리미터도 되지 않는다. 하지만 이는 그러한 균형이 유지되는 한 더없이 조화로운 시스템이다. 만약 훔볼트 해류가 일시적으로라도 사라진다면 그곳은 거의 재앙에 가까운 피해를 입을 것이다.

훔볼트 해류는 북쪽에서 내려온 적도 지방의 바닷물이 유입되면 더러 남아메리카 대륙에서 멀리 벗어날 때가 있다. 이런 해에는 어김없이 재앙이 닥친다. 그 지역의 경제 전반은 평상시의 건조한 기후에 맞춰져 있다. 바닷물이 따뜻해지는 엘니뇨가 발생한 해에는 폭우가 쏟아진다. 적도 지방에 억수같이 퍼붓는 비는 페루 연안의 메마른 산비탈을 타고 흘러내린다. 토양이 쓸려나가고, 진흙집은 문자 그대로 녹아내리면서 허물어지고, 농작물은 엉망진창이 된다. 바다에서는 한층 더 심각한 일이 벌어진다. 한류인 훔볼트 해류에 사는 해양 동물이 따뜻한 바닷물의 습격을 받아 시름시름 앓다 죽는 것이다. 차가운 바다에서 물고기를 잡아먹고 살던 새들도 덩달아 다른 곳으로 떠나거나 굶어 죽고 만다.

차가운 벵겔라 해류가 흐르는 아프리카 서해안 역시 산맥과 바다 사이에 자리하고 있다. 동쪽에서 아래로 부는 바람은 메마르지만, 대서양에서 불어오는 차가운 바람은 무더운 육지를 만나면서 더 많은 습기를 머금는다. 차가운 바닷물 위에서 형성된 연무가 연안으로 이동하지만, 연안에서는 1년 내내 거의 비 구경을 하기 어렵다. 나미비아의 월비스(Walvis)만에 있는 항구 도시 스바코프문트(Swakopmund)의 연평균 강수량은 18밀리미터에 불과하다. 하지만 이 역시 벵겔라 해류가 그 연안을 철통같이 지켜준다는 조건 아래서만 그렇다. 차가운 벵겔라 해류도 훔볼트 해류처럼 난류가 밀려들면 맥을 못 추는데, 그럴 경우 아프리카 남서부 해안은 막대한 피해를 입는다.

바다가 기후에 미치는 영향은 남극과 북극 지역의 기후가 판이한 데서 극명하게 드러난다. 잘 알려졌다시피 북극은 거의 육지에 둘러싸인 바다이고, 남극은 바다에 에워싸인 대륙이다. 육지로 된 남극과 바다로 된 북극이 전 지구적 균형을 이루고 있다는 사실이 지구물리학에서 더없이 중요한지 어떤지는 알 길이 없다. 다만 그게 두 지역의 기후에 영향을 미치는 것만큼은 분명하다.

균일하게 차가운 바다에 둘러싸이고 얼음으로 뒤덮인 남극 대륙은 극고기압(극지방에 발달하는 한랭한 고기압으로 남극의 극고기압은 안정된 반면 북극의 극고기압은 변동이 많음―옮긴이)의 영향권 아래에 놓여 있다. 육지에서 바다 쪽으로 불어오는 강한 바람은 그곳에 침투하려는 그 어떤 따뜻한 기운도 몰아낸다. 따라서 이 살벌한 지역의 평균 기온은 결코 영하권을 벗어나지 않는다. 노출된 바위에서 이끼가 자라고, 회색이나 오렌지색 지의류가 헐벗은 절벽을 뒤덮고, 여기저기 추위에 강한 붉은 바닷말이 쌓인 눈 위로 머리를 내밀고 있다. 바람에 덜 노출된 바위 틈새나 계곡에는 이끼가 겨우 자라지만, 고등 식물 중에는 불모지에서 살아남을 수 있는 몇 종의 풀만 간신히 버티고 있을 뿐이다. 육상 포유류는 찾아볼 수 없다. 남극 대륙에 사는 동물은 새, 날개 없는 모기, 파리 몇 종, 미세 진드기가 고작이다.

남극과 커다란 대조를 이루는 북극에서는 여름에 툰드라 지대가 다채로운 빛깔의 꽃들로 화사하다. 그린란드의 만년설과 북극해의 몇몇 섬만 빼고는 어디에서나 여름 기온이 식물의 생장에 충분할 만큼 높다. 식물은 짧고 따뜻한 여름 한철에 1년 치의 발달을 몰아서 해치운다. 극지방의 식물 생육 한계선은 위도가 아니라 바다에 의해 결정된다. 앞서 살펴본 것처럼 북극해를 둘러싼 대륙 사이에 난 가장 큰 틈새인 그린란드해로 따뜻한 대서양 바닷물이 들어와 막대한 영향력을 행사하기 때문이다. 차가운 북극해에 유입된 따뜻한 대서양 물줄기가 바다를 부드럽게 어루만져 기후나 지형이 남극과는 딴판이 되도록 만든다.

이처럼 바다는 매일매일, 사시사철 세계의 기후에 관여한다. 그렇다면 바다는 우리가 알다시피 오랜 지질 시대를 거치는 동안 발생한 장기적 기후 변동 패턴(즉 따뜻한 시기와 추운 시기, 가뭄과 홍수의 교차)을 일으키는 데도 한몫했을까? 그렇다는 것을 뒷받침하는 매력적인 이론이 있다. 스웨덴의 저명한 해양학자 오토 페테르손(Otto Pettersson, 1848~1941)이 정립한 이 이론은 감춰진 심해에서 일어나는 사건을 기후의 주기적 변화와 그것이 인류사에 미치는 영향과 관련짓는다. 한 세기에 가까운 삶을 살다 1941년 세상을 떠난 페테르손은 수많은 논문에서 그 이론을 이루는 여러 측면을 다루었고, 마치 조각을 맞추듯 그 모두를 종합해 하나의 이론으로 제시했다. 동료 과학자 대부분은 그의 이론에 감명을 받았지만, 의문을 제기한 이들도 없지는 않았다. 당시에는 심층수의 운동 역학을 이해하는 학자가 거의 없다시피 했다. 현대 해양학과 기상학의 관점에서 그 이론을 재검토한 결과, C. E. P. 브룩스는 최근에야 마침내 이렇게 말할 수 있었다. "태양 활동 이론처럼 페테르손의 이론도 충분히 지지할 수 있을 것 같다. 기원전 3000년 이후의 실질적 기후 변동은 상당 부분 이 두 요인(태양과 바다의 활동—옮긴이)이 어우러진 결과인 듯하다."

페테르손의 이론을 검토해보면, 변화무쌍한 인류의 역사를, 즉 자연력의 통제를 받고 있긴 하지만 결코 그 속성을 이해하지 못할뿐더러 그것이 존재한다는 사실조차 알아차리지 못하는 인간의 장대한 삶 또한 되새

거볼 수 있다. 페테르손이 추진한 작업은 그가 살아온 환경에서 비롯된 자연스러운 산물이었다. 그는 수역이 복잡하고 경이로운 발트해 연안에서 태어났고, 사망할 때까지 무려 93년 동안 그곳을 떠나지 않았다. 굴마르피오르(Gulmarfiord)의 깊은 바다가 내려다보이는 가파른 절벽 꼭대기에 자리한 그의 실험실에서는 각종 측정 장비가 발트해로 들어오는 바다에서 일어나는 기이한 현상을 기록했다. 바닷물은 내해를 향해 밀려들 때면 표층의 민물 밑으로 기어 들어간다. 민물과 바닷물이 접하는 곳에는 마치 바다와 대기 사이에 표수막이 쳐지듯 불연속층이 선명하게 그어진다. 페테르손의 측정 장비는 한시도 쉬지 않고 그 심해층이 강하게 고동치는 운동을 하고 있음을 보여주었다. 이는 움직이는 방대한 물, 즉 엄청난 해저파가 내해로 밀려들고 있음을 뜻했다. 이 운동은 하루에 두 차례, 그러니까 12시간에 한 번씩 가장 강력했고, 그 중간에는 기세가 다소 누그러졌다. 페테르손은 이내 그 해저파의 운동 주기가 나날의 조석과 연관되어 있음을 알아냈다. 그는 이 해저파를 '달 파도(moon waves)'라고 불렀는데, 몇 달이고 몇 년이고 그 높이를 재고 오르내리는 주기를 측정한 끝에 그것이 끊임없이 변하는 조석의 주기와 명명백백하게 관련되어 있음을 밝혀낸 것이다.

굴마르피오르의 심해파 중 어떤 것은 높이가 30미터에 달할 정도로 거대하다. 그처럼 엄청난 심해파는 대양 조석파가 북대서양의 해저 산맥에 부딪쳐 생겨난 것이라고 페테르손은 믿었다. 즉 태양과 달의 인력에 이끌려 움직이는 물이 깊은 바다에서 부서지며 막대한 양의 소금물 속으로 번져나가면서 피오르와 연안의 좁은 해협으로 밀려든다는 것이다.

심해 조석파를 연구하던 페테르손은 필연적으로 또 다른 문제에 관심을 기울이기 시작했다. 스웨덴 청어잡이 어업의 흥망성쇠에 관한 것이었다. 그가 나고 자란 보후슬렌(Bohuslän)에는 중세 시대 한자동맹(Hanseatic League: 13~17세기 독일 북쪽과 발트해 연안에 있는 여러 도시가 맺은 동맹—옮긴이) 당시 거대한 청어잡이 어장이 있었다. 13~15세기 내내 이 거대한 해양 어업은 주로 발트해로 들어가는 좁은 물길인 순드(Sund)와 벨츠(Belts)에서 이루어졌다. 돈 찍어내는 기계나 다름없는 은빛 물고기가 끊임없이 잡힌 덕택에 스카노르(Skanor)나 팔스테르보(Falsterbo) 같은 마을은 유례없는 번영을 구가했다. 그런데 돌연 그 어업이 된서리를 맞았다. 청어 떼가 모두 북해로 떠나고 더 이상 발트해 문턱에는 얼씬도 하지 않은 탓이다. 네덜란드는 경사가 났지만 스웨덴은 초상집 분위기였다. 청어는 어째서 종적을 감추었을까? 페테르손은 그 이유를 알 것 같았다. 그의 실험실에서 바삐 움직이는 펜, 굴마르피오르 심해에서 일어나는 해저파 운동을 회전통 위에 기록하고 있는 펜이 그 단서였다.

그는 달과 태양의 기조력이 다양하듯 해저 파도의 높이와 세기도 저마다 다르다는 것을 발견했다. 그리고 천문학적 계산을 통해 조석은 분명 중세의 마지막 몇 백 년 동안 가장 강력했다는 것을 알아냈다. 그건 다름 아닌 발트해의 청어잡이가 풍어기를 구가하던 때였다. 태양·달·지구의 위치는 동지 때와 같아 바다를 끌어당기는 힘이 가장 강했다. 세 천체는 오직 1800년에 한 번꼴로만 이 같은 특별한 관련을 맺는다. 그런데 중세 시대의 이 시기에 거대한 해저파가 발트해의 좁은 통로로 거세게 밀려왔고, 그 '거대한 물'과 함께 청어 떼가 발트해로 쏟아져 들어온 것이다. 그리고 나중에 조석이 약해지자 청어 떼는 더 이상 발트해로 들어오지 않고 북해에 머물게 되었다.

페테르손은 무척이나 중요한 또 한 가지 사실을 알아냈다. 바로 그처럼 조석이 거셌던 몇 백 년의 세월과 자연계에서 '특이하고 이례적인 사건'

이 일어난 시기가 겹친다는 사실이었다. 그럴 때면 극지방의 얼음이 북대서양 바닷물의 상당 부분을 가로막았다. 북해와 발트해 연안은 폭풍을 싣고 밀려드는 홍수에 쑥대밭이 되었다. 겨울철이면 '영문을 알 길 없는 혹독한 추위'가 찾아왔고, 인간이 살아가는 세계 모든 지역에서는 호된 기후 때문에 정치적·경제적 재난이 잇따랐다. 이런 사건과 보이지 않게 움직이는 다량의 바닷물 사이에 무슨 상관관계라도 있는 것일까? 심해파가 청어뿐 아니라 인간의 삶에도 영향을 끼칠 수 있을까?

창의적 지성을 갖춘 오토 페테르손은 이런 생각을 점차 키워나간 결과 기후변동론을 정립했으며, 1912년 〈역사 시대와 선사 시대의 기후 변동(Climatic Variations in Historic and Prehistoric Time)〉[■]이라는 지극히 흥미로운 논문을 발표했다. 그는 과학적·역사적·문학적 증거를 총망라하며 온화한 기후와 엄혹한 기후가 번갈아 나타나며, 그 시기는 대양의 장기적 조석 주기와 일치한다는 사실을 밝혀냈다. 가장 최근 조석 규모가 최대인 동시에 기후가 가장 혹독했던 시기는 1433년 무렵이었다. 하지만 그 효과는 그해를 전후해 수백 년에 걸쳐 나타났다. 한편 조석의 효과가 가장 미미했던 시기는 550년경이고, 2400년경에 그와 같은 시기가 도래할 것으로 추정된다.

기후가 더없이 온화했던 가장 최근의 시기에는 유럽 연안에서도, 아이슬란드와 그린란드 주변 바다에서도 눈이나 얼음을 거의 찾아볼 수 없었다. 따라서 바이킹이 북부 바다를 자유롭게 항해했으며, 수도사들은 아일랜드와 툴레(Thule), 즉 아이슬란드를 왔다 갔다 했다. 영국과 스칸디나비아 국가들도 어렵잖게 서로 왕래했다. 사가(Saga: 중세 때 북유럽에서 발달한 산

■ *Svenska Hydrog.-Biol. Komm. Skrifter*, No. 5, 1912.

문 문학의 통칭-옮긴이)에 따르면, 노르웨이의 항해사 '붉은 머리 에릭(Eric the Red)'이 그린란드를 항해할 때 "그는 바다에서 빙하 한가운데에 자리한 육지로 올라가 해안을 따라 남쪽으로 내려가면서 그곳이 사람이 살 만한 땅인지 살폈다. 첫해에 그는 에릭섬에서 겨울을 났다……." 그해가 아마도 984년이었을 것이다. 이 전설은 에릭이 섬을 탐험하는 수년 동안 부빙 탓에 애를 먹었다는 내용도, 그린란드 주변이나 그린란드와 빈란드(Vinland: 지금의 북아메리카 동북부-옮긴이) 사이에 부빙이 천지였다는 내용도 언급하지 않는다. 에릭이 아이슬란드에서 서쪽으로 곧장 가다가 그린란드 동부 해안을 따라 내려갔다는 것은 최근 몇 백 년 동안 항해가 불가능했을 경로다. 13세기의 사가는 최초로 그린란드를 항해하는 이들에게 바다에 얼음이 얼어 있으므로 아이슬란드 정서쪽으로 가서는 안 된다고 경고하지만, 새로운 경로를 추천하지는 않았다. 그러다 14세기 말 이전 항로를 폐기하고, 얼음을 피할 수 있는 훨씬 더 남서쪽 경로를 권장하는 새로운 항해 지침이 나왔다.

그런가 하면 초기 사가에는 그린란드에 양질의 과실이 풍부하다는 사실이며, 거기서 방목할 수 있는 소의 수까지 언급되어 있다. 노르웨이인 정착촌은 지금의 빙하 기슭에 자리하고 있었다. 에스키모 전설에 따르면, 그 얼음 밑에 옛날 집과 교회가 묻혀 있다고 한다. 국립 코펜하겐 박물관(National Museum of Copenhagen)에서 파견한 덴마크 고고학탐사대(Danish Archaeological Expedition)는 옛 기록이 언급한 마을을 모두 찾아내지는 못했다. 하지만 발굴지는 그곳의 거주민이 지금보다 훨씬 더 온화한 기후에서 살았음을 뚜렷하게 보여주었다.

그러나 이처럼 온화한 기후 조건은 13세기 들어 서서히 악화하기 시작했다. 북쪽의 물개잡이 어장이 얼어붙어 굶어 죽을 지경에 처하자 에스키모인이 성가신 침략을 일삼은 탓이다. 그들은 지금의 아메랄릭피오르(Ameralik Fiord) 부근의 서쪽 정착촌을 습격했는데, 1342년경 동쪽 정착촌에서 공식 파견단이 그곳을 찾았을 때는 단 한 명의 거주민도 남아 있지 않고, 주인 잃은 소만 몇 마리 어슬렁거리고 있었다. 동쪽 정착촌 역시 1418년 이후 어느 때인가 파괴되었으며, 가옥과 교회는 불에 타서 잿더미로 변했다. 이들 정착촌이 겪은 모진 운명은 얼마간 아이슬란드와 유럽의 선박이 그린란드에 당도하기가 점차 어려워 주민이 외부 도움 없이 자체 자원에만 의존한 채 살아가야 했던 상황 때문이기도 하다.

그린란드가 혹독한 기후를 경험한 13~14세기에는 유럽에서도 비정상적인 재앙과 이례적 천재지변이 속출했다. 네덜란드 해안은 폭풍을 실은 홍수가 덮쳐 초토화되었다. 옛 아이슬란드 기록에 따르면, 1300년대 초 겨울에는 늑대 떼가 노르웨이에서 덴마크로 얼어붙은 바다를 건너왔다고 한다. 발트해 전체가 꽁꽁 얼어붙어 스웨덴과 덴마크의 섬들 사이에 튼튼한 얼음 다리가 놓이기도 했다. 마차와 사람들이 얼음을 지나 바다를 건넜고, 그들을 맞을 숙박 시설이 얼음 위에 들어섰다. 발트해가 얼어붙자 아이슬란드 남부 저기압대에서 시작된 폭풍의 진로가 바뀌기 시작했다. 그 결과 남부 유럽에서 폭풍·흉작·기아·조난 같은 이변이 잇따랐다. 아이슬란드 문학에는 14세기에 일어난 화산 폭발 등 천재지변을 다룬 내용이 매우 흔하다.

조석 이론에 따르면 기원전 4~기원전 3세기도 혹한과 폭풍의 시대였을 텐데, 그때는 과연 어땠을까? 인류 초기의 문헌과 민속에 당시를 어렴풋이 짐작할 수 있는 내용이 나온다. 《에다(Edda)》(옛 아이슬란드어로 쓰인 고대 북유럽의 신화와 영웅 전설을 모아놓은 책―옮긴이)에 실린 어둡고 음울한 시들은 수 세대 동안 서리와 눈이 세상을 지배하던 핌불빈테르(Fimbul-winter:

'극심한 겨울'이라는 뜻―옮긴이), 즉 '신들의 황혼(Götterdämmerung)'이라 일컫던 거대한 재난을 다룬다. 피테아스(Pytheas: 그리스의 천문학자이자 지리학자―옮긴이)는 기원전 330년 아이슬란드 북쪽 바다를 항해할 때, 그곳을 '진득하게 엉겨 굼뜨게 흐르는 바다'라는 뜻의 '마레 피그룸(mare pigrum)'이라고 불렀다. 초기 역사 기록은 북유럽의 부족이 쉴 새 없이 이동한―로마의 권력을 뒤흔든 '야만인'이 남하한―시기가 그들로 하여금 이주하지 않을 수 없게끔 내몬 폭풍우・홍수 등의 자연재해가 발생한 시기와 일치한다는 것을 똑똑히 보여준다. 바닷물이 크게 범람하면서 유틀란트(Jutland: 독일 북부의 반도. 덴마크가 대부분을 차지함―옮긴이)에 사는 튜턴족(Teuton)과 킴브리족(Cimbri)의 터전이 파괴되자, 그들은 남쪽 갈리아(Gaul, Gallia: 지금의 북이탈리아・프랑스・벨기에 지역―옮긴이)로 옮아갔다. 드루이드(Druid: 고대 켈트족의 종교인 드루이드교의 성직자―옮긴이) 사이에 전해진 말에 따르면, 그들의 조상은 라인강 건너편 땅에서 살다가 한편으로는 적대적인 다른 부족 때문에, 다른 한편으로는 '거대한 바다의 침입' 때문에 그곳을 떠났다고 한다. 기원전 700년경 엘베강, 베저강, 다뉴브강을 따라가다 브렌네르 고개(Brenner Pass: 알프스 동부 오스트리아와 이탈리아의 국경―옮긴이)에서 이탈리아로 넘어가는 경로이던 과거의 호박(琥珀) 무역로가 갑자기 동쪽으로 이동했다. 새로운 무역로는 폴란드의 비스툴라(Vistula)강을 따라 이어졌는데, 이는 당시 호박의 공급처가 발트해였음을 말해준다. 아마도 폭풍을 실은 홍수가 과거의 호박 산지를 파괴했을 것이다. 같은 지역에서 정확히 1800년 뒤 똑같은 일이 벌어졌다.

기후 변동과 관련한 이 모든 옛 기록이 페테르손에게는 대양 순환과 대서양의 상황이 주기적으로 변화해왔음을 암시하는 증거로 보였다. 그는 "지난 600~700년 동안은 기후에 영향을 미치는 지질학적 변화가 일어나지 않았다"고 적었다. 그에 따르면 홍수·침수·얼음벽 같은 현상은 본질적으로 대양 순환에서 볼 수 있는 일종의 이변이었다. 그는 굴마르피오르 실험실에서 수행한 연구를 적용한 결과, 기후 변화가 일어난 까닭은 조석이 일으키는 해저파가 북극 바다의 심층수를 교란한 때문이라고 믿었다. 조석 운동은 이들 바다의 표층에서는 더러 약하기도 하지만, 위의 차가운 민물층과 아래의 따뜻한 염해층이 만나는 경계면에서는 거세게 요동친다. 조석의 힘이 세찼던 해 혹은 세기에 북극해로 밀려든 다량의 따뜻한 대서양 바닷물이 얼음 아래 심해층으로 이동했다. 그러자 본래 단단한 고체 상태로 얼어 있어야 마땅한 얼음 몇 천 제곱킬로미터가 얼마간 녹아내리고 부서졌다. 어마어마한 양의 부빙이 래브라도 해류를 타고 대서양 남쪽으로 떠밀려왔다. 이것이 바람·강수량·기온과 밀접한 연관이 있는 표층수 순환의 패턴을 달라지게 만들었다. 부빙이 멕시코 만류를 공격해 뉴펀들랜드섬 남쪽에서 그 해류를 좀더 동쪽 경로로 틀어버렸다. 결국 그린란드, 아이슬란드, 스피츠베르겐제도, 북유럽의 기후를 온화하게 만드는 효과를 지닌 따뜻한 표층수의 흐름을 바꿔버린 것이다. 아이슬란드 남쪽 저기압대의 위치도 달라졌는데, 이것이 유럽 기후에 직접 영향을 끼쳤다.

페테르손의 말에 따르면, 북극 지방에 대재앙이라 부를 만한 교란이 일어난 것은 1800년 한 차례였지만 가령 9년, 18년, 36년 같은 다양한 주기로 되풀이되는 자잘한 교란도 존재한다. 이들은 저마다 다른 조석 주기와 일치하면서 기간이 더 짧고 강도는 덜한 기후 변동을 일으킨다.

예컨대 1903년은 북극해의 얼음이 크게 늘고 스칸디나비아의 어업이 큰 타격을 입은 해로 기억된다. "핀마르크(Finnmark: 노르웨이 북단의 주―옮긴이)와 로포텐제도 연안에서 스카게라크해협과 카테가트(Kattegat: 스웨덴과 덴마크 사이의 해협—옮긴이)에 이르는 해안을 따라 대구, 청어, 그 밖에 물고기의 어획량이 전반적으로 크게 줄었다. 바렌츠해의 대부분 지역이 5월까지 총빙(叢氷: 바다 위를 떠다니는 얼음이 모여 이뤄진 거대한 덩어리—옮긴이)으로 뒤덮였다. 얼음 덩어리가 그 어느 때보다 무르만스크 해안과 핀마르크 해안에 더 가까워졌다. 북극 지방에 사는 물개 떼가 이들 해안을 찾아왔고, 북극 흰돌고래(whitefish) 몇 종은 이동 거리가 크리스티아나피오르(Christiana Fiord)까지 넓어졌으며, 심지어 발트해까지 헤엄쳐왔다." 지구·달·태양의 상대적 위치에 따른 기조력이 두 번째로 큰 해에 얼음의 양이 폭발적으로 증가했다. 세 천체의 배치가 이와 흡사했던 1912년에도 래브라도 해류에 얼음이 크게 불어났다. 우리가 익히 알고 있는 '타이타닉호'의 참사가 빚어진 해다.

오늘날 우리는 놀라운 기후 교차를 목격하고 있는데, 오토 페테르손의 이론으로 이를 설명할 수 있다는 사실이 무척이나 흥미롭다. 북극 기후는 1900년경부터 뚜렷한 변화를 보이기 시작했는데, 이런 현상은 1930년경에 부쩍 두드러졌으며 아북극과 온대 지역까지 번지고 있다는 게 기정사실이다. 가장 추운 세계의 맨 꼭대기 지역이 점차 따뜻해지고 있는 것이다.

북극 지방의 기온이 높아지는 경향은 북대서양과 북극해를 항해하기가 한결 수월해졌다는 사실에서 여실히 드러난다. 예를 들어 크니포비치(N. M. Knipowitsch: 1862~1939, 러시아의 해양학자—옮긴이)는 북극 항해 사상 최초로 프란츠요제프란트(Franz Josef Land: 스피츠베르겐제도 동쪽의 북극해 군도—옮긴이) 주변을 항해했다. 그리고 3년 뒤 러시아 쇄빙선 사드코호(Sadko)가 노바야젬랴 북단에서 세베르나야젬랴(Severnaya Zemlya: 러시아어로 '북쪽 땅'이라는 뜻. 러시아 타이미르반도 북쪽의 북극해에 있는 무인 제도—옮긴이)의 북쪽 곶까지, 그리고 (선박이 자체 동력으로 도달한 최북단 지점인) 북위 82도 41분까지 항해했다.

1940년 유럽과 아시아 북부 연안 전체는 놀랍게도 여름 몇 달 동안 얼음이 얼지 않았으며, 100척 넘는 선박이 북극해 항로를 거쳐 교역을 했다. 1942년 크리스마스 휴가 주간에는 '거의 완전한 겨울의 어둠에 잠긴' 그린란드 서쪽의 우페르나비크(Upernavik: 북위 72도 43분에 위치) 항에서 배 한 척이 물건을 하역했다. 1940년대에는 웨스트스피츠베르겐(지금의 스피츠베르겐—옮긴이) 항에서 석탄을 선적할 수 있는 계절이 7개월로 크게 늘어났다. (20세기 초만 해도 3개월에 불과했다.) 아이슬란드 주변이 총빙으로 뒤덮이는 계절은 1세기 전보다 두 달이나 짧아졌다. 러시아 영해의 북극해에 떠 있는 부빙은 1924~1944년에 100제곱킬로미터가량이 사라졌다. 그리고 라프테프(Laptev: 시베리아 북쪽의 바다—옮긴이)에서는 두 화석빙(fossil ice) 섬이 완전히 녹아버렸으며, 이들이 있던 곳에는 해저 여울만 남았다.

사람이 거주하지 않는 세계에서 살아가는 수많은 물고기, 새, 육지 동물, 고래의 생활 습성이나 이주 형태가 변화하고 있다는 사실에서도 북극이 온난화하고 있음을 엿볼 수 있다.

수많은 낯선 새들이 역사 시대 이래 최초로 북쪽 땅을 찾고 있다. 1920년 이전만 해도 그린란드에서 본 적 없는 남방 새들이 수도 없이 그곳을 찾고 있다. 아메리카비로드댕기흰죽지(American velvet scoter), 큰노랑발도요(greater yellowlegs), 아메리카되부리장다리물떼새(American avocet), 검은눈썹앨버트로스(black-browed albatross), 삼색제비(northern cliff swallow), 휘파람새(ovenbird), 솔잣새(common crossbill), 아메리카꾀꼬리(Baltimore oriole), 캐나다울새(Canada warbler)를 비롯해 그 목록이 제법 길다. 추운 기후에서 번식하는 몇몇 북극권 새들은 따뜻해지는 기후가 못마땅해서 그런지 그린란드를 찾아오는 개체 수가 부쩍 줄었다. 그렇게 그린란드를 외면한 새 중에는 북방해변종다리(northern horned lark), 개꿩(grey plover), 아메리카메추라기도요(pectoral sandpiper) 따위가 있다. 아이슬란드에서도 1935년 이후 아메리카와 유럽의 아한대, 심지어 아열대 지방에서 방문한 새들을 숱하게 만날 수 있다. 지금은 새를 관찰하기 위해 아이슬란드를 찾는 이들에게 숲솔새(wood warbler), 종달새(skylark), 진홍가슴(Siberian rubythroat), 콩새(scarlet grosbeak), 종다리(pipit), 개똥지빠귀(thrush)가 흥미진진한 장관을 선사한다.

1912년 처음으로 그린란드 아마살리크(Angmagssalik)에 등장한 대구는 에스키모인과 데인인(Danes: 8~11세기에 잉글랜드를 침입한 노르만의 일족—옮긴이)에게는 듣도 보도 못한 생소한 녀석이었다. 그들이 기억하기로 그 물고기는 과거 그린란드 동쪽 해안에서 발견한 적이 없었다. 그러나 대구는 그때부터 잡히기 시작했고, 1930년대에 접어들자 그 지역의 어획량에서 상당 비중을 차지했다. 원주민은 차차 이를 주요 식량으로 삼았고, 기름을 짜서 등불을 켜거나 난방용 연료로 사용하기도 했다.

그린란드 서해안에서도 20세기에 막 접어들 무렵에는 대구가 희귀했다. 물론 남서 해안 일부 지역에 작은 어장이 형성되어 연간 500톤가량이 잡히긴 했지만 말이다. 그러던 중 대구는 1919년경 그린란드 서해안을 따라 북쪽으로 이동하며, 그 수가 크게 불어나기 시작했다. 이제 대구 어장의 중심지는 500킬로미터 정도 북상했고, 어획량은 연간 1만 5000톤을 육박한다.

과거 그린란드에서 보고된 적이 전혀, 혹은 거의 없는 그 밖의 다른 물고기도 속속 모습을 드러냈다. 검정대구(coalfish, green cod)는 그린란드 수역에서 몹시 낯선 유럽 물고기라 1831년 두 마리가 잡혔을 때, 곧장 염장해 보존한 뒤 코펜하겐 동물박물관(Copenhagen Zoological Museum)으로 보냈다. 그러나 1924년 이후에는 검정대구를 대구 떼 속에서 흔히 볼 수 있게 되었다. 대구의 일종인 해덕(haddock)과 커스크(cusk), 수염대구(ling)는 1930년경까지만 해도 그린란드 수역에서 잘 보이지 않던 물고기였지만 지금은 수두룩하게 잡히고 있다. 아이슬란드 역시 돌묵상어(basking shark), 묘하게 생긴 개복치(sunfish), 여섯줄아가미상어(six-gilled shark), 황새치(swordfish), 다랑어(horse mackerel) 등 따뜻한 물을 좋아하는 낯선 남방 물고기들이 찾아오고 있다. 이러한 종 중 일부는 바렌츠해와 백해(White Sea) 그리고 무르만스크 해안에까지 등장했다.

북부 바다의 한기가 덜해지고 물고기가 북극 쪽으로 이동함에 따라, 아이슬란드 주변의 어장이 어마어마하게 넓어졌다. 트롤 어선들은 베어(Bear)섬, 스피츠베르겐제도, 바렌츠해까지 출어해 큰 수익을 올리고 있다. 이들 해역에서는 현재 대구가 연간 90만 톤가량 잡힌다. 한 어장에서 잡는 단일 어종의 어획량으로는 세계 최대다. 그러나 이런 상황이 언제까지고 영원한 것은 아니다. 주기가 순환함에 따라 물이 다시 차가워지고 부빙이 서서히 남쪽으로 퍼져나가면 인간이 북극해 어장을 지키기 위해 할 수 있는 일이란 아무것도 없다.

어쨌든 오늘날에는 세계에서 가장 위쪽에 자리한 지역이 점차 따뜻해지고 있다는 증거를 도처에서 발견할 수 있다. 북부의 빙하가 급속도로 사라지고 있으며, 수많은 자잘한 빙하는 모습을 감춘 지 이미 오래다. 만약 지금과 같은 속도가 이어진다면 남은 빙하가 자취를 감출 날도 머지않을 것이다.

노르웨이 오프달(Opdal)산맥의 만년 설원이 녹아내리자 400~500년에 사용하던 화살들이 드러났다. 이는 지금 이 지역에 덮여 있는 눈의 양이 지난 1400~1500년의 그 어느 때보다 적다는 것을 말해준다.

스웨덴 빙하학자 한스 알만(Hans Ahlmann)은 "대부분의 노르웨이 빙하는 해마다 새로운 눈이 전혀 더해지지 않은 채 애초의 얼음 덩어리 자체로 유지되고 있다"며 "알프스산맥에서는 지난 몇 십 년간 전반적으로 빙하가 퇴각하고 줄어들어 1947년 여름에는 '재앙'에 이를 정도였다"고 말한다. 그에 따르면 "북태평양 연안 부근도 예외 없이 빙하가 줄어들고" 있는데, 그중 가장 급격하게 녹아내리는 것은 알래스카의 빙하다. 알래스카의 '뮤어 빙하(Muir Glacier)'는 12년 만에 약 10.5킬로미터나 뒤로 물러났다.

거대한 남극 빙하에 대해서는 여전히 오리무중이다. 그 빙하 역시 녹아내리고 있는지, 녹아내린다면 그 속도는 어떤지 아무도 모른다. 그러나 세계 여러 지역에서 보고한 바에 따르면, 비단 북부의 빙하만 줄어들고 있는 것은 아님을 알 수 있다. 동아프리카의 몇몇 높은 화산을 덮고 있는 빙하는 처음 조사한 1800년 이래 꾸준히 감소하고 있으며, 1920년 이후에는 그 속도가 부쩍 빨라졌다. 안데스산맥과 중부 아시아 고산 지대에서도 빙하가 조금씩 줄어드는 추세다.

북극과 아북극 지역의 기후가 서서히 따뜻해지자 진즉부터 생장철이 길어지고 수확량이 늘어났다. 아이슬란드에서는 귀리의 재배 조건이 나아졌다. 노르웨이에서는 이제 파종하기에 좋은 해(year)가 따로 없다. 그리고 스칸디나비아 북부에서조차 과거의 수목 한계선 위쪽까지 나무가 빠른 속도로 퍼져나가고 있으며, 소나무와 가문비나무는 과거 어느 때보다 연간 생장 속도가 빨라지고 있다.

변화가 가장 두드러진 곳은 북대서양의 해류들이 기후에 직접 영향을 미치는 지역이다. 지금까지 살펴봤듯 그린란드, 아이슬란드, 스피츠베르겐, 북유럽 전역은 동쪽·북쪽으로 흐르는 대서양 해류의 저마다 다른 세기와 온도에 따라 더위와 추위, 가뭄과 홍수를 경험한다. 1940년대에 이 문제를 연구한 해양학자들은 거대한 물 덩어리의 분포와 온도가 크게 달라졌다는 사실을 발견했다. 스피츠베르겐을 지나는 멕시코 만류의 지류는 수량이 크게 늘어 이제 상당량의 난류를 실어 나르는 게 분명하다. 북아메리카의 표층수는 수온이 상승하고 있다. 아이슬란드와 스피츠베르겐제도 부근의 심층수도 마찬가지다. 북해와 노르웨이 연안의 바닷물은 1920년대 이래 꾸준히 따뜻해지고 있다.

그 밖에도 북극과 아북극 지역의 기후 변화를 초래하는 요소가 분명 더 있을 것이다. 다만 한 가지, 우리가 아직도 마지막 홍적세 빙하기에 이은 간빙기 단계에 있으며, 향후 몇 천 년 동안 세계 기후는 상당히 따뜻해지고서야 다음 번 빙하기로 돌아설 것임에 거의 틀림없다. 그러나 지금 우리가 경험하고 있는 것은 불과 수십 년 혹은 수백 년 만에도 측정될 수 있는, 지속 기간이 점차 짧아지는 기후 변화다. 일부 과학자들은 태양 활동이 다소 늘어나 대기 순환의 패턴이 달라졌고, 스칸디나비아반도와 스피츠베르겐제도에 남풍이 더 자주 불어온다고 말한다. 이와 같은 견해에 따르면, 해류의 변화는 탁월풍의 변화에 따른 부차적 효과다.

그러나 브룩스 교수가 생각하는 것처럼 페테르손의 조석 이론이 변화하는 태양 복사(radiation)에 관한 이론만큼 충분한 근거가 있다면, 오늘날 우리가 처한 20세기의 상황이 변화하는 조석 주기라는 우주적 설계에서 과연 어느 단계에 해당하는지 계산해보는 것은 자못 흥미로운 일이다. 중세 말엽인 500여 년 전 눈, 얼음, 거센 바람, 범람하는 홍수 따위를 동반한 거대 조석이 일어났다. 중세 초기처럼 기후가 따뜻해지고 조석 운동이 가장 약해지는 시기는 지금부터 약 400년 뒤에 나타날 것이다. 따라서 우리는 진즉에 날씨가 따뜻하고 온화한 시기로 접어든 셈이다. 지구와 태양과 달이 우주 공간에서 움직이고 조석력이 변화함에 따라 부침이 있기는 할 것이다. 추는 계속 왔다 갔다 하고 있지만 어쨌거나 지금 기후 변화의 장기적 추세는 지구 온난화 쪽이다.

13

∧∧∧∧∧∧∧∧∧∧∧∧∧∧∧∧∧∧∧∧

짠 바다가 안겨주는 풍요로운 자원

∧∧∧∧∧∧∧∧∧∧∧∧∧∧∧∧∧∧∧∧

상전벽해를 거쳐
진귀하고 기묘한 어떤 것으로 바뀌나니.
—셰익스피어

바다는 지구에서 가장 거대한 광물의 보고다. 바닷물 약 4세제곱킬로미터에는 평균 1억 6600만 톤의 소금이, 바닷물 전체에는 약 5경 톤의 소금이 녹아 있다. 세상 이치가 대부분 그렇듯 이 어마어마한 양에 이르기까지는 아마도 몇 천 년이 걸렸을 것이다. 지구가 끊임없이 제 구성 광물을 여기저기 움직이고 있긴 하지만, 가장 중요한 운동은 결국 바다를 향해 이동하기 때문이다.

최초의 바다는 염분기가 조금밖에 없었으나 염도는 억겁의 세월을 거치면서 점차 늘어난 것으로 보인다. 바다에 염분을 공급한 주요 원천은 바로 암석질의 대륙 지각이기 때문이다. 어린 지구를 에워싸고 있던 두꺼운 구름층에서 최초의 비가 몇 백 년 동안 줄기차게 쏟아져 내렸고, 그 비는 암석을 침식하고 거기에 함유된 광물을 바다로 운반하기 시작했다. 그렇게 바다로 흘러든 강물의 양은 연간 2만 7000세제곱킬로미터 정도였으며, 이 과정에서 수십억 톤의 염분이 바다에 더해진 것으로 추정된다.

　강물과 바닷물의 화학적 조성은 희한하게도 닮은 구석이 거의 없다. 둘속에 들어 있는 여러 요소의 비율은 완전 딴판이다. 예를 들어 강물은 염소보다 칼슘을 4배나 더 바다에 실어가지만, 바다에서는 그 비율이 되레 반대로 나타나 염소가 칼슘보다 46배나 많다. 이런 차이가 생기는 주된 이유는 바다 동물이 막대한 양의 칼슘염을 끊임없이 흡수해 껍데기나 골격―즉 유공충을 싸고 있는 미세한 껍데기, 거대한 산호초 구조물, 굴이나 조개 및 그 밖에 연체동물의 껍데기―을 만드는 데 소비하기 때문이다. 또 다른 이유는 바닷물에서 칼슘이 비처럼 침강하기 때문이다. 규소 함유량 역시 큰 차이가 난다. 요컨대 규소는 바닷물보다 강물에 5배나 더 들어 있다. 규조류는 껍데기를 만들려면 규산염이 필요하므로, 강물에서 유입된 다량의 규소는 지천으로 널린 규조류가 주로 사용한다. 강어귀 앞 바다에는 규조류가 이례적으로 많이 자란다. 모든 바다 동식물이 필요로 하는 화학물질이 엄청나므로, 해마다 강물에 실려오는 염류 중 바다의 용해 광물을 늘려주는 양은 극히 일부에 지나지 않는다. 화학적 조성의 불일치는 민물이 바닷물과 섞이자마자 시작되는 화학 반응에 의해, 또한 유입되는 민물과 바닷물 간의 엄청난 부피 차이에 의해 크게 감소한다.

　그런가 하면 지구 내부의 모호한 출처에서 나온 광물이 바다에 더해지기도 한다. 화산에서는 예외 없이 염소를 비롯한 여러 가스를 대기 중에 방출하는데, 이것들이 비에 실려 육지와 바다의 표면에 내려앉는다. 화산재와 화성암은 그 밖의 다른 광물을 함유하고 있다. 그리고 모든 해저 화산은 보이지 않는 분화구를 통해 직접 바닷속으로 붕소·염소·유황·요오드를 쏟아낸다.

　이 모든 것을 통해 광물은 일방적으로 바다로 흘러든다. 염류가 육지로 되돌아오는 것은 극히 제한적인 양에 그친다. 우리는 화학적 추출이나 채광 같은 직접적 방식을 통해, 또는 바다 동식물을 거둬들이는 간접적 방식을 통해 염류 일부를 수거할 수 있다. 그런가 하면 바다 자체는 장기적으로 되풀이되는 지구 순환 속에서 자신이 받은 것을 육지에 되돌려준다. 바닷물이 육지를 덮치며 침전물을 내려놓고, 물러나면서 또 하나의 퇴적암층을 대륙에 덧입히는 과정을 통해서다. 이 퇴적암은 바닷물 일부와 염류를 함유하고 있다. 그러나 이는 일시적으로 육지에 광물을 '대출'해준 데 지나지 않는다. 숨 돌릴 새도 없이 예의 그 낯익은 경로—비에 의해 침식해 강물로 흘러들고 바다로 이동하는—를 거쳐 '상환'이 시작되는 탓이다.

소량이긴 하나 바다와 육지가 광물을 교환하는 또 다른 흥미로운 현상도 존재한다. 수증기가 대기 중으로 증발하는 과정을 거치면 대부분의 염류는 바다에 남지만, 그 와중에도 상당량이 대기 중으로 빠져나가 바람을 타고 먼 거리를 떠돈다. 이른바 '순환염(cyclic salt)'은 거세게 일렁이는 바닷물의 물마루나 해안에 부서지는 파도의 물보라에 날려 바람을 타고 내륙으로 이동한 뒤, 다시 비가 되어 내린 다음 강물에 실려 바다로 되돌아간다. 대기 중에 떠도는 눈에 보이지 않는 작은 바다 소금 입자는 사실 빗방울의 응결핵 역할을 하는 여러 형태 중 하나다. 대개 바다에서 가까운 지역일수록 받아들이는 소금 양이 많다. 보고된 바에 따르면 잉글랜드는 연간 1에이커당 10.8~16.2킬로그램인 데 반해, 남아메리카의 영국령 기아나(Guiana)는 45킬로그램이 넘었다. 그러나 순환염을 멀리까지 대규모로 운반하는 가장 놀라운 사례는 인도 북부의 삼바르 염호(Sambhar Salt Lake)다. 이 호수는 해마다 3000톤의 소금을 받아들인다. 약 650킬로미터 떨어져 있는 바다에서 무덥고 건조한 여름 계절풍을 타고 날아오는 것이다.

바다에 사는 동식물은 인간을 한층 능가하는 화학자다. 지금껏 우리 인간이 바다에서 광물 자원을 추출하기 위해 기울여온 노력은 하등 생물의 솜씨에 비하면 시시하기 짝이 없다. 녀석들은 극히 미량 들어 있는 원소마저 찾아내 써먹을 수 있다. 인간 화학자들은 최근 매우 정교한 분광분석법을 개발하기 전까지 그 존재조차 알아차리지 못했는데 말이다.

예컨대 우리는 고착 생활을 하는 굼뜬 바다 동물, 곧 해삼과 우렁쉥이의 피에 들어 있다는 사실을 발견하기 전에는 바다에 바나듐(vanadium)이라는 원소가 있는지조차 몰랐다. 바다가재와 홍합은 바다에서 상당량의 코발트를 흡수하고, 연체동물은 니켈을 이용한다. 그러나 우리 인간이 이들 원소를 미량이나마 거둬들인 것은 불과 얼마 전의 일이다. 구리는 바닷물에서 오직 0.01ppm 정도만 회수할 수 있다. 그러나 철이 인간 혈액에 관여하는 것처럼 구리는 바다가재의 호흡 색소에 관여함으로써 혈액 생성에 도움을 준다.

이런 무척추동물 화학자들의 눈부신 성취와 대조적으로, 우리 인간은 바다 소금이 엄청나게 많고 더없이 다양한데도 지금껏 상업용으로 소비할 만큼 그것을 추출하는 데 제한적인 성공만 거두었을 뿐이다. 우리는 화학 분석을 통해 알게 된 약 50종의 원소만을 수거해왔다. (나머지는 적절한 발견법을 개발해야 비로소 그 존재가 밝혀질 것이다.) 그중 일정한 비율로 들어 있는 다섯 가지 염이 주축을 이룬다. 예상대로 염화나트륨이 단연 가장 많아 전체 염의 77.8퍼센트를 차지한다. 그다음으로는 염화마그네슘 10.9퍼센트, 황산마그네슘 4.7퍼센트, 황산칼슘 3.6퍼센트, 황산칼륨 2.5퍼센트 순이다. 그 밖의 염을 모두 합한 것이 나머지 0.5퍼센트를 차지한다.

바다에 존재하는 원소 중 금보다 더 사람의 마음을 흔드는 것은 없다.

지표면의 거의 대부분을 뒤덮고 있는 바다에는 세상 모든 사람을 백만장자로 만들어주고도 남을 만큼 많은 금이 들어 있다. 그렇다면 어떻게 바다에서 금을 캐낼 수 있을까? 바닷물에서 상당량의 금을 추출하고자 한 노력 가운데 가장 결의에 찬 시도이자 가장 철저하게 파고든 연구는 독일 화학자 프리츠 하버(Fritz Haber)에 의해 이루어졌다. 제1차 세계대전이 끝난 뒤 하버는 독일의 전쟁 배상금을 갚기 위해 바다에서 충분한 양의 금을 추출하면 좋겠다고 생각했다. 그의 꿈은 마침내 독일남대서양탐험대(German South Atlantic Expedition)를 이끌고 항해에 오른 메테오르호(Meteor)로 결실을 맺었다. 메테오르호는 실험실과 여과 공장을 갖추고 있었다. 연구선은 1924~1928년에 대서양을 두 차례 횡단하며 물을 표집했다(금만 달라붙는 특수 수지흡착제로 바닷물에서 금을 추출하는 방식이었다—옮긴이). 하지만 그렇게 해서 채취한 금의 양은 기대에 한참 못 미쳤다. 요컨대 금을 추출하는 데 드는 비용이 그렇게 해서 얻은 금의 가치보다 훨씬 더 컸다. 실제 경제학적 관점에서 이 문제를 따져보면 다음과 같다. 바닷물 1세제곱마일에는 약 9300만 달러어치의 금과 850만 달러어치의 은이 들어 있다. 하지만 그만한 부피의 바닷물을 처리하려면 밑면적 45제곱미터, 높이 1.5미터의 물탱크 200개를 하루 두 차례씩 채우고 비우는 과정을 1년간 되풀이해야 한다. 일상적으로 멋지게 그와 같은 일을 해내는 산호·해면·굴에 비하면 별 대단할 것도 없지만, 좌우간 인간의 기준으로 보면 도무지 수지 타산이 맞지 않는 일이다.

바다에서 볼 수 있는 물질 중 가장 신비로운 것은 아마도 요오드이지 싶다. 바닷물에 들어 있는 비금속 원소 중 희소한 축에 속하는 요오드는 발견되기도, 정확하게 분석하기도 어렵다. 하지만 거의 모든 바다 동식물에서 볼 수 있다. 해면, 산호 그리고 일부 해조류는 방대한 양의 요오드를 체내에 축적한다. 바다의 요오드는 때로 산화나 환원 과정을 거치기도 하고, 다시 유기 화합에 관여하기도 하면서 끊임없이 화학적 변화를 겪는다. 공기와 바다는 쉴 새 없이 상호 작용하므로 일부 요오드는 물보라가 되어 공기에 실려 가기도 한다. 해수면과 가까운 대기에는 요오드가 다량 함유되어 있지만, 고도가 높아질수록 그 양은 점차 줄어든다. 요오드가 조직의 화학 작용을 돕는 원소로 쓰인 이래, 생명체는 점점 더 그 원소에 의존하게 된 듯하다. 갑상선에 축적되는 요오드는 신체의 기초 대사를 조절하는 역할을 하므로 인간은 이제 요오드 없이는 살아갈 수 없다.

과거에는 상업용 요오드를 전부 해조류에서 얻었다. 그러던 중 칠레 북부 고지대 사막에서 질산나트륨 퇴적물을 발견했다. '칼리치(caliche: 건조 지대에 이차적으로 집적된 질산나트륨이 불순물과 섞여 굳은 표토―옮긴이)'라 부르는 이 원료는 바다 식물이 풍부하게 자라던 선사 시대의 바다에 그 기원이 있는 듯하지만, 이 주제에 관해서는 아직껏 논란이 분분하다. 요오드는 '고농도 염수(brine, 鹽水)' 퇴적물이나 석유 함유 암석을 머금은 지하수―둘 다 간접적으로는 바다에 기원을 두고 있다―에서도 얻을 수 있다.

브롬(brom)에 대한 독점권은 바다가 틀어쥐고 있다 해도 과언이 아니다. 전 세계에서 나는 브롬 99퍼센트가 바다에 농축해 있기 때문이다. 암석에 들어 있는 극소량의 브롬도 본시 바다에 의해 퇴적된 것이다. 처음에는 선사 시대의 바다가 남겨놓은 지하 웅덩이의 고농도 염수에서 브롬을 얻었다. 그러나 이제는 해안, 특히 미국 해안에 들어선 큰 공장은 해수를 원료로 직접 브롬을 추출한다. 브롬을 상업적으로 생산하는 현대적 기법을 개발한 덕분에 우리는 저비등점 가솔린을 자동차 연료로 사용할 수 있다. 브롬은 그 밖에도 진정제, 소화(消火) 물질, 사진용 약품, 염료, 화학 무기 제조 등에 널리 쓰인다.

인간이 알고 있는 브롬 유도체 중 가장 오래된 것은 고대 페니키아인이 자주색 뿔고둥(Murex: 뿔소라과의 연체동물―옮긴이)을 이용해 공장에서 제조한 염료, 곧 티리안 퍼플(Tyrian purple)이다. 뿔고둥은 오늘날 사해(Dead Sea, 死海: 아라비아반도의 이스라엘과 요르단 사이에 있는 호수―옮긴이)에서 나오는 어마어마한 양의 브롬과 흥미롭고도 경이로운 방식으로 연관되어 있다. 사해에는 브롬이 약 8억 5000만 톤 있는 것으로 추정하는데, 그 농도가 자그마치 여느 바다의 100배에 달한다. 브롬은 갈릴리호 바닥에서 솟아나는 지하 온천에 의해 끊임없이 새로 공급된다. 브롬으로 가득한 갈릴리호의 물이 요르단강을 거쳐 사해로 흘러들기 때문이다. 일부 전문가들은 그 온천 속의 브롬이 먼 옛날 무수한 뿔고둥 잔해가 바다에 가라앉아 쌓인 퇴적층에서 비롯되었다고 믿는다.

마그네슘도 오늘날 우리가 상당량의 바닷물을 모아 화학 물질로 처리해 얻어내는 광물이다. 원래는 마그네슘을 고농도 염수에서, 혹은 (산맥 전체를 구성하고 있는) 백운암(dolomite) 같은 마그네슘 함유 암석을 처리해 얻어냈지만 말이다. 바닷물 1세제곱마일에는 마그네슘이 400만 톤쯤 들어 있다. 1941년경 직접 추출법을 개발한 이래 마그네슘 생산량은 크게 불어났다. 전시에 항공업이 성장할 수 있었던 것도 모두 바다에서 구한 마그네슘 덕분이다. 다른 나라에서 만든 것도 거의 비슷하지만 특히 미국산 항공기에는 마그네슘 금속을 0.5톤가량 사용한다. 또한 마그네슘은 경량 금속을 필요로 하는 그 밖의 산업에서 쓰임새가 무궁무진하다. 절연 물질로 오랫동안 사용해왔으며 인쇄용 잉크, 약품, 치약, 소이탄·조명탄·예광탄 같은 전쟁 물자를 제조하는 데도 쓰인다.

우리 인간은 오랜 세월 동안 기후만 허락한다면 어디서건 바닷물을 증발시켜 소금을 얻었다. 고대 그리스인·로마인·이집트인은 작열하는 열대의 태양 아래서 인간이나 동물의 생존에 없어서는 안 되는 소금을 수확했다. 오늘날에도 메마른 바람이 부는 고온 건조한 세계의 일부 지역에서는 천일염을 생산하고 있다. 페르시아만 연안, 중국·인도·일본의 연안, 필리핀제도 연안, 캘리포니아주 연안, 유타주의 알칼리 평지(건조한 지방의 못이나 호수가 마른 뒤 염류나 알칼리가 굳어 형성된 평지—옮긴이) 등이 그런 곳이다.

태양과 바람과 바다가 서로 상호 작용함으로써 사람이 산업을 통해 할 수 있는 것보다 훨씬 더 큰 규모로 바닷물을 증발시켜 소금을 생산하는 천연 분지가 세계 도처에 있다. 인도 서해안 쿠츠(Kutch)섬 부근의 란(Rann) 지역이 대표적 사례다. 란은 가로 300킬로미터, 세로 100킬로미터가량의 반반한 평원으로, 바다와의 사이에 쿠츠섬이 가로놓여 있다. 남서쪽에서 계절풍이 불어오면 해협을 따라 바닷물이 밀려들어 평원을 뒤덮는다. 그러나 북동쪽 사막에서 계절풍이 부는 여름철에는 바닷물이 더 이상 들어오지 않고 평원의 웅덩이에 괸 물이 증발해 딱딱한 소금으로 굳어지는데, 그 두께가 1미터를 훌쩍 넘는 곳도 있다.

바다가 육지를 뒤덮고 있다 퇴적물을 남기고 떠나간 곳은 여지없이 화학 물질의 보고로 떠오른다. 우리는 별 어려움 없이 그것들을 가져다 쓸 수 있다. 지표면 아래 깊은 곳에는 옛날 바다의 고농도 염수인 '화석 소금물(fossil salt water)' 웅덩이, 극도로 무덥고 건조한 기후에서 옛 바닷물이 몽땅 증발하고 남은 소금인 '화석 사막(fossil desert)', 그리고 유기 퇴적물과 그것을 침전시킨 바다에 녹아 있는 소금을 함유한 퇴적암층 따위가 숨어 있다.

고온 건조한 기후에 사막이 널리 퍼져 있던 시기인 페름기에는 유럽의 상당 부분, 그러니까 오늘날의 영국·프랑스·독일·폴란드 일부도 바다에 잠겨 있었다. 비는 좀처럼 내리지 않고 증발량은 많았다. 바다는 극도로 짜졌고 소금층이 차곡차곡 쌓여갔다. 몇 천 년에 걸친 어느 시기에는 석고(gypsum)만이 퇴적했는데, 이는 당시 이따금씩 바다에서 내해로 새 물이 들어와 짤 대로 짜진 고농도 염수와 뒤섞였음을 나타내는 증거다. 아울러 그보다 더 두꺼운 소금층이 석고층과 교대로 쌓여갔다. 나중에 내해 지역이 줄어들고 물 농도가 한층 진해지자 황산칼륨과 황산마그네슘 같은 침전물이 쌓였다. (이 단계는 약 500년 동안 이어졌을 것이다.) 한참 나중에는, 그러니까 이로부터 다시 500년 동안에는 염화칼륨과 염화마그네슘의 혼합물, 즉 광로석(carnallite)이 퇴적되었다. 바닷물이 완전히 증발한 뒤에는 사막화할 조건이 무르익었으므로 소금 퇴적층은 곧바로 모래층 아래 묻히고 말았다. 가장 풍부한 퇴적층은 저 유명한 독일 슈타스푸르트(Stassfurt)와 프랑스 알자스(Alsace)의 광상(鑛床)이 되었다. (가령 잉글랜드처럼) 과거 바다가 있던 자리 가장자리에는 소금층만 남아 있다. 슈타스푸르트의 퇴적층은 두께가 자그마치 750미터에 이른다. 여기에서 고농도 염수가 솟아난다는 사실은 13세기부터 알려졌는데, 17세기 이후부터 소금을 채취하기 시작했다.

　그보다 훨씬 앞선 지질 시대인 실루리아기에는 미국 북부에 소금 분지가 형성되었다. 뉴욕주 중부에서 시작해 미시건주를 지나 펜실베이니아주 북부, 오하이오주, 캐나다 남부의 온타리오주 일부를 포괄하는 방대한 규모였다. 그 장소를 뒤덮은 내해는 당시의 무덥고 건조한 기후 때문에 서서히 짜졌고, 그로 인해 약 26만 제곱킬로미터 면적의 광활한 지역에 소금층과 석고층이 쌓였다. 뉴욕주 이타카(Ithaca)에는 뚜렷하게 구분되는 소금층이 7개 있는데, 맨 위층은 약 800미터 깊이에 자리하고 있다. 미시건주 남부에는 150미터 넘는 소금층이 있으며, 미시건 분지 중앙의 소금층은 두께가 자그마치 600미터에 이른다. 어떤 곳에서는 암염을 채굴하고, 또 어떤 곳에서는 우물을 파서 담수를 압입(壓入)해 얻은 고농도 염수를 펌프로 길어 올린 다음 증발시켜 소금을 얻는다.

세계에서 광물을 가장 풍부하게 비축하고 있는 곳은 미국 캘리포니아주 모하비(Mohave) 사막의 셜즈(Searles) 호수다. 거기에 매장된 광물은 과거 대규모 내해가 증발해 만들어졌다. 그 지역을 뒤덮고 있던 바다의 지류가 산맥이 크게 융기하자 대양으로부터 완전히 격리되었다. 그렇게 해서 형성된 호수는 서서히 증발하기 시작했고, 남은 물은 이웃한 육지에서 빗물 따위에 씻겨 내려온 광물 덕분에 더욱 짜졌다. 셜즈 호수는 불과 몇천 년 전, 육지에 둘러싸인 바다에서 '옴짝달싹 못하는(frozen)' 호수, 즉 고체 광물로 이뤄진 호수로 조금씩 변해갔다. 오늘날 그 호수의 표면은 단단한 소금 껍질로 변해 자동차가 달릴 수 있을 정도다. 두께가 1.5~2미터 되는 소금 결정 아래에는 진흙이 깔려 있다. 엔지니어들은 최근 진흙층 밑에서 맨 위층만큼 두꺼운 두 번째 소금과 고농도 염수의 층을 발견했다. 1870년대에 처음 셜즈 호수에 관심이 쏠린 것은 바로 붕소 때문이었다. 당시에는 노새 20마리가 사막을 건너고 산맥을 넘어 철로까지 붕소를 져 날랐다. 1930년대부터는 그 호수에서 브롬·리튬·칼륨염·나트륨염을 비롯한 다른 물질도 거둬들이기 시작했다. 오늘날 셜즈 호수는 미국 염화칼륨 생산량의 40퍼센트, 세계 붕소·리튬 생산량의 상당 비율을 차지하고 있다.

수 세기가 흐르고 증발이 계속되면 사해 또한 언젠가는 셜즈 호수가 걸어온 길을 밟을 것이다. 다 아는 얘기지만 사해는 한때 요르단 계곡 전체를 뒤덮었던, 길이가 장장 300킬로미터에 달하는 거대한 내해의 잔재다. 사해는 오늘날 길이와 수량 모두 과거의 4분의 1 정도로 줄어들었다. 규모가 작아진 데다 고온 건조한 기후 아래서 증발이 계속 이어진 결과 소금이 농축되고 광물이 다량 축적되었다. 사해의 고농도 염수에서는 동물이 도저히 살아갈 재간이 없다. 어쩌다 요르단강에서 흘러온 재수 없는 물고기는 죽어서 바닷새의 밥이 되고 만다. 사해는 수위가 지중해보다 무려 400미터나 낮아 세계의 그 어느 수역보다 해수면 아래쪽에 있다. 아울러 지각 덩어리가 아래로 내려앉아 생긴 요르단 열곡(裂谷: 2개의 평행한 단층애로 둘러싸인 좁고 긴 계곡—옮긴이)의 가장 아랫부분에 자리한다. 사해의 수온은 대기 중 온도보다 높아 증발이 일어나기에 알맞은 조건이다. 생기다 만 듯한 흐릿한 수증기 구름이 사해 위를 떠다니고, 고농도 염수는 점점 더 짜지면서 소금이 쌓여간다.

고대 바다의 유산 중 가장 값진 것은 두말할 나위 없이 석유다. 정확히 어떤 지질학적 과정을 거쳐 지구 깊은 곳에 이 귀하디귀한 액체 웅덩이가 생긴 것일까? 그 사건의 진상을 자신 있게 들려줄 사람은 아무도 없다. 다만 한 가지 사실만큼은 분명하다. 즉 석유는 풍부하고 다양한 생명체가 바다에 번성한 이래(요컨대 최소한 고생대가 시작된 이래, 아니 어쩌면 그 이전부터) 계속된 중요한 지구 과정의 산물이다. 더러 재앙이라 할 만한 이례적인 사건이 석유의 생성 과정을 거들기도 했지만, 이는 어디까지나 부차적인 요인이었다. 석유를 만드는 일반적 메커니즘은 생명체의 탄생과 죽음, 퇴적층 생성, 바닷물의 육지 침입과 퇴각, 지각의 습곡 같은 육지와 바다의 일상적 활동으로 이루어진다.

대다수 지질학자들은 석유 생성을 화산 활동과 관련짓는 과거의 무기 기원설(inorganic theory)을 일축한다. 석유의 원천은 입자가 고운 옛 바다의 퇴적층 아래 묻힌 채 서서히 분해된 동식물의 시체일 가능성이 높다.

석유 생성에 유리한 조건을 가장 잘 보여주는 사례는 바로 흑해와 몇몇 노르웨이 피오르에 고인 물이다. 흑해에는 생명체가 깜짝 놀랄 만큼 풍부하게 살고 있는데, 이들은 거의 상층부에만 잔뜩 몰려 있다. 심해, 특히 해저의 바닷물은 산소가 부족할뿐더러 이따금 독성을 지닌 황화수소가 들어차 있기 때문이다. 이처럼 유독한 바다에는 위에서 아래로 쏟아지는 바다 동물의 시체를 먹어치우기 위해 해저를 누비고 다니는 청소부 동물이 있을 수 없다. 따라서 바다 동물 잔해는 입자가 고운 퇴적층에 고스란히 묻힌다. 수많은 노르웨이 피오르의 심해층에는 산소도 없거니와 악취가 나고 더럽기까지 하다. 피오르 입구가 얕은 실(sill)에 가로막혀 외해와의 순환이 방해를 받기 때문이다. 그런 피오르의 바닥층은 유기물을 분해하는 과정에서 발생하는 황화수소로 잔뜩 오염되어 있다. 이따금 폭풍우가 엄청난 양의 바닷물을 몰고 와 거센 파도를 일으키며 그 치명적인 웅덩이의 물을 크게 휘젓곤 한다. 그로 인해 바닷물층이 뒤섞이면 해수면에서 살아가던 물고기와 무척추동물이 영문도 모른 채 떼죽음을 당한다. 이 같은 재앙이 닥치고 나면 해저에는 유기물 퇴적층이 더 많이 쌓인다.

거대 유전이 발견된 장소는 어디든 과거 또는 현재의 바다와 관련이 있다. 오늘날 해안가에 있는 유전도, 내륙 깊숙이 자리한 유전도 마찬가지다. 예컨대 오클라호마 유전에서 뽑아내는 다량의 석유는 고생대 때 북아메리카 지역을 뒤덮은 바다 밑에 깔려 있던 퇴적암에 매장된 것이다.

석유 탐사에 나선 지질학자들은 "오랫동안 대륙의 언저리를 둘러싸고 있는 불안정한 천해 지대, 즉 대륙과 심해 사이에 놓인 지대"에 끊임없이 관심을 기울여왔다.

이처럼 대륙 사이의 지각이 침강한 장소로는 '근동(近東)'과 유럽 사이 지역을 꼽을 수 있는데 페르시아만, 홍해, 흑해, 카스피해, 지중해 일부가 여기에 포함된다. 멕시코만과 카리브해도 북아메리카와 남아메리카 사이에 위치한 분지, 즉 얕은 바다다. 아시아와 오스트레일리아 대륙 사이에도 섬이 산재한 얕은 바다가 가로놓여 있다. 마지막으로, 거의 육지에 둘러싸이다시피 한 북극해도 비근한 예다. 이들은 하나같이 과거 융기와 하강, 즉 육지에 속했다 바다에 속했다를 되풀이하던 지역이다. 바다에 잠긴 시기에는 두꺼운 퇴적층이 쌓였다. 바닷속에 무수히 번성하던 바다 동물이 죽어서 부드러운 퇴적물 카펫에 사뿐히 내려앉은 것이다.

이들 지역에는 막대한 석유가 매장되어 있다. '근동' 지역에는 사우디아라비아·이란·이라크의 거대 유전이 있다. 아시아와 오스트레일리아 사이의 침강 지역에는 자바·수마트라·보르네오·뉴기니의 유전이 있다. 아메리카지중해(멕시코만과 카리브해를 아울러 이르는 말—옮긴이) 지역은 서반구 석유 생산의 중심지다. 지금까지 확인된 미국의 석유 자원 중 절반가량이 멕시코만 북부 연안에 묻혀 있으며, 콜롬비아·베네수엘라·멕시코는 멕시코만 서부와 남부 가장자리를 따라 매장량이 풍부한 유전을 보유하고 있다. 북극은 석유 산업의 미개척지 중 하나지만 북부 알래스카, 캐나다 본토 북부의 여러 섬, 시베리아 북극 해안을 따라 석유가 새어나오고 있다. 이는 최근 바다에서 융기한 이 지역이 장차 거대 유전으로 떠오를 수 있음을 암시한다.

최근 들어 석유지질학자들은 새롭게 바다 밑을 주목하고 있다. 육지의 석유 자원을 죄다 발견한 것은 아니지만, 매장량이 가장 풍부하고 작업하기 용이한 유전은 이미 검토를 시작한 상태이며 가능한 생산량도 모두 파악하고 있다. 지금 우리는 '옛' 바다가 제공하는 석유를 땅에서 뽑아 쓰고 있다. 그렇다면 우리는 과연 수십수백 미터의 물로 뒤덮인 해저 밑 퇴적암에 들어 있는 석유를 순순히 내주도록 '오늘의' 바다를 설득할 수 있을까?

석유는 이미 대륙붕에 들어선 연안 유정(油井)에서도 생산하고 있다. 캘리포니아·텍사스·루이지애나 앞바다에서는 석유 회사가 대륙붕의 퇴적층을 시추해 석유를 길어 올린다. 미국에서 석유 탐사가 가장 활발하게 이루어진 곳은 멕시코만 부근이다. 지질 역사에 비춰볼 때 전도가 유망한 곳이다. 멕시코만 부근은 몇 백억 년 동안 메마른 육지이거나 매우 얕은 해분이었다. 후자일 때는 북쪽 산악 지대에서 쓸려 내려온 퇴적물이 쌓였다. 그러다 백악기 중엽 퇴적물 무게에 눌려 바닥이 내려앉기 시작했고, 마침내 현재와 같은 깊은 중앙 해분을 이루었다.

지구물리학 탐사를 통해 연안 평야 밑 퇴적암층이 아래쪽으로 가파르게 경사져 있으며, 멕시코만의 드넓은 대륙붕 아래를 지나고 있다는 사실이 드러났다. 쥐라기에 퇴적된 층에는 방대한 규모의 두꺼운 소금층이 보이는데, 이 지역이 고온 건조해서 바다가 줄고 사막이 늘어났을 때 형성된 듯하다. 루이지애나주와 텍사스주에서, 그리고 오늘날 잘 알려졌듯 멕시코만에서 볼 수 있는 독특한 암염 돔(salt dome) 현상은 이 퇴적층과 관련이 깊다. 대개 너비 1.5킬로미터쯤 되는 암염 돔은 깊은 층에서 지표면을 향해 손가락 모양으로 솟아오른 소금 덩어리다. 지질학자들은 "암염 돔이란 지구가 압력을 받자 널빤지를 뚫고 나온 못처럼 퇴적층이 1500~4500미터 튀어나온 것"이라고 설명한다. 멕시코만에 접해 있는 지역에서 이러한 구조물은 종종 석유와 관련이 있다. 대륙붕에서 발견되는 암염 돔은 그곳에 석유가 다량 매장되어 있음을 나타내는 듯하다.

따라서 멕시코만에서 석유를 탐사하는 지질학자들은 거대 유전이 있을 가능성을 암시하는 암염 돔을 먼저 찾는다. 이때 그들은 자력계(magnetometer)라는 장비를 써서 암염 돔에 의해 생기는 자기력 세기의 차이를 측정한다. 비중계(gravity meter, gravimeter)도 암염 돔 근처의 중력 변화를 측정함으로써 그 위치를 찾는 데 도움을 준다. 소금의 비중은 주위 퇴적물의 비중보다 작기 때문이다. 암염 돔의 실제 위치와 윤곽은 지진계를 써서 알아낼 수 있다. 다이너마이트 폭발로 인한 음파의 반사를 기록함으로써 암석층의 특성을 추적하는 방법이다. 이러한 탐사 방법은 육지에서는 그 역사가 길지만, 멕시코만 연안에서는 1945년 이후에야 모종의 개조 과정을 거쳐 활용하기 시작했다. 성능을 개선한 자력계를 선박 뒤에 끌고 다니거나 항공기에 매달고 다니면서 연속적인 기록을 얻는 것이다. 지금은 비중계를 순식간에 해저로 내려보내 원격 제어로 기록을 확보할 수 있다. 〔한때는 사람이 직접 비중계를 든 채 다이빙벨(diving bell: 장시간 수중 작업을 하는 잠수사를 도와주는 구조물—옮긴이)을 타고 바닥까지 내려가야 했다.〕지진계를 사용하는 이들은 다이너마이트를 폭파시킨 다음 배를 타고 달리면서 연속적으로 지진파를 측정할 수 있다.

이 모든 개선된 장비들이 신속한 탐사가 이뤄지도록 도와준다. 하지만 해저 유전에서 석유를 얻는 것은 결코 만만한 일이 아니다. 석유 탐사는 잠재적 매장지 후보를 확보하고, 시추를 통해 실제로 석유가 있는지 없는지 확인하는 과정을 거친다. 멕시코만 연안의 시추 플랫폼은 (특히 허리케인이 몰려오는 시기에) 파도의 힘을 견디기 위해 해저에 깊이 75미터의 말뚝을 박고 그 위에 설치했다. 바람, 폭풍 해일, 안개, 바닷물에 의한 금속 구조물의 부식 등 넘어서야 할 난관도 한두 가지가 아니다. 지금껏 시도한 것보다 훨씬 더 광범위한 연안 시추 작업에서 숱한 기술적 어려움이 드러나고 있다. 그러나 석유공학 전문가들은 결코 호락호락 물러서지 않는다.

광물 자원을 찾으려는 노력은 흔히 우리를 과거의 바다로 데려다준다. 즉 물고기와 해조를 비롯한 여러 유형의 동식물 시체가 으스러져 암석에 저장된 석유로, 지하 웅덩이에 고스란히 남아 있는 옛 바다의 고농도 염수인 '화석 염수'로, 그리고 옛 바다의 광물을 잔뜩 머금은 채 대륙을 뒤덮고 있는 소금층으로 말이다. 머잖아 산호와 해면과 규조류가 일으키는 화학 작용의 비밀을 알아낸다면 우리는 선사 시대의 바다가 모아놓은 자원에 덜 의존하고, 대신 바다와 그 바다의 얕은 부분에서 지금 한창 만들어지고 있는 암석에 좀더 직접적으로 다가갈 수 있을 것이다.

14

▶▶▶▶▶▶▶▶▶▶▶▶▶▶▶▶▶

세상을 에워싼 바다

▶▶▶▶▶▶▶▶▶▶▶▶▶▶▶▶▶

새들이 1년 내내 날아도 다 둘러볼 수 없는 바다,
바다는 그토록 광활하고 두렵나니.

—호메로스

고대 그리스인에게 대양은 세계의 가장자리 주위를 영원히 흘러서 쳇바퀴처럼 다시 제자리로 돌아오는 끝없는 강이었다. 대양은 땅이 끝나는 곳이자 하늘이 시작되는 곳이었다. 대양은 경계가 없고 무한했다. 만약 누군가 용감무쌍하게 바다로 항해를 나간다면(그리고 이러한 항로를 생각해낼 수 있다면), 그는 깜깜한 어둠과 흐릿한 안개 속을 지나 이윽고 바다와 하늘이 하나로 뒤섞이는 무시무시하고 혼란스러운 장소, 아가리를 쩍 벌린 심연과 휘몰아치는 소용돌이가 막다른 칠흑의 세계로 자신을 집어삼키려 벼르고 있는 장소에 도달할 것이다.

이러한 개념은 기원전 10세기의 수많은 문학 작품에서 다양한 형태로 등장했으며, 그 후 중세 시대에도 상당 기간 되풀이 나타났다. 그리스인에게는 익숙한 지중해가 바다의 전부였다. 그 바깥에는 육지 세계의 언저리를 둘러싼 대양, 곧 오케아노스(Oceanos)가 있었다. 아마 오케아노스에서 가장 먼 곳 어딘가에 신들과 죽은 이들의 영혼이 머문다는 극락정토가 있을 터였다. 여기서 우리는 도달할 수 없는 대륙과 아름다운 섬이 먼 대양에 존재한다는 생각과 조우한다. 이는 세계 끝부분에 바닥 모를 심연이 펼쳐져 있지만, 광활한 대양이 언제나 인간이 살아가는 둥근 세계를 에워싼 채 모든 걸 끌어안고 있다는 생각과 혼란스럽게 뒤섞여 있다.

신비로운 북방 세계에 관한 이야기가 초기의 호박·주석 무역로를 따라 입에서 입으로 전해지며 옛 전설에 나오는 개념에 다양한 색깔을 입혔다. 그로 인해 육지 세계의 가장자리는 안개와 폭풍우와 어둠에 싸인 장소로 그려졌다. 호메로스의 《오디세이(Odyssey)》를 보면 안개와 어둠이 지배하는 먼 오케아노스 해안에서 살아가는 킴메르족(Cimmer) 이야기가 나온다. 킴메르족은 낮과 밤의 경로가 가깝고 낮의 길이가 긴 땅에서 살아가는 양치기들에 관한 이야기를 들려준다. 그런가 하면 옛 시인이나 역사가는 대양에 대한 생각 일부를 페니키아인에게서 얻어온 듯하다. 페니키아인은 왕이나 황제와 거래하기 위한 금·은·보석·향신료·목재 따위를 구하러 유럽·아시아·아프리카 연안을 어슬렁거렸다. 당연히 이 해상(海商)들이 대양을 건너간 최초의 사람이었을 테지만, 역사에는 그런 사실이 기록되어 있지 않다. 기원전에 적어도 2000년 동안(어쩌면 그보다 더 오랫동안) 무역을 주름잡은 페니키아인은 홍해 연안을 따라 시리아·소말리아·아라비아 심지어 인도까지, 아니 멀리 중국까지 누비고 다녔을 것이다. 헤로도토스(Herodotos: 기원전 484?~기원전 425?, 그리스의 역사가―옮긴이)는 페니키아인이 기원전 600년경 아프리카 대륙을 동에서 서로 빙 둘러 항해한 뒤, '헤라클레스의 두 기둥(오늘날의 지브롤터해협을 말하는데, 한 발은 유럽을 다른 한 발은 아프리카를 딛고 선 헤라클레스가 배들의 항해를 지켜준다고 믿은 데서 연유한 이름―옮긴이)'과 지중해를 거쳐 이집트에 도달했다고 적었다. 그러나 정작 페니키아인은 그 항해에 대해 거의, 혹은 전혀 언급하지도 기록하지도 않았다. 그런 식으로 자신들이 이용한 무역로와 그 무역에서 얻은 값진 물건의 출처를 철저히 비밀에 부쳤다. 따라서 페니키아인이 태평양 외해로 진출했을 가능성이 있다는 어렴풋한 추측만 떠돌고, 고고학적 조사 결과를 통해 그걸 뒷받침하는 약간의 증거가 나왔을 뿐이다.

페니키아인이 서유럽 연안을 따라 멀리 귀중한 호박 산지인 발트해와 스칸디나비아반도까지 진출했을지도 모른다는 이야기 역시 풍문, 또는 제법 그럴듯한 추정에 지나지 않는다. 그들이 이곳을 방문했다는 뚜렷한 흔적이 남아 있지 않기 때문이다. 물론 페니키아인 자신도 결코 관련 기록을 남기지 않았다. 다만 그들이 유럽을 항해한 사례 중 하나에 관해 간접적인 기록이 전해지고 있기는 하다. 기원전 500년경 유럽 연안을 따라 북쪽으로 항해한 힘리코(Himlico)의 카르타고 탐험대 이야기가 바로 그것이다. 힘리코는 그 항해에 관해 기록을 남긴 것으로 보이지만, 오늘날에는 전해지지 않는다. 하지만 그로부터 약 1000년쯤 뒤 로마 시대의 아비에누스(Avienus)가 그의 글을 인용했다. 아비에누스에 따르면, 힘리코는 유럽 연안의 바다에 대해 낙심하듯 이렇게 묘사했다.

이들 바다는 넉 달 내내 항해가 거의 불가능하다. ……바람이 불지 않아 배가 앞으로 나아가지 못한다. 게으른 바다의 굼뜨기 한량없는 바람은 죽은 듯 잠잠하다. ……파도 속에 수많은 해조가 떠다닌다. ……육지 표면은 약간의 물로 간신히 뒤덮여 있다. ……바다 괴물이 끊임없이 여기저기 돌아다닌다. 기다시피 느릿느릿 움직이는 선박 사이로 이 야수들이 헤엄쳐 다닌다.

여기서 '야수들'이란 훗날 고래잡이 어장으로 이름을 날린 비스케이만을 누비던 고래일 것이다. 아울러 힘리코가 인상 깊게 묘사한 얕은 바다는 조차가 큰 프랑스 연안의, 밀물과 썰물(조수를 거의 보기 힘든 지중해 출신에겐 무척 생소한 현상)에 잠겼다 드러났다를 반복하는 평야 지대였을 것이다. 그러나 아비에누스의 말을 믿는다면, 힘리코 역시 서쪽의 드넓은 대양에 관해 다음과 같이 생각하고 있었다. "'헤라클레스의 두 기둥'에서 멀리 서쪽으로 가없는 바다가 펼쳐져 있다. ……배를 밀어주는 바람이 불지 않고, 어둠이 덮개처럼 낮의 햇살을 가리고, 안개가 항상 자욱하게 피어나 그 어떤 배도 항해해본 적 없는 바다……." 이런 상세한 묘사가 페니키아인의 조심성을 드러낸 것인지, 아니면 그저 옛 생각을 따라 한 데 그친 것인지는 말하기 어렵다. 하지만 상당히 흡사한 생각이 현대에 이르기까지 수 세기 동안 여러 이야기 속에 거듭 등장한다.

역사적 기록만 놓고 보면, 처음으로 대양을 탐사하기 위해 대항해에 나선 인물은 기원전 330년경 마실리아(Massilia: 마르세유의 라틴어 이름—옮긴이)의 피테아스다. 안타깝게도 《대양에 관하여(On the Ocean)》라는 글을 비롯해 그의 저술은 몽땅 소실되었고, 후대 저술가들의 단편적 인용만 전해 내려올 뿐이다. 우리는 천문학자이자 지리학자인 그가 북쪽으로 항해를 나설 수밖에 없었던 당시 정황에 대해 거의 아는 게 없다. 하지만 피테아스는 아마도 에쿠메네(ecumene: '사람이 살고 있는 땅'이라는 뜻—옮긴이), 즉 육지 세계가 얼마나 멀리까지 펼쳐져 있는지, 북극권의 위치가 어디인지, 한밤중에도 해가 지지 않는 땅은 과연 어떤 곳인지 알고 싶었으리라. 이런 이야기 중 일부는 육로로 발트해 연안 육지의 주석과 호박을 갖고 내려온 무역상에게서 들었을 것이다.

피테아스는 최초로 천문학적 측정법을 사용해 일정 장소의 지리적 위치를 파악했으며, 그 밖에 여러 가지 방식으로 천문학자로서의 기량을 뽐냈다. 탐험용 항해에서 평범함을 넘어 빼어난 역량을 발휘한 것이다. 그는 영국 주위를 항해하고, 셰틀랜드제도를 방문하고, 북쪽의 열린 바다로 진출해 마침내 한밤중에도 태양이 비치는 '툴레'에 도달한 것으로 보인다. 다른 저자가 인용한 그의 글에 따르면 "이 나라는 밤이 너무 짧아서 어떤 곳은 2시간, 어떤 곳은 3시간이 고작이므로 태양이 지기 바쁘게 이내 다시 떠오른다". 이 나라에는 "야만인"이 살고 있었는데, 그들이 피테아스에게 "태양이 쉬는 장소"를 보여주었다. '툴레'가 정확히 어디인지를 놓고 후대 전문가들은 설왕설래했다. 누구는 아이슬란드라 하고, 누구는 피테아스가 북해를 건너 노르웨이에 도착한 거라고 했다. 피테아스는 툴레의 북쪽을 "엉겨 있는 바다"라고 표현한 것으로 전해지는데, 그런 상황은 (노르웨이보다는—옮긴이) 아이슬란드에 더 잘 들어맞는다.

그러나 문명 세계는 암흑 시대에 접어들었다. 피테아스가 항해하면서 얻은 머나먼 곳에 관한 지식은 후대 학자들을 별로 감동시키지 못한 듯하다. 지리학자 포시도니우스(Posidonius)는 "한없이 펼쳐진" 대양에 관한 기록을 남겼으며, 로도스[Rhodos: 그리스 도데카니사(Dodecanisa)제도에서 가장 큰 섬—옮긴이]를 출발해 에스파냐의 카디스까지 항해했다. 바다를 보고, 조석을 측정하고, 붉게 이글거리는 태양이 쉭쉭 소리를 내며 거대한 서쪽 바다로 풍덩 빠진다는 속설이 과연 사실인지 확인하기 위해서였다.

피테아스 이후 약 1200년 동안은 해양 탐험과 관련해 분명한 이야기가 단 한 건도 전해지지 않는다. 그러던 중 마침내 노르웨이의 오타르(Ottar)가 등장한다. 오타르는 북쪽 바다를 항해한 자신의 이야기를 영국의 앨프리드(Alfred, 849~899)왕에게 들려주었다. 앨프리드왕은 공포를 불러일으키는 바다 괴물 따위의 가상적 존재와는 분명하게 선을 그은 채 직설적인 지리 탐험 서술법으로 그의 이야기를 기록했다. 그 기록에 따르면 오타르는 노르웨이 최북단의 노스곶을 돌아 북극해와 바렌츠해, 그리고 나중엔 백해까지 다녀온 것으로 '알려진' 최초의 탐험가였다. 그는 이들 바다의 해안에 사람이 살고 있다는 사실을 두 눈으로 똑똑히 확인했는데, 이를 누군가에게 들어 이미 알고 있었던 것 같다. 기록에 따르면, 오타르가 그 곳을 찾은 이유는 "주로 그 나라를 탐험하고, 값비싼 엄니를 가진 바다코 끼리를 구하기 위해서"였다. 이 여행은 870~890년에 이루어진 것 같다.

그 무렵 바이킹의 시대가 열리고 있었다. 바이킹이 좀더 중요한 탐험을 시작한 때는 대개 8세기 말엽으로 추정된다. 하지만 그들은 이보다 훨씬 전부터 북유럽 여러 나라를 방문했다. 프리드쇼프 난센(Fridtjof Nansen: 1861~1930, 노르웨이의 북극 탐험가·동물학자·정치가―옮긴이)에 따르면 "일찌감 치 3세기에서 5세기가 끝나갈 무렵까지, 방랑하던 헤룰리족(Heruli)은 더 러 색슨족 해적과 손잡고 스칸디나비아에서 서유럽 바다까지 항해하며 갈리아와 에스파냐 연안을 약탈했다. 455년에는 지중해에 쳐들어와 이탈 리아의 루카(Lucca)까지 침략했다". 바이킹은 이미 6세기에 북해를 건너 프랑크족(Franks)의 근거지까지, 그리고 영국 남부까지 진출했다. 그들은 7세기 초엽 세틀랜드에 정착했을 가능성이 있는데, 비슷한 시기에 헤브 리디스(Hebrides: 스코틀랜드 서쪽의 열도―옮긴이)와 아일랜드 북서부를 약탈했 다. 그리고 훗날 페로제도와 아이슬란드까지 항해했다. 10세기의 마지막 25년 동안에는 그린란드에 식민지 두 곳을 건설했고, 얼마 뒤에는 대서양 을 횡단해 북아메리카로 진출했다. 난센은 이들이 항해한 장소에 대해 다 음과 같은 기록을 남겼다.

노르웨이인의 조선 기술과 선박 조종술은 항해와 발견의 역사에서 신기원을 이루었다. 그들의 항해로 북방의 나라와 바다에 관한 기왕의 지식이 완전히 뒤

집어졌다. ……우리는 이들이 항해를 통해 발견한 사실에 관한 이야기를 옛 문서와 사가에서 찾아볼 수 있는데, 그 상당 부분이 아이슬란드의 기록으로 남았다. 강인한 인간들이 묵묵히 얼음·폭풍우·혹한·배고픔과 싸우며 미지의 바다를 항해한 기록에는 비장한 기류가 깔려 있다.

그들은 나침반도 천문학 장비도, 오늘날 우리가 바다에서 위치를 파악하는 데 사용하는 그 어떤 도구도 갖추지 못했다. 그들은 오로지 태양·달·별에 의지해 항해했다. 이런 것이 전혀 보이지 않는 날에는 대관절 어떻게 몇 날, 몇 주 동안 악천후와 안개를 뚫고 항해할 수 있었는지 얼핏 이해가 가지 않는다. 그러나 그들은 어김없이 길을 찾아갔다. 갑판 없는 배에 사각 가로돛을 달고 온 대양을 누비던 노르웨이 바이킹들은 노바야젬랴와 스피츠베르겐에서 북서쪽의 그린란드, 배핀만, 뉴펀들랜드섬, 북아메리카까지 나아갔다. ……다른 나라의 배가 같은 지역에 진출한 것은 그로부터 500년 뒤의 일이다.■

그러나 이들의 항해에 관해서는 어렴풋한 풍문만이 지중해의 '문명 세계'에 전해졌을 뿐이다. 잘 알려진 세계에서 대양을 건너 미지의 세계로 나아가는 항로가 스칸디나비아 사가에 명확하고 사실적으로 묘사되어 있음에도, 중세 학자들의 저술은 어쩐 일인지 여전히 세상을 둘러싼 먼 바다, 즉 무시무시한 '암흑의 바다' 타령만 늘어놓았다. 1154년경 아랍의 유명한 지리학자 알이드리시(Al-Idrisi)는 시칠리아의 노르만족 왕 루제로(Ruggero) 2세를 위해 지구에 관한 글을 작성하고 지도 70장을 곁들였다. 알려진 모든 땅의 바깥에 세계의 경계를 이루는 '어두운 바다'가 펼쳐져 있게끔 표현한 지도였다. 영국제도 부근의 바다에 대해 그는 "이 바다 멀

■ In Northern Mists, 1912 edition, A. H. Clark, vol. 1, pp. 234, 247.

리 진출하기란 불가능하다"고 적었다. 그러면서 멀리 있는 이 제도의 존재를 어렴풋이 암시하긴 했지만 "안개와 깊은 어둠이 바다에 깔려 있어" 접근하기 곤란하다고 주장했다. 11세기에 저술 활동을 한 박식한 브레멘의 아담(Adam of Bremen)은 멀리 있는 드넓은 바다의 외딴 섬으로서 그린란드와 빈란드의 존재를 인식하고 있었지만, 옛 사람들의 생각과 실상을 제대로 구별하지는 못했다. 옛 사람들의 생각에 따르면 바다는 "세계를 둘러싸고 있는, 쳐다보기도 겁나는 무한한 것"이며, 대양은 "지구 둘레를 끊임없이 흐르는 것"이었다. 심지어 스칸디나비아인조차 대서양에 가로놓인 육지를 발견했을 때, 바깥쪽 대양이 시작되는 지점의 경계를 좀 더 물러나게 하는 데 그치고 만 것 같다. 왜냐하면 둥근 지구를 둘러싼 대양에 관한 생각이 여전히 《왕의 거울(King's Mirror)》(1250년경부터 사용한 노르웨이의 교육서―옮긴이)이나 《헤임스크링글라(Heimskringla)》('세계의 궤도'라는 뜻으로, 옛 노르웨이 왕들의 유명한 사가―옮긴이) 같은 북부 연대기에 드러나 있기 때문이다. 콜럼버스가 동료들과 함께 진출한 서쪽 대양(Western Ocean)에 관해서도 여전히 죽어서 고여 있는 바다, 덫처럼 배를 휘감는 해조와 괴물, 상존하는 위험과 안개 그리고 어둠 따위의 전설이 따라다녔다.

그러나 콜럼버스가 등장하기 수 세기 전에도(정확히 몇 세기 전인지는 아무도 모른다), 세계 반대편에서 살아가는 사람들은 바다가 불러일으키는 두려움을 떨치고 대담하게 배를 타고 태평양 항해에 나섰다. 우리는 폴리네시아 이주민이 겪은 역경과 난관과 두려움에 관해 거의 아는 게 없다. 단지, 무슨 영문인지는 모르지만 그들이 어떤 육지의 해안에서도 멀리 떨어져 있는 섬을 찾아갔다는 사실만 알고 있을 뿐이다. 아마 태평양 한복판의 바다가 북대서양보다는 한결 친절했을 것이다. 아니, 틀림없이 그랬다. 엉성한 카누에 몸을 싣고 바다의 표식과 별빛에 의지해 섬에서 섬으로 길을 찾아갈 수 있었을 테니 말이다.

우리는 폴리네시아인이 언제 첫 항해에 나섰는지 모른다. 그러나 뒤이은 항해에 관해서는 약간의 증거가 남아 있다. 이를테면 13세기에 하와이 제도를 향해 중대한 마지막 이주 항해가 이루어졌다는 것, 14세기 중엽에 타히티섬에서 출발한 선박이 뉴질랜드에 영구 정착했다는 것 따위다. 그러나 다시 한 번 말하거니와 이 모든 게 유럽에는 일절 알려지지 않았다. 폴리네시아인이 미지의 바다를 항해하는 기술을 터득하고 한참이 지난 뒤까지도 유럽의 뱃사람들은 '헤라클레스의 두 기둥'을 무시무시한 '암흑의 바다'로 나아가는 문지방으로 여겼다.

콜럼버스가 서인도제도와 아메리카 대륙에 이르는 길을 알아내고, 발보아(Balboa: 1475~1519, 에스파냐의 탐험가―옮긴이)가 태평양을 발견하고, 마젤란이 세계 일주에 성공하자 두 가지 새로운 생각이 싹터 한동안 사람들의 마음을 지배했다. 하나는 아시아로 이어지는 북방 항로가 있다는 생각이고, 다른 하나는 당시 알려져 있던 대륙 아래쪽에 거대한 남방 대륙이 존재한다는 생각이었다.

마젤란은 오늘날 그의 이름을 달고 있는 해협(남아메리카 남단에 위치한 마젤란해협―옮긴이) 사이를 항해하는 37일 동안, 그 남쪽으로 줄곧 육지를 볼 수 있었다. 밤이면 수많은 불빛이 그 해안에서 반짝였는데, 마젤란은 그곳을 '불의 땅'이라는 뜻의 '티에라델푸에고'라고 이름 붙였다. 그는 거기가 지리학자들이 진즉부터 존재한다고 여겼던 거대한 남방 대륙의 연안일 거라고 생각했다.

마젤란 이후에도 숱한 항해자가 자신이 발견하고자 한 대륙의 변경 지대라고 판단한 육지에 대해 보고했지만, 그때마다 번번이 그냥 섬에 불과한 것으로 드러났다. 부베(Bouvet)의 위치는 몹시 불분명하게 묘사되어 있어 수차례 발견과 실패를 거듭한 뒤에야 비로소 지도에 표기할 수 있었다. 케르겔랑(Kerguelen)은 자신이 1772년에 발견한 황량하고 으스스한 땅을 남방 대륙이라고 철석같이 믿고 프랑스 정부에 그렇게 보고했다. 훗날의 항해에서 그것이 단순히 또 하나의 섬을 발견한 데 불과했다는 것을 깨달은 그는 실망한 나머지 그곳을 '황량한 섬(Isle of Desolation)'이라고 불렀다. 후대의 지리학자들은 그 섬에 케르겔랑의 이름을 붙여주었다(인도양 남단과 남극해 사이에 자리한 외딴 섬 케르겔렌제도를 말한다. 발견한 사람의 이름을 붙였지만 대개 영어식으로 읽는다—옮긴이).

남방 대륙을 발견하는 것은 '쿡 선장'이 항해에 나선 목적 중 하나이기도 했다. 하지만 그는 대륙 대신 대양을 발견했다. 남반구 고위도 지대를 거의 일주하는 동안, 쿡 선장은 아프리카·오스트레일리아·남아메리카 남쪽에 지구 둘레를 거의 한 바퀴 휘감아 도는, 폭풍 거센 대양이 존재한다는 사실을 알아냈다. 아마도 사우스샌드위치(South Sandwich)제도를 남극 본토의 일부라고 잘못 판단했던 것 같다. 그러나 쿡이 남극해에 있는 그 제도를 비롯한 여타 섬을 발견한 최초의 사람이었는지는 전혀 확실치 않다. 미국의 물개 사냥꾼들이 그보다 먼저 그곳에 들렀을 가능성이 높다. 하지만 남극해 탐험의 역사는 거의 백지 상태로 남아 있다. 미국 북부의 물개 사냥꾼들은 경쟁자가 그 풍부한 물개 어장을 발견하는 걸 원치 않아 항해에 관한 세부 사항을 일체 비밀에 부쳤다. 1820년경 이곳 바다에 서식하던 물개가 거의 멸종한 것으로 보아 그들은 필시 19세기 초 이전까지 오랫동안 남극해의 바깥쪽 섬 근처에서 조업을 했을 것이다. 파머(N. B. Palmer) 선장이 최초로 남극 대륙을 발견한 것이 바로 그 1820년이었다. 당시 파머는 코네티컷주의 여러 항구에서 출발한 여덟 척의 물개잡이 선단 중 히어로호(Hero)를 지휘하고 있었다. 그로부터 1세기가 지난 뒤에도 탐험가들은 옛 지리학자들이 그토록 오랫동안 발견하길 갈망하고 찾아 헤맨 신비로운 곳, 그리고 마침내 지상에서 가장 거대한 대륙 중 하나로 드러난 남방 대륙(남극 대륙—옮긴이)에 대해 끊임없이 새로운 발견을 보탰다.

한편 지구 반대쪽 북극에서는 아시아의 풍부한 자원을 구하기 위해 북방 항로를 발견하려는 꿈이 탐험대를 잇달아 얼어붙은 북극해로 이끌었다. 이탈리아 출신의 영국인 캐벗(John Cabot), 영국인 프로비셔 경(Sir John Frobisher)과 데이비스(John Davis)는 북서쪽 항로를 찾아 나섰다가 빈손으로 돌아왔다. 영국인 허드슨(Henry Hudson)은 반란을 일으킨 선원들에 의해 갑판 없는 작은 배에 버려진 채 죽음을 맞았다. 1845년 에러버스호와 테러호를 이끌고 항해에 나선 영국인 프랭클린 경(Sir John Franklin)은 여기저기 흩어져 있는 북극해 섬들의 미로 속으로 들어간 것으로 전해진다. 나중에는 적합한 항로로 드러났지만 당시는 프랭클린이 이끄는 선박을 침몰시켜 그와 동료들을 모조리 집어삼킨 곳이다. 나중에 동쪽과 서쪽에서 출발한 구조선이 멜빌(Melville)해협에서 조우함으로써 북서 항로가 구축되었다.

그런가 하면 북극해를 가로질러 동쪽으로 항해해 인도로 가는 길을 찾으려는 노력도 잇따랐다. 노르웨이 사람들은 백해에서 바다코끼리를 사냥하다 오타르와 거의 같은 시기에 노바야젬랴 연안에 다다른 것으로 보인다. 그들은 1194년 스피츠베르겐을 발견했다. 비록 스피츠베르겐을 발견한 공을 대개는 네덜란드 항해가 바렌츠(William Barents: 1596년 스피츠베르겐을 탐험했음—옮긴이)에게 돌리고 있긴 하지만 말이다. 러시아 사람들은 16세기에 이미 북극해에서 물개를 사냥했고, 포경 선원들은 1607년 허드슨이 스피츠베르겐과 그린란드 사이 바다에 어마어마한 고래 떼가 있다고 언급하기 무섭게 스피츠베르겐 앞바다에서 조업을 시작했다. 따라서 영국과 네덜란드의 무역선이 유라시아의 북쪽 해상로를 발견하기 위해 필사적인 노력에 착수할 무렵, 최소한 잔뜩 얼어붙은 이 북쪽 대양의 문턱만큼은 잘 알려져 있었다. 수많은 시도를 거듭했지만 노바야젬랴 연안 너머까지 성공한 사례는 극히 드물었다. 16~17세기는 선박만 파괴된 게 아니라 바렌츠 같은 빼어난 항해가들이 제대로 준비하지도 않은 채 북극해 탐험에 나섰다 고초를 겪으며 죽자 희망도 덩달아 물거품이 된 시기였다. 급기야 모두가 손을 놔버렸다. 그 같은 항로를 개척해야 할 실제적 필요성이 거의 사라진 1879년에야 드디어 스웨덴 탐험선 베가호(Vega)를 지휘한 노르덴스키욀드(Adolf Erik Nordenskiöld) 남작이 예테보리에서 베링해협까지 항해하는 데 성공했다.

몇 세기에 걸친 숱한 항해 덕분에 미지의 세계를 뒤덮은 채 우리를 막연한 공포에 떨게 만든 안개가 '암흑의 바다' 표면에서 서서히 걷히기 시작했다. 가장 단순한 항해 도구조차 갖추지 못했고, 로란(loran)·레이더·음파측심계 등 경이적인 최신 장비는 상상도 할 수 없었으며, 해도를 구경해본 일도 없는 초기 항해사들은 대관절 어떻게 그 일을 해냈을까? 항해용 나침반을 처음 사용한 사람은 누구이며, 현대인이 당연하게 여기는 해도와 항해 지침을 초기에는 어떻게 작성했을까? 이런 질문에 대해서는 아무도 분명하게 답할 수 없다. 어떤 대답을 듣든 더 많은 의문이 꼬리에 꼬리를 물기 때문이다.

뛰어난 뱃사람이던 페니키아인은 한사코 비밀을 고수했으므로 그들이 어떤 방법을 사용했는지 짐작하기란 어렵다. 그러나 폴리네시아인에 관해서는 유추해볼 근거가 제법 많다. 오늘날 그들의 후예를 연구해보면 되기 때문이다. 연구자들은 고대 태평양 이주민이 어떤 경로를 따라 이 섬

저 섬 항해했는지 그 단서를 밝혀낼 수 있었다. 그들은 틀림없이 폭풍이 몰아치고 안개가 자욱한 북쪽 바다와는 전혀 딴판인 잔잔한 태평양에서 밤하늘에 밝게 빛나는 별빛을 따라갔을 것이다. 폴리네시아인은 별을 움푹 파인 하늘 구덩이를 가로질러 움직이는 빛의 무리로 여겼다. 그들은 목적지 섬 위에서 빛나는 것으로 추정되는 별을 보면서 앞으로 나아갔다. 변화하는 바닷물의 빛깔, 쇄파가 수평선 아래 바위에 부서지면서 피워내는 물안개, 열대 바다의 작은 섬 위에 드리운 채 더러 산호초로 둘러싸인 초호(礁湖)의 빛깔을 되비추기도 하는 구름 조각……. 이 모든 바다의 언어를 그들은 완벽하게 이해했다.

원시 항해에 대해 연구하는 이들은 새의 이동이 폴리네시아인에게 의미가 있었을 것으로 본다. 해마다 봄가을에 모여들어 대양 위를 날아다니거나, 떠났던 곳으로 되돌아오는 새 떼를 관찰함으로써 많은 사실을 알아냈다는 것이다. 해럴드 개티(Harold Gatty)는 하와이 원주민이 하와이제도를 발견한 것은 검은가슴물떼새의 이동과 관련이 깊다고 생각했다. 타히티섬에서 북아메리카 본토로 돌아가는 검은가슴물떼새를 쫓아가던 중 하와이섬에 이르게 되었다는 것이다. 또한 개티는 이동 경로를 따라가던 아프리카뻐꾸기가 솔로몬(Solomon: 적도 아래 오스트레일리아 북동쪽에 위치한 제도─옮긴이)에서 뉴질랜드로 이주한 이들을 안내했다고 주장했다.

전해 내려오는 이야기와 문서 기록에는 원시 항해자들이 더러는 함께 데려간 새를 풀어준 뒤 녀석들이 찾아가는 육지로 쫓아갔다는 내용이 나온다. 군함새(frigate bird)는 폴리네시아인에게 해안을 찾아주었다. (이 새는 최근까지도 섬들 사이의 메시지를 나르는 데 이용되곤 했다.) 그리고 노르웨이 사가에는 플로키 빌게르다르손(Floki Vilgerdarson)이 아이슬란드로 가는 길을 알기 위해 갈까마귀를 활용했다는 대목이 나온다. "당시 북쪽에는 뱃사람이 이용할 만한 자철석(loadstone)이 없었으므로 …… 그는 갈까마귀 세 마리를 데리고 바다로 나섰다. ……첫 번째 갈까마귀를 놔주자 녀석은 매가리 없이 고물로 돌아왔다. 두 번째 갈까마귀는 허공으로 날아올랐지만 이내 다시 배로 날아들었다. 마지막 갈까마귀는 마침내 뱃머리를 지나 앞으로 곧장 날아갔고, 육지로 일행을 안내했다."

사가에서 되풀이 언급하는 바에 따르면, 자욱한 안개가 낀 날 스칸디나비아 사람들은 어디 있는지도 모른 채 며칠 동안 바다에 떠 있어야 했다. 그들은 때로 새의 비행을 관찰하면서 육지가 있는 방향을 가늠했다. 중세 시대 아이슬란드의 《란드나마보크(Landnamabok)》('정착에 관한 책'이라는 뜻―옮긴이)에는 "노르웨이에서 그린란드로 가는 길에 새와 고래를 만나려면 항해자는 아이슬란드 훨씬 아래쪽 길을 택해야 한다"고 적혀 있다. 아울러 《노르웨이 역사(Historia Norwegiae)》에 잉골프(Ingolf)와 요르레이프(Hjorleif)가 "측연을 던져 파도를 측정함으로써" 아이슬란드를 찾아냈다고 적혀 있는 것으로 보아 스칸디나비아 사람들은 얕은 바다에서 어떤 형태의 측심을 수행한 것 같다.

선원들이 자침(磁針)을 사용해 항해에 도움을 받았다는 내용은 12세기 들어 처음 언급된다. 그러나 이로부터 100년이 지난 뒤에도 학자들은 당시 선원들이 악마가 만들어낸 게 분명한 그런 도구에 목숨을 맡겼을 성싶지 않다며 의구심을 표시했다. 그러나 증거에 따르면 12세기 말엽 지중해에서 나침반을 사용했다는 것은 분명한 사실이다. 북유럽에서는 나침반을 사용하는 데 이로부터 수백 년이 걸렸다.

잘 알려진 바다를 항해하는 데는 수 세기 동안 오늘날의 항해 지침과 비슷한 것을 사용했다. 포르톨라노(portolano)와 페리플러스(periplus)가 지중해와 흑해를 항해하는 고대 뱃사람을 이끌어주었다. 포르톨라노는 항구를 표시한 해도로 연안 항해 안내서인 페리플러스와 함께 사용하게끔 만들었다. 하지만 둘 중 어느 것을 먼저 개발했는지는 알려져 있지 않다. 《스킬락스의 페리플러스(Periplus of Scylax)》가 고대 연안 항해 안내서 중 가장 오래되고 가장 완벽한 것으로, 몇 백 년에 걸친 중세 시대의 위험을 이겨내고 오늘날까지 전해 내려온다. 그것과 함께 사용한 해도는 더 이상 존재하지 않지만, 실제로 그 둘은 기원전 5~기원전 4세기 지중해 항해에 도움을 주었다.

《스타디아스무스, 또는 대양 일주(Stadiasmus, or circumnavigation of the great sea)》라는 페리플러스는 약 5세기부터 사용했지만, 놀랍게도 오늘날의 항해 안내서와 견줘도 전혀 손색이 없다. 지점 간의 거리며, 여러 섬에 불어올지도 모르는 바람, 정박 및 담수를 얻을 수 있는 시설에 관한 정보까지 담고 있다. 예를 들면 이런 구절도 있다. "헤르마에아(Hermaea)에서 레우케악테(Leuce Acte: '백색 해안'이라는 뜻—옮긴이)까지는 20스타디아(stadia: 고대의 길이 단위. 1스타디아는 약 185미터—옮긴이)이며, 거기서 2스타디아 떨어진 곳에 야트막한 작은 섬이 하나 있다. 그곳에는 화물선이 정박할 수 있는데, 서풍이 불 때 접근 가능하다. 한편 갑 아래쪽 해안에는 모든 선박이 이용할 수 있는 드넓은 정박 장소가 있다. 유명한 지성소인 아폴로 신전이 바로 바다 옆에 있다."

로이드 브라운(Lloyd Brown)은 《지도 이야기(Story of Maps)》에서 기원후 1000년 동안 선원들이 사용한 해도는 남아 있지 않으며, 존재했었다고 확실하게 알려진 것도 없다고 밝혔다. 저자는 그 이유를 초기 뱃사람들이 여기서 저기로 항로를 정하는 방법을 신중하게 비밀에 부쳤기 때문이라고 보았다. 그들에게 해도는 '제국에 이르는 비결'이자 '부를 거머쥘 방편'이었고, 감춰진 비밀문서로 통했다. 따라서 현존하는 가장 오래된 해도는 1311년 페트루스 베스콘테(Petrus Vesconte)가 제작한 것이지만, 그렇다고 그 이전에 해도가 전혀 없었다는 얘기는 아니다.

항해용 해도를 처음 책자 형태로 묶어낸 사람은 네덜란드 사람 뤼카스 얀스존 바헤나르(Lucas Janszoon Waghenaer)였다. 1584년 처음 출간한 그의 해도집《선원의 거울(Mariner's Mirror)》은 네덜란드의 자위더르(Zuyder)해에서 에스파냐의 카디스에 이르는 유럽 서부 해안의 항해를 총망라하고 있다. 이 책은 곧 여러 언어로 번역·출간되었다. 아울러 오랜 세월 동안 네덜란드, 영국, 스칸디나비아 국가, 독일의 항해자들이 카나리아제도에서 스피츠베르겐에 이르는 대서양 동부 바다를 항해할 때 유용한 지침서 노릇을 했다. 증보판을 통해 셰틀랜드와 페로제도, 심지어 노바야젬랴에 이르는 러시아 북부 연안까지 범위를 넓혔기 때문이다.

16~17세기에는 동인도제도의 풍부한 자원을 놓고 치열한 경쟁이 벌어졌는데, 거기에 자극받은 민간 기업이 정부 기관을 제치고 정밀 해도를 제작하는 일에 나섰다. 동인도회사는 자체적으로 수로학자를 고용해 비밀리에 지도를 제작했다. 그들은 동방 항로와 관련한 지식을 가장 소중한 무역 기밀로 취급했다. 그러던 중 1795년 동인도회사의 수로학자 알렉산더 댈림플(Alexander Dalrymple)이 영국 해군 본부의 공식 수로학자로 임명받았다. 영국 해군은 그의 주도로 세계 연안에 관한 조사에 착수했다. 오늘날의 영국 해군 본부 항로 지침서는 바로 이 조사에 기초한 것이다.

그 직후 매슈 폰테인 모리(Matthew Fontaine Maury)라는 젊은 남성이 미국 해군에 입대했다. 그로부터 불과 몇 년 뒤 모리 중위는 전 세계 항해에 영향력을 행사한《바다의 자연지리학(The Physical Geography of the Sea)》을 출간했다. 이 책은 지금도 해양학의 기본서로 꼽힌다. 다년간 바다 생활을 경험한 모리는 수로국의 전신인 '해도 및 해상장비국(Depot of Charts and Instruments)'의 책임자 자리에 앉아 항해자 입장에서 바람과 해류를 실제적으로 연구하기 시작했다. 그의 정열적이고도 주도적인 활동에 힘입어 세계적 공조 체제가 마련되었다. 여러 나라 선박의 고위 선원들이 항해 일지를 보내왔다. 모리는 그걸 종합한 정보를 항해용 해도에 담았다. 협조해준 선원들은 그 해도의 복사본을 답례로 받았다. 모리의 항해 지침은 이내 세계의 이목을 끌었다. 그는 아메리카 동부 연안을 항해하는 선박을 위해 항로를 단축시켜주었다. 이로써 리우데자네이루까지는 10일, 오스트레일리아까지는 20일, 혼곳을 돌아 캘리포니아까지는 30일을 각각 단축할 수 있었다. 모리가 후원한 협력적인 정보 교환은 오늘날에도 계속되고 있다. 모리가 제작한 해도의 후속판이랄 수 있는 '수로국 항해도(Pilot Charts of the Hydrographic Office)'에는 "미 해군 중위로 복무할 당시 매슈 폰테인 모리가 수행한 연구에 기초해"라는 헌정사가 씌어 있다.

오늘날 세계의 모든 해양 국가가 발행하는 '항해 지침과 연안 항해 안내서'에는 대양 항해자에게 도움을 주는 완벽한 정보가 실려 있다. 그러나 바다에 관한 이런 글에는 현대와 고대가 사이좋게 버무려져 있으며, 사가의 항해 지침이나 고대 지중해 선원들의 페리플러스에서 따왔음직한 구절도 더러 섞여 있다.

같은 해에 나온 항해 지침들이 로란으로 위치를 파악하는 방법을 알려주는가 하면, 마치 1000년 전의 스칸디나비아 사람처럼 안개 낀 날에는 새의 비행과 고래의 행동을 보고 육지를 찾아가라고 조언하고 있다니 놀랍고도 유쾌한 일이다. 《노르웨이 항해 안내서(Norway Pilot)》에는 다음과 같은 내용이 적혀 있다.

〔얀마이엔(Jan Mayen)섬과 관련해〕무수한 바닷새의 존재는 육지가 가까이 있다

는 신호이며, 새 서식지에서 들려오는 소리는 해안의 위치를 파악하는 데 유용하다.

〔베어섬과 관련해〕섬 주변 바다에는 바다오리가 와글거린다. 안개 낀 날에는 이 바다오리 떼와 그들이 다가오는 방향이 섬의 위치를 가늠하는 데 측연 사용과 더불어 가장 소중한 정보다.

최근의 남극 대륙용 《미국 항해 안내서(United States Pilot)》에서는 다음과 같은 대목을 만날 수 있다.

항해가들은 새들을 잘 관찰해야 한다. 왜냐하면 어떤 종이 존재하는지 보고 추론해야 하는 경우가 생기기 때문이다. 유럽쇠가마우지(shag)는 …… 육지에 가까워지고 있다는 분명한 신호다. …… 흰바다제비(snow petrel)는 얼음과 밀접한 연관이 있으므로, 뱃사람들에게 전방에 얼음이 있다고 알려주는 전조로 더없이 중요하다. ……물을 내뿜는 고래가 향하고 있는 쪽은 대개 탁 트인 수역이다.

원양용 항해 지침서는 더러 포경 선원·물개잡이나 옛 어부들의 말에만 의존해 항해 가능 해협 혹은 조류에 관해 적어놓을 수밖에 없다. 해도도 해당 지역에서 50년 전에 마지막으로 측심한 선박이 그린 것을 그냥 싣는 경우가 있다. 그래서 지침서들은 항해자에게 반드시 '해당 지역'을 잘 아는 이들한테 정보를 구한 후 항해를 지속하라고 주의를 준다. 다음과 같은 표현을 통해 우리는 자연스럽게 바다와 더불어 떠오르는 미지의 세계, 신비의 세계에 대한 느낌을 받는다. "거기에 한때 섬이 있었다는 이야기가 전해지는데 …… 해당 지역에 대해 잘 아는 사람이 들려준 정보는 믿을 만하다. ……그 위치는 논란이 되어왔으며 …… 예전에 한 물개 사냥꾼이 보고한 모래톱……."

일부 외딴 바다에는 아직도 해수면에 고대의 암흑이 서려 있다. 하지만 그 어둠은 빠르게 걷히고 있어 바다의 대다수 수역과 깊이가 환하게 드러난 상태다. '암흑의 바다'라는 개념을 여전히 적용할 수 있는 것은 오로지 바다에 관해 3차원적으로 사고할 때뿐이다. 해수면을 해도에 담아내는 데는 수 세기가 걸렸다. 이에 비하면 그 해수면 아래 눈에 보이지 않는 세계의 윤곽을 그리는 것은 경이적일 정도로 빠르게 이뤄지고 있다. 그러나 오늘날 갖은 장비를 다 동원해 깊은 바다를 조사하고 표본을 수집함에도 바다의 궁극적 신비가 모두 풀리리라고 큰소리칠 수 있는 사람은 없다.

옛사람들이 생각한 바다의 개념은 좀더 넓은 의미로 보면 여전히 그대로 남아 있다. 정말이지 바다는 우리를 온통 둘러싸고 있다. 육지 간 교역은 반드시 바다를 거쳐야만 가능하다. 육지 위에 부는 바람조차 드넓은 바다가 키운 것으로, 끊임없이 바다로 되돌아가려 한다. 대륙 자체도 서서히 해체되고 있다. 그렇게 침식한 대지는 작은 입자로 바다에 가라앉는다. 바다에서 비롯된 비는 강을 타고 다시 바다로 흘러든다. 신비로운 과거에 바다는 모든 흐릿한 생명의 기원을 감싸고 있었으며, 마침내 수많은 변화를 겪으면서 스러져간 뭇 생명의 잔해를 받아들인다. 모든 것은 영원히 흐르는 시간의 강처럼 종국에는 처음이자 끝인 바다로, 대양의 강인 오케아노스로 돌아간다.

후기

〉〉〉〉〉〉〉〉

강은 우리 안에 있으며, 바다는 우리를 온통 에워싸고 있다.
또한 바다는 육지의 가장자리이고, 속에 바다를 머금고 있는 화강암이다.
그리고 해안이다. 바다는 그 위로
태초에, 그리고 그 후에 무엇을 창조했는지 설핏 보여주는
불가사리, 투구게, 고래의 등뼈 따위를 게워낸다.
바다는 조수 웅덩이에 우리의 호기심을 자극하는
한층 연약한 바닷말과 말미잘을 풀어놓는다.
바다는 우리가 잃어버린 것들, 찢어진 그물,
해진 새우잡이 통발, 부러진 노,
그리고 죽은 이방인의 장신구를 토해낸다. 바다에는 숱한 목소리가 있다,
수많은 신과 무수한 목소리가.

—T. S. 엘리엇

레이첼 카슨은 속삭이는 소리, 외치는 소리, 애처롭게 흐느끼는 소리, 그리고 완벽한 침묵 등 숱한 바다의 목소리를 내게 들려주었다. 바다는 한없는 신비를 간직하고 있다. 바다의 가장자리를 결코 떠나본 적 없는 사람들은 바다를 가로질러 항해하거나 그 밑바닥까지 내려가본 잠수부 못지않게 많은 것을 알고 있다. 나는 《우리를 둘러싼 바다》를 읽고 바다의 작용, 영원성, 생명을 보살피는 그 모성을 더욱 생생하게 느낄 수 있었다.

바다에서는 돌돔(parrotfish)이 열대 산호초를 조용히 쉽쉽 긁어 먹는 소리가 나는가 하면, 태풍이 으르렁거리며 달려드는 굉음도 들린다. 나는 이어지는 글에서 가능한 한 많은 바다의 소리를 망라하고자 노력했다. 우리는 파도 위 높은 곳에 떠 있는 인공위성의 관점으로, 해수면 아래에서

전속력으로 질주하는 뱀장어의 눈으로, 그리고 먹이를 향해 손을 내뻗는 산호충의 촉수가 되어 바다를 바라볼 것이다. 카슨이 약 40년 전 우리에게 소개해준 이래 바다에 관해 많은 것이 밝혀졌지만, 아직껏 풀리지 않은 숱한 바다의 신비가 우리를 기다리고 있다.

움직이는 해저

해변에서 바라보면 바다는 멀리 수평선까지 드넓게 펼쳐져 있다. 바다는 끝이 없고 영원한 것처럼 보인다. 세상이 순환하고 부활한다는 것을 증언하는 듯한 바다는 우리에게 말할 수 없는 위안을 안겨준다. 19세기 지질학자 찰스 라이엘(Charles Lyell)은 지구가 연속적으로 순환한다고 보았다. 그저 다람쥐 쳇바퀴 돌 듯 그것도 느러터진 속도로 움직여왔다는 것이다. 그는 또한 장구한 세월에 걸쳐 산맥이 융기와 침식을 거듭하고, 생물 종이 탄생과 죽음을 되풀이하면서 지구가 거의 변함없는 모습을 지켜왔다고 생각했다. 지구와 바다에 관한 이런 관점이 20세기 중엽까지 과학계를 줄곧 지배해왔다.

거의 모든 19세기 박물학자들은 깊은 해분과 대륙의 위치는 결코 변한 적이 없다고 생각했지만, 지각은 팽창하거나 수축하는 경향이 있어 그에 따라 해수면이 상승하기도 하강하기도 한다고 추측했다. 이러한 변화 때문에 바다가 크게 범람했다는 것이다. 예를 들어 공룡 시대에는 광대한 내해가 조성되어 멕시코만에서 캐나다의 노스웨스트테리토리스 (Northwest Territories: 캐나다 북반부에 있는 연방 직할지―옮긴이)까지 뒤덮었다. 동남아시아에서 중동까지 펼쳐진 또 다른 내해는 태평양과 대서양을 이어주었다.

그런데 지질학자들이 화석을 수집해 과거 환경을 해석하기 시작하자 불변성이라는 개념에 들어맞지 않는 사례가 속속 등장했다. 아프리카 북부의 사막과 산맥에서 4억 년 전 빙하에 기원을 둔 암석이 발견되었다. 알래스카와 남극 대륙에서도 따뜻한 기후에서만 살 수 있는 생물의 화석이 나왔다. 지구의 기후가 그토록 극적으로 뒤바뀔 수 있었을까? 또 우연의 일치라고 보기에는 너무나 신기한 모종의 지리학적 사실도 일부 드러났다. 벤저민 프랭클린은 아프리카 서부 해안선이 남아메리카 동부 해안선과 마치 퍼즐 조각처럼 기가 막히게 맞아떨어진다는 사실을 발견한 사람 중 하나다. 약간의 고생물학적 소양만 있다면 캐나다 노바스코샤주에서 발견한 3억 년 전의 실루리아기 화석이 스코틀랜드에서 나온 화석과 놀라울 정도로 흡사하다는 사실을 알아챌 수 있다. 오늘날 대서양 동쪽 해안과 서쪽 해안의 조개껍데기도 어딘가 모르게 닮은 구석이 있는데, 노바스코샤와 스코틀랜드의 화석은 확실히 그보다 훨씬 더 비슷했다. 지질학자들은 대서양 양쪽에서 발견한 암석 상당수가 생성 연대며 종류가 완벽하게 일치하고, 몇몇 주요 지형학적 특성까지 대체로 맞아떨어진다는 것을 밝혀냈다. 예를 들어 스코틀랜드의 거대 지질 단층〔네스(Ness) 호수 아래를 지나가는〕을 따라 선을 그으면 여지없이 노바스코샤의 지질 단층과 이어진다.

이러한 사실은 대개 20세기로 접어들 무렵 알려지기 시작했다. 독일의 천문학자 알프레트 베게너(Alfred Wegener)는 이것들을 모두 꿰맞춰 새로운 학설을 제시했다. 과거 수 세대 동안, 아니 그 점에 관한 한 한참 후까지도 지질학자들 사이에서 통용되어온 것에 크게 반하는 세계관이었다. 베게너는 대륙이 해양 지각이라는 모암(matrix) 사이로 마치 배처럼 움직이고 있는 게 분명하다고 주장했다. 이 놀라운 생각은 당대 지질학자들 사이에서 받아들여지지 않았고, 레이첼 카슨이 이 책 개정판을 낸 직후인 1960년대까지도 대체로 무시당했다. 하지만 이내 지질학 혁명이 기지개를 켜기 시작했다. 마침내 심해 시추 장비와 원격 탐지 장비로 해양 지각 탐사에 성공한 해양학자들이 베게너가 부분적으로 옳다는 증거를 내놓았기 때문이다. 1960년대에 우리는 지구 역사에 관해 훨씬 더 많은 것을 알고, 전 지구적 차원에서 지구를 탐사할 수 있게 되었다.

아마도 가장 중요한 발견은 '지구 자기장'이 결코 영속적이지 않다는 점을 밝혀낸 게 아닌가 싶다. 자석이 지자기의 양극 방향을 향한다는 것은 누구나 아는 사실이다. 수백 년 동안 뱃사람들은 방향을 알려주는 나침반과 따라갈 별이 있는 이상 어김없이 항구로 돌아올 수 있다고 믿으며 대담하게 바다로 나서곤 했다. 나침반이 없으면 바다에서 길을 잃을 수밖에 없어 지옥선(hellship)이나 섬 수용소에서 탈출한 폭도나 죄수는 무사하지 못했을 듯싶다. 그러나 70만 년 전 바다를 항해하던 뱃사람들은 세상이 거꾸로 뒤집어진 줄 알고 어리둥절했을 것이다. 이는 지구 역사에서 수차례 있었던 일로, 그때 당시 지자기 역전이 일어났기 때문이다. 많은 이들은 그렇게 되면 지구 주위의 자기 차폐(遮蔽)가 부족해져서 생물에 해로운 우주선(cosmic ray, 宇宙線)이 다량 흘러 다닐 거라고 짐작했다.

해저 화성암 속에서 광물이 결정(結晶)으로 굳어질 때, 자성(磁性) 광물은 지자기와 같은 방향으로 늘어선다. 만약 화성암이 70만 년 전에 생성되었다면, 그 자성 광물은 오늘날의 지자기와는 정반대 방향을 가리킬 것이다. 이러한 지자기 역전은 암석에 기록을 남겼고, 우리는 방사성 광물·화석을 통해 그 암석의 연대를 알아낼 수 있다. 이런 특성은 대륙과 해양이 대규모로 수평 이동했음을 밝혀내는 데 결정적 실마리가 되었다.

1960년대에 해저를 뒤덮은 진흙층 아래 놓인 심해 해양 지각의 자성을 알아보기 위한 탐사가 이뤄졌다. 이는 새로운 기술이었다. 민감한 자력계는 최대 4킬로미터의 물기둥이 중간에 가로막혀 있어도 대기 중에서 해저 자성 광물 입자의 방향을 탐지할 수 있다. 해양학자들은 북태평양에서 정상적인 극성(polarity, 極性)층과 극성이 역전된 층이 차례로 엇갈려 있는 지대를 발견했다. 나중에 대서양에서도 구불구불하게 동서를 양분하는 해저 산맥(대서양중앙해령)에서 동서 방향으로 자성 탐사를 수행했다. 그 해령은 놀라울 정도로 대칭적이다. 해령 정상에서 동쪽으로 내려가다 보면, 플러스(현재의 지자기 방향)와 마이너스(그 반대 방향)가 교차하는 패턴을 관찰할 수 있다. 해령의 서쪽도 순서는 마찬가지다. 이런 흥미로운 패턴은 어떻게 만들어졌을까? 또 다른 대칭성이 그 질문에 대한 단서를 제공한다. 대서양중앙해령의 동쪽과 서쪽에서 방사성 광물·화석으로 연대를 조사하면 정상에서 아래로 내려갈수록 해저의 화성암 나이가 차츰 늘어난다는 사실을 확인할 수 있다. 해령의 중심에서 동쪽과 서쪽으로 같은 거리만큼 떨어진 곳의 화성암은 나이가 거의 같다.

이러한 발견 결과는 해저와 지구 전반에 관한 우리의 생각을 완전히 바꿔놓았다. 해저 화성암은 해령 정상에서 생성되었으며, 마치 움직이는 벨트식 보도 위에 놓인 것처럼 양방향으로 이동했다. 따라서 해령의 동쪽이나 서쪽에서 채취한 암석의 나이는 아래로 내려갈수록 늘어난다. 화성암은 해령 정상에서 생성되므로 거기에 가까울수록 나이가 어리다. 또한 그 화성암은 생성 당시의 지자기 극성을 띤다. 해령 정상에서 멀리 떨어진 화성암은 몇 백만 년 전에 만들어졌고, 상대적으로 더 오래된 것이다. 이들의 극성에는 용암 생성과 지각 운동의 중심지인 해령 정상에서 결정으로 굳어진 시기를 반영한다.

해저확장설로 알려진 지각 운동 이론도 자기(磁氣) 데이터를 설명해준다. 지금 해령 정상에서 만들어지고 있는 화성암 속의 자성 광물은 현재의 자기장 방향에 따라 늘어선다. 해령 정상에서 아래로 몇 킬로미터 떨어진 화성암은 그것이 생성된 시기의 자기장을 띤다. 이것이야말로 지질학의 유레카라 부를 만한 대발견이다.

해령에서 화산이 폭발한 증거는 아이슬란드에서 찾아볼 수 있다. 그곳에서는 지열 온천이 열기를 내뿜는 등 화산 활동이 끊임없이 이어진다. 1970년대에 몇몇 지질학자들이 심해저에서 지옥의 문처럼 보이는 장소를 발견했다. 관 모양의 바위층에서 끓는 물이 솟아나고 있었는데, 어떤 때는 3미터 높이로 치솟기도 했다. 바로 밑에 보이는 용융 암석이 갈라진 바위틈으로 스며드는 물을 데우고, 끓는 물이 다시 솟아오르면서 옐로스톤 국립공원의 쩔쩔 끓는 함몰지(陷没地)와 간헐천에 뒤지지 않을 멋진 광경을 선사했다. 훨씬 더 놀라운 것은 그 뜨거운 온천 주위의 바위를 거의 도배하다시피 한 엄청난 해저 동물이었다. 게·조개·홍합·갯지렁이가 지천이었다. 가장 놀라운 것은 새날개갯지렁이의 일종인 베스티멘티페란(Vestimentiferan)이다. 길이 1.5미터, 더러는 2.7미터가 넘는 튜브 모양의 갯지렁이다. 15센티미터쯤 되는 대형 홍합이나 조개는 1센티미터 남짓인 심해 조개에 익숙한 이들을 어리둥절하게 만든다. 심해는 먹이가 풍부한 해수면과 전연 딴판인데, 이들은 대관절 뭘 먹고 몸집을 키웠을까?

먹이 수수께끼는 바위틈에서 샘솟는 뜨거운 유황 물을 보면 이내 풀린다. 어떤 박테리아는 유황 화합물을 산화시켜 에너지를 얻는다. 녀석들은 그 에너지를 성장과 생식에 필요한 분자를 합성하는 데 쓴다. 실제로 심해에 사는 이 대형 동물은 대개 수백만 마리의 박테리아와 협력하며 살아가는 것으로 드러났다. 베스티멘티페란에는 박테리아가 서식하는 구멍이 수천 개 있으며, 그 박테리아에 산소와 유황 화합물을 전달하는 특별한 적혈구 헤모글로빈도 있다. 박테리아는 조개의 아가미에 화환처럼 달라붙어 있는데, 조개는 이를 먹고 산다. 심해에는 이처럼 유황이 풍부한 서식지가 없으므로, 대부분의 심해 동물은 해수면에 차려진 밥상에서 떨어지는 잔반에 처량하게 의존한다.

대륙은 해양 지각과 엮여 있기 때문에 대륙 역시 움직인다는 것은 이제 자명한 사실이 되었다. 남아메리카와 아프리카를 대보면 딱 들어맞는 것도, 대양 양쪽에 놓인 대륙의 지형이나 화석의 분포가 상당 부분 일치하는 것도 전혀 우연이 아니다. 지금껏 밝혀진 증거에 따르면, 해저는 매년 10여 센티미터씩 움직이고 있다고 한다. 따라서 몇 천만 년이 흐르면 수평 이동한 거리가 무려 몇 백 킬로미터에 이를 것이다. 모세는 홍해의 물을 갈랐는지 모르지만 지질학적 힘은 진짜로 지난 몇 백만 년에 걸쳐 아라비아반도와 이집트를 서서히 갈라놓았다. 인도아대륙이 가장 극적인 사례다. 인도아대륙이 남동 아프리카에서 천천히 떨어져나오다 아시아와 충돌한 결과 히말라야 산맥이 융기한 것이다. 이처럼 해저가 꾸준한 지질 운동을 하지 않았다면, 에드먼드 힐러리 경(Sir Edmund Hilary: 1919~2008, 뉴질랜드의 산악인이자 탐험가-옮긴이)이 오를 산은 없었을 것이다.

해저가 컨베이어 벨트이고 해령 정상에서 새로운 암석이 생성된다면, 계속 넓어진 해양 지각은 대체 어디에 켜켜이 쌓일까? 해양학자들은 가장 튼튼한 '심해 탐사용 잠수정(bathyscaphe)'만이 가공할 수압의 벽을 뚫고 다다를 수 있는 울퉁불퉁한 해구가 존재한다는 것을 진즉부터 알고 있었다. 이 깊은 해구는 지각이 아래로 함몰하는 운동을 한 결과 형성된 구덩이다. 결국 이 지각 광물은 심해에서 녹아 거대한 지각으로 재흡수된다. 요컨대 이렇게 해서 지각 생성, 수평 이동, 재흡수의 순환 고리를 완성하는 것이다.

그렇다면 모든 게 처음과 같은 모습이고, 앞으로도 계속 똑같을까? 아닐 것이다. 약 1억 년 전에는 대서양이 그저 얕은 물의 띠로만 간신히 존재했다. 선사 시대의 원양 여객선은 뉴욕에서 영국 사우샘프턴까지 단 하루 만에 운항할 수 있어 지금보다 몇 시간이 덜 걸렸다. 하지만 대서양은 꽤나 연속적으로 줄곧 해저가 확장하면서 서서히 넓어졌다(그보다 나이 많은 태평양만큼은 아니지만).

만약 초창기의 활동 만화처럼 일련의 지도를 재빨리 넘기면서 지구 역사를 거꾸로 돌린다면, 대륙이 출렁이는 웅덩이 속의 기름방울처럼 끊임없이 위치가 바뀌고 둘로 갈라졌다 모이기를 거듭했음을 깨달을 것이다. 지질학자들은 생성 시기가 저마다 다른 암석에 새겨진 자기(磁氣) 정보를 통해 관련 역사를 재구성했다. 대륙에서는 자성 광물이 암석 속에서 굳어질 때 지자기와 같은 방향으로 배열된다. 이 원리는 바다에서 만들어지는 암석에도 거의 똑같이 적용된다. 암석을 채취해 현재의 공간적 방위를 신중하게 기록하면, 자력계를 사용해 자성 광물의 공간적 방위를 알아낼 수 있다. 암석이 수천 년 동안 움직이지 않았다면 그 암석의 자성 광물은 꽤나 정확한 나침반이 되어 현재의 지구 자극(磁極)을 가리킬 것이다. 최근에 형성된 화성암의 경우가 여기에 해당한다. 그러나 오래된 암석의 자성 광물은 대개 현재의 지구 자극과 다른 곳을 향한다. 수천 년 동안 지구 자극 자체가 움직였거나, 아니면 자성 광물을 머금은 암석이 방향을 바꾸었기 때문일 것이다. 약간의 창의성을 발휘하고 컴퓨터를 이용하면, 나이는 비슷하되 저마다 다른 대륙에서 수집한 암석의 방위 변화를 비교해볼 수 있다. 일단 재배열이 일어나면 대체로 자기 방향은 통상적인 북극 또는 남극을 가리킨다.

옛 지자기 정보를 갖고 대륙의 위치를 재구성하면, 대륙과 해양의 역동적 역사를 알아낼 수 있다. 약 6억 년 전에는 모든 대륙이 판게아(Pangaea)라는 하나의 초(超)대륙이었다. 그러다 이 초대륙이 쪼개지기 시작했고, 해저가 이동함에 따라 조각난 대륙들도 덩달아 끌려갔다. 그 후로도 대륙들은 모였다가 갈라지기를 되풀이했다. 대서양은 맨 마지막으로 대륙들이 갈라지는 과정을 거치면서 드넓게 조성되었다.

지구는 지형과 기후가 끊임없이 변하는 역동적인 행성이다. 대륙이 이동함에 따라 대양과 해류계가 재편되고 주요 생물권이 생성 및 소멸하기도 했다. 육교(land bridge)가 대륙을 연결하고, 동식물이 오늘날의 기준으로는 상상도 할 수 없는 이동을 통해 새로운 거처를 마련했다. 이러한 대륙 이동으로 대양은 서로 분리되었다. 수백 년 전 파나마 지협이 융기한 결과 대서양과 태평양이 갈라졌다. 여기에는 교훈이 하나 있다. 우리 행성은 몇 차례의 대륙 재편, 생명체의 대멸종, 엄청난 대륙 변동을 이기고 살아남았다. 이러한 역사 속에는 취약한 지구를 잘 지키도록 도와주는 원리가 숨어 있는데, 어쩌면 우리가 그 원리를 알아낼지도 모른다. 이미 지구 온난화와 해수면 상승을 겪고 있는 우리는 과거의 사건을 면밀히 살펴봄으로써 미래를 예견할 수 있다.

지구의 온도 조절 장치: 순환 속의 순환

몇 년마다 한 번씩 크리스마스 즈음에 엘니뇨('아기 예수'라는 뜻의 에스파냐어)가 분노와 죽음의 기운을 몰고 태평양 동부를 찾아온다. 페루 연안 앞바다에서는 거의 매년 표층수를 바다 쪽으로 밀어내는 바람이 분다. 그리고 표층수가 있던 자리를 차가운 심층수가 대신 메운다. 심층수는 규조류라고 알려진 식물 플랑크톤에 꼭 필요한 영양분을 싣고 온다. 이 작은 단세포 생물은 세계에서 가장 큰 어장을 형성하고 있는 페루멸치의 풍부한 먹이다. 페루멸치, 해안 조개, 그 밖의 여러 동물은 차갑고 영양이 풍부한 이곳의 바닷물에 의지해 살아간다. 그런데 엘니뇨가 닥치면, 드넓은 태평양에서 불어오는 바람이 영양가 없는 따뜻한 바닷물을 해안 쪽으로 몰고 온다. 바닷물의 열기로 조개류가 집단 폐사하고, 먹이가 갑자기 사라져버린 물고기도 덩달아 목숨을 잃는다. 폭풍우가 북아메리카와 남아메리카 해안을 때리고, 남부 캘리포니아의 고급 주택 상당수가 푸른 태평양에 잡동사니와 뒤엉킨 채 둥둥 떠다닌다.

해양학자들은 엘니뇨가 단지 국지적 현상에 그치지 않음을 알고 있다. 태평양 전체, 심지어 인도양의 기후에까지 영향을 미친다. 엘니뇨가 발생하는 동안 오스트레일리아는 대체로 가뭄에 시달린다. 인도도 이따금 계절풍이 약해지고, 작물 생산량도 바닥으로 곤두박질친다. 우리는 기후가 생각보다 훨씬 더 전 지구적인 현상임을 알고 있다. 여타 장소와 완전히 동떨어진 곳이란 있을 수 없는 것이다.

대양과 세계의 기후는 좀더 긴 시간 척도로 보면 끊임없이 요동쳐왔음을 알 수 있다. 약 1만 5000년 전, 드넓게 조성된 빙하가 대륙, 특히 북반구의 대륙을 지배했다. 캐나다와 뉴잉글랜드의 거의 대부분 지역이 빙하로 뒤덮였으며, 얼음은 계속 남하해 뉴욕시티까지 내려왔다. 우리는 오늘날에도 여전히 미국 북부 전역에 흩어져 있는 빙하 암설에서, 거대한 바위에서, 긁힌 자국이 남아 있는 바위 턱에서 그 자취를 엿볼 수 있다. 유럽 북부와 아시아의 상당 부분도 얼음에 싸여 있었다. 물론 규모가 방대한 시베리아의 바이칼호(Lake Baikal)가 주변 기후를 누그러뜨리고 빙하가 더는 다가오지 못하게 막아주었지만 말이다. 그 후로 빙하는 서서히 퇴각하기 시작했다. 뉴욕주 롱아일랜드섬 북부 연안은 북아메리카 대륙에서 빙하를 볼 수 있는 가장 남쪽 지점이었지만, 지금은 여름이 따뜻하고 겨울도 비교적 온난한 살기 좋은 지역으로 바뀌었다. 스위스와 알래스카에서도 지난 수천 년 동안 빙하가 서서히 물러났다는 증거를 발견할 수 있다.

19세기 초의 지질학자들은 한때 드넓은 얼음층이 지구를 뒤덮은 적이 있었다는 사실을 까맣게 몰랐다. 스위스 박물학자 루이스 아가시의 열렬한 지지와 설득에 힘입어 세상은 서서히 그 사실을 받아들였다. 지질학자들은 과거만 해도 고위도 지역에 여기저기 흩어져 있는 큰 바위가 노아의 홍수 때 생긴 것이라고 믿었다. 19세기 중엽 약 30여 년간 논쟁을 벌인 끝에 대부분의 학자들은 한때 1.5킬로미터 두께의 빙하가 고위도 지역을 뒤덮고 있었으며 이제 차차 물러나고 있는 중임을 수긍하기에 이르렀다. 녹으면서 물러나는 빙하의 맨 앞부분에 드러난 입자 굵은 퇴적층이나 큰 바위, 곧 말단 퇴석(terminal moraine)에는 빙하가 수차례 전진과 후퇴를 거듭한 역사가 고스란히 담겨 있다.

심해저도 지난 200만 년 동안 규칙적으로 반복된 빙하의 전진과 후퇴에 관해 많은 것을 말해준다. 해양학자들은 기다란 표본 채취용 튜브를 해저에 꽂아 수십만 년 동안 쌓인 퇴적층의 단면을 뽑아냈다. 심해에서 채취한 코어에는 다량의 진흙 퇴적층과 주로 플랑크톤의 석회질 침전물로 이뤄진 퇴적층이 번갈아 나타났다. 진흙층은 강력한 빙하기를 나타낸다. 그때는 얼음이 분쇄 작용으로 육지의 암석을 침식했고, 강물이 그렇게 해서 생긴 암석 가루를 바다에 실어 날랐다. 탄소 동위원소도 비슷한 이야기를 들려준다. 탄소는 질량이 서로 다른 탄소-13, 탄소-12라는 두 가지 동위원소가 있다. 플랑크톤의 석회질 침전물에는 해수 온도가 낮을수록, 빙하 영역이 넓을수록 탄소-13이 더 많아진다. 심해저에서 채취한 코어에는 탄소-13 함량이 많은 층과 적은 층이 교차하는 패턴이 나타나는데, 이는 빙하가 주기적으로 전진과 후퇴를 거듭했음을 더욱 분명하게 말해준다.

이와 같은 규칙적 변화가 일어난 원인은 무엇일까? 무슨 조율 장치라도 있었던 것일까? 해저 퇴적물에서는 쓸 만한 증거를 발견하지 못했지만, 몇 차례 빙하기가 있었고 그 사이에 비교적 따뜻한 시기가 끼여 있었다는 사실은 19세기에 이미 밝혀졌다. 남유럽의 광활한 영역이 온난 습윤한 숲으로 뒤덮인 시기도 있었지만, 그 뒤로 육지가 황량하고 헐벗은 시기가 오랫동안 이어져 1.5킬로미터에 달하는 두꺼운 빙하가 북쪽으로 드넓게 펼쳐지기도 했다. 대양도 빙하기에는 해류 운동이 거세지고 폭풍이 몰아치는 기후로 변했으며, 그 사이에 낀 간빙기에는 비교적 잔잔했다. 그렇다면 이처럼 빙하기와 간빙기가 교차하는 원인은 지구 내부에 있을까, 대기에 있을까? 혹자들은 별에서 해답을 찾으려고도 했다.

1842년 프랑스 수학자 조제프 아데마르(Joseph Adhémar)는 자신의 책 《바다의 순환(Revolutions of the Sea)》에서, 태양 주위를 도는 지구 공전 궤도의 모양과 지축의 기울기에 나타나는 장기적 주기성으로 인해 한 번은 북반구가, 한 번은 남반구가 냉각된다고 주장했다. 아데마르(그리고 나중에는 스코틀랜드의 제임스 크롤(James Croll, 1821~1890) 역시]도 빙하 시대가 천문학적 주기와 관련이 있다며, 빙하기는 남반구와 북반구에서 번갈아 나타날 것이라고 예측했다. 그들의 주장은 결국 잘못된 것으로 드러났다. 빼어난 연대 측정 기법을 개발함으로써 빙하의 전진은 남반구와 북반구에서 동시에 일어났다는 사실이 드러난 것이다. 따라서 천문학적 가설은 한동안 믿기 어려운 것으로 배척되었다.

그러던 중 유고슬라비아 베오그라드 출신의 엔지니어 밀루틴 밀란코비치(Milutin Milankovitch)가 빙하기라는 거창한 문제에 뛰어들었다. 마침내 그는 이 문제를 푸는 열쇠는 태양과 달에 있다고 결론지으면서 아데마르와 크롤의 손을 들어주었다. 중간에 제1차 발칸 전쟁을 겪고 제1차 세계대전 당시에는 포로로 수용되는 등 우여곡절을 겪기도 했지만, 그의 오랜 연구는 멈추지 않았다. 감방은 우주의 축소판이었으며, 천장은 별들로 가득한 하늘이었다. 밀란코비치는 투옥되어 있는 동안, 지구 공전 궤도의 모양과 지축의 기울기가 수천 년 동안 어떻게 달라졌는지를 계산하고 또 계산했다. 그리고 두 가지 주기가 세계의 기후 변화를 일으킨다면서 다음과 같이 주장했다. 먼저 4만 1000년 주기가 극지방에 비치는 태양의 복사에 영향을 끼쳤다. 빙하의 전진·후퇴와 관련 있는 게 분명한 주기다. 또 하나 2만 2000년 주기는 지구 공전 궤도의 모양과 계절 간 관계에 영향을 끼쳤다. 태양 복사에 관한 계산에 따르면, 이 효과는 적도 부근에서 한층 더 두드러졌던 것 같다. 밀란코비치는 이 모든 것을 종합해 지난 50만 년쯤 전에 얼음이 대체 어디까지 확대되었는지, 즉 위도의 최저 한계를 계산해냈다.

처음에는 증거가 밀란코비치의 주장에 불리한 것처럼 보였다. 빙하기에 일어난 사건의 연대를 측정한 결과 그가 예측한 모든 기후 변동이 빙하의 전진·후퇴(지금은 몇 가지 기법을 통해 간단히 측정할 수 있다)와 딱 맞아떨어지지는 않았던 것이다. 그러던 중 이례적일 정도로 긴 2개의 코어를 이용해 45만 년 전 것까지 연속적으로 이어진 퇴적물을 채취했다. 이를 통해 온도에 민감한 플랑크톤 생물의 수를 계산하고, 옛날 온도를 추정할 수 있었다. 실제로 해저에 퇴적된 플랑크톤 종의 상대적 양으로 당시의 바다 온도를 읽어낸 것이다. 이처럼 바다 깊은 곳에서 채취한 코어를 살펴봄으로써 먼 과거를 들여다볼 수 있었다. 아울러 오실로스코프 (oscilloscope: 전류 변화를 화면에 보여주는 장치 — 옮긴이)로 주기를 드러내는 복잡한 신호를 분석할 수 있었다. 브라운 대학교의 해양학자 존 임브리(John Imbrie) 교수는 데이터를 분석한 뒤, 기후 변동은 4만 1000년 주기, 2만 2000년 주기 모두와 관련되었을 수 있다는 사실을 알아냈다. 세 번째인 약 10만 년 주기도 발견되었는데, 이는 태양 주위를 도는 지구 공전 궤도의 모양에 나타나는 변화와 관련이 있었다. 마침내 빙하의 전진과 후퇴라는 수수께끼가 풀린 것이다.

그러나 우리는 여전히 왜 빙하기가 먼저 시작되었는지 알지 못한다. 태양 복사의 세기가 달라졌을 가능성이 있다. 1000만 년 전, 남극은 비교적 온화한 장소에서 영원히 얼음에 뒤덮인 세계로 달라졌다. 어떤 이들은 대륙 이동이 여기에 일정한 역할을 했을 수도 있다고 주장한다. 남극 대륙이 남극점 위로 이동하자, 강수가 얼음으로 변하고 태양빛이 얼음에 반사됨으로써 얼음이 더욱 늘어났을 것이다. 언젠가는 얼음 덩어리 속에서 빙하기의 수수께끼를 풀 수 있는 열쇠를 발견할지도 모른다.

우리는 지금 전반적인 빙하 퇴각기이자 지구 온난화 시기를 살고 있다. 스위스 알프스산맥의 빙하 그림을 보면 150년 전에는 곡(谷)빙하가 한층 더 넓은 지역을 뒤덮고 있었음을 알 수 있다. 거대한 대륙 빙하가 물러나

자 해수면이 꾸준히 상승했다. 1만 5000년 전 바다의 경계는 뉴욕 동부에서 320킬로미터 정도 떨어져 있었는데, 이는 해수면이 오늘날보다 90미터나 낮았음을 의미한다. 얼음이 녹고 그 물이 바닷물에 더해져 지금 수준으로까지 해수면이 상승했다. 이러한 과정은 지난 100년 동안 해마다 약 2.5밀리미터씩 높아지는 속도로 꾸준히 이어지고 있다.

3미터에 그치는 소규모의 해수면 변화는 기본적으로 예측이 불가능하므로 우리는 미래에 대해 이러쿵저러쿵 장담할 수 없다. 그러나 심지어 그 정도의 해수면 상승만으로도 초래될지 모를 대혼란을 한 번 상상해보라. 해수면이 올라가고 있는 데다 이따금 폭풍우까지 밀려들면, 마이애미·베네치아·코펜하겐·뉴욕·홍콩 등 세계 대부분의 대도시가 위험에 빠질 것이다. 네덜란드나 방글라데시 같은 저지대 국가는 이런 변화를 이겨내고 살아남을 수 있을까? (물론 이들 나라는 지금도 이미 그런 운명을 코앞에 두고 있긴 하다.) 아니면 대재앙을 피할 도리가 없는 것일까?

그런 경향은 지속될까? 그리고 우리 운명은 어떻게 될까? 지난 세기에 산업화가 이뤄짐에 따라 많은 화석 연료를 사용하면서 이산화탄소를 대기 중에 다량 배출했다. 1850년 이후, 대기 중의 이산화탄소 수치는 25퍼센트가량 상승했다. 이산화탄소는 태양열을 흡수해 대기 중에 가둬두므로 문제를 일으킨다. 그에 따라 지구의 대기 온도가 상승하는데, 이것이 바로 온실 효과다. 이런 변화는 기온 상승을 더욱 부채질한다. 기온이 올라가면 식물의 호흡 작용도 증가하는데, 그렇게 되면 훨씬 더 많은 이산화탄소를 대기 중에 방출한다. 숲은 (호흡 작용을 통해) 배출하는 것보다 많은 이산화탄소를 (광합성을 통해) 소비하므로, 숲을 사라지게 만드는 삼림 벌채는 온실 효과를 더욱 부채질한다. 전반적인 지구 온난화가 기후에 미치는 영향은 자못 극적이다. 1980년대는 20세기에 가장 온도가 높았던 여섯 해가 촘촘히 몰려 있다. 우연한 결과라고 볼 수도 있지만, 지난 100년 동안의 경향은 너무나 분명하다. 바로 지구 온난화가 진행되고 있다는 것이다.

이것이 바다에는 어떤 영향을 미칠까? 점점 저 많은 빙하 얼음이 남극, 그린란드를 비롯한 극지방에서 녹아내리고 해수면은 상승할 것이다. 머잖아 세계 해안 지대가 바닷물에 잠길 것이다. 세계 저지대는 바닷물로 뒤덮이거나, 아니면 최소한 엄청난 홍수 피해를 입을 것이다. 루이지애나는 해안 침식, 바닷물에 의한 습지 파괴, 석유 채취로 인한 지반 침하 따위로 지금도 해마다 수천 에이커의 땅이 사라지고 있다. 이는 시작에 불과하다. 이내 대량 파괴가 속도를 낼 것이다. 방글라데시는 과연 지금 같은 속도의 해수면 상승을 이겨내고 계속 존속할 수 있을까? 해수면이 조금만 상승해도 이용 가능한 대부분의 경작지가 대대적으로 파괴될 것이다. 베네치아도 필시 파멸을 면키 어려울 것이다. 식수를 강물에 의존하는 수많은 도시들도 해수면 상승으로 바닷물이 상수원이 있는 강 상류로 밀려들면 조만간 운이 다할 것이다. 뉴욕시티는 허드슨강을 미래의 상수도원으로 여기고 있다. 그렇지만 앞으로 50년 동안 해수면이 계속 상승한다면, 헛된 기대로 돌아갈 공산이 크다. 뭘 하기엔 너무 늦은 때까지 마냥 손을 놓고 있어도 좋은 것일까?

마지막 빙하기에 관한 기록을 보면 걱정이 앞선다. 계속 확장되던 마지막 빙하기는 1만 5000~8000년 전 빙하가 후퇴하면서 막을 내렸다. 이 빙하 퇴각에 관한 기록이 한 번도 녹은 적 없는 그린란드의 빙하에 남아 있다. 코어를 통해 연도를 추적한 결과, 매우 짧은 기간에 기후가 극적으로 변할 수도 있음이 드러났다. 약 1만 700년 전, 북대서양은 불과 20년 만에 폭풍우가 휘몰아치는 바다에서 비교적 잔잔한 바다로 달라졌다. 북대서양의 온도는 50년 만에 약 7.2도 상승했다. 그린란드에서는 지난 수십 년 동안 강수량이 50퍼센트가량 늘었다. 한 치의 오차도 없이 예측하기란 어렵지만, 인간의 활동에 의한 기후 변화의 가능성을 진지하게 받아들이고 거기에 대해 우려할 만한 이유는 충분하다.

한 번 멸종한 것은 영영 돌이킬 수 없다

체서피크만 연안에서는 모래에서 씻겨 나온 조개나 고둥의 껍데기가 해변을 온통 뒤덮고 있다. 그중에는 체사펙텐(Chesapecten)이라고 부르는, 길이 20센티미터가 넘는 두툼한 가리비 조개의 껍데기도 있다. 송곳고둥(Turritella)이라는, 높은 첨탑 같은 원뿔 모양의 고둥 껍데기도 보인다. 그러나 이 모든 종 가운데 오늘날 체서피크만에 살고 있는 것은 아무것도 없다. 아니, 이들은 이제 세계 어느 곳에도 살지 않는다. 이들은 인간이 지구상에 등장하기 몇 백만 년 전에 나타났다가 조용히 사라졌다. 공룡, 똬리를 틀고 있는 아름다운 암모나이트 조개껍데기(ammonite shell), 삼엽충(trilobite)과 더불어 이들의 화석 또한 한때 존재했으나 영영 사라져버린 일련의 세계를 말없이 증언하고 있다.

멸종은 가장 풀기 힘든 바다의 신비 중 하나다. 약 2억 2500만 년 전인 페름기 말엽에 바다에서 살던 종의 90퍼센트가 자취를 감췄다. 왜 그랬을까? 대관절 무슨 사건이 있었기에 생물 종이 그토록 흔적도 없이 사라졌을까? 대재앙이 일어났던 걸까? 지구가 지옥불로 들끓는 가마솥이라도 되었단 말인가? 이것도 저것도 아니면 그런 변화는 느끼지 못할 정도로 느릿느릿 일어났을까?

지구의 역사를 재구성해보면 상당수의 바다 생물이 등장하고, 증식하고, 멸종하는 시대가 되풀이되었음을 알 수 있다. 아직 현생의 바다 생물이 등장하지 않은 약 7억 년 전, 오늘날의 종하고 닮은 구석이라고는 하나도 없는 연체동물이 바다에 대량 서식했다. 그런데 이들은 약 6억 년 전인 캄브리아기 초엽에 몽땅 사라져버렸다. 그 뒤 종들은 끊임없이 등장했다 사라지기를 되풀이했으며, 바다 생물의 상당수도 몇 차례 멸종했다.

약 6000만 년 전, 수많은 플랑크톤 종이 돌연 종적을 감추었다. 그 증거를 이탈리아의 한 암석 지대에서 꽤나 분명하게 찾아볼 수 있다. 그 지대 아랫부분의 암석은 석회암과 플랑크톤 화석을 다량 함유하고 있다. 그런데 위로 갈수록 암석은 갑자기 점토로 바뀌고 화석도 사라졌다. 플랑크톤이 순식간에 멸종했던 것일까? 그렇다면 과연 그런 일이 벌어진 원인은 무엇일까? 연대가 비슷한 덴마크의 석회질 퇴적물에도 비슷한 기록이 남아 있다. 일정 지점 아래에서는 암석에 조개껍데기 화석이 잔뜩 들어 있다. 그런데 이탈리아에서와 마찬가지로 그 위로는 느닷없이 화석이 사라지고, 바다 생물의 흔적이 전혀 없다.

대멸종을 최초로 알아차린 인물은 18세기 말 프랑스의 위대한 박물학자 조르주 퀴비에(Georges Cuvier)였다. 그는 어느 지역에 천변지이가 일어나 동물을 모조리 몰살시키고, 다른 곳에서 이주한 동물이 그 자리를 대신했다는 천변지이설(catastrophism, 天變地異說)을 주장했다. 19세기에 지질학자 라이엘은 다른 박물학자들로 하여금 지질 과정은 천변지이와 무관하다는 사실을 믿게끔 만들었다. 그는 퀴비에의 주장을 믿지 않았는데, 지질층에서 이따금 화석이 난데없이 사라지곤 한 게 분명한 사실임에도 라이엘이 그런 판단을 했다는 것이 다소 의아하다. 다윈의 진화론 역시 퀴비에의 천변지이설을 받아들이지 않았다. 진화적 변화야말로 사물의 자연스러운 질서라고 믿었기 때문이다. 고생물학자들이 진화와 멸종은 급작스러울 수도, 더디고 꾸준할 수도 있다(설령 더러 천변지이적 멸종이 느닷없이 일어난다 하더라도)는 사실을 받아들이는 데는 100년도 넘게 걸렸다.

고생물학자들은 대멸종을 설명할 수 있는 충분한 근거를 갖고 있었다. 화석이 사라진 주요 시기와 기후나 해수면이 급격한 변화를 겪은 시기가 일치한다는 사실을 알아냈기 때문이다. 페름기의 대멸종은 해수면이 상당 폭(아마도 생명체가 지구상에 등장한 이래 가장 큰 폭일 것이다) 하강한 시기와 맞아떨어졌다. 이 모든 사실 중 상당수는《우리를 둘러싼 바다》를 출간한 이후에야 비로소 제대로 인식되었다. 고생물학자들은 해수면 변화나 기후 변화가 생물 서식지를 파괴해 생물체를 대멸종에 이르게 할 수 있다는 걸 받아들였지만, 대다수 과학자 집단은 천변지이설을 인정하려 하지 않았다. 1970년대까지도 라이엘이 대세였다.

그러던 중 미국의 루이스 앨버레즈(Luis Alvarez, 1911~1988)와 월터 앨버레즈(Walter Alvarez, 1940~) 부자가 점토층에 희귀 원소 이리듐(iridium)이 농축되어 있다는 사실을 발표함으로써 과학계를 뒤흔들어놓았다. 이 점토층은 플랑크톤이 대멸종한 백악기 말엽과 같은 시기의 것으로, 이탈리아의 암석 및 그것과 연대가 동일한 세계 전역의 여러 암석에서도 얼마든지 찾아볼 수 있다. 이리듐은 대체로 지구상의 암석에서는 좀처럼 찾아보기 어렵지만, 운석에는 비교적 풍부하게 함유되어 있다. 그 사실을 깨달은 순간 앨버레즈 부자는 무릎을 쳤다. 외계의 물체가 지구와 충돌했으며, 그것이 바다의 환경을 오랫동안 교란시켜 바다 생물이 대거 멸종에 이르렀음을 간파한 것이다. 플랑크톤, 앵무조개와 유연관계인 아름다운 암모나이트, 심지어 공룡조차 이 시기에 돌연 종적을 감추었다. 마침 내 움직일 수 없는 증거를 발견했고, 과학자들은 화석 기록이 몽땅 사라 진 현상과 관련한 커다란 수수께끼가 비로소 풀렸다고 생각했다. 그러나 모든 게 그리 간단하지는 않았다. 가령 공룡 등 많은 동물 종의 멸종 시기 가 이리듐층이 생성된 시기와 정확히 일치하지 않는다는 사실이 드러났 기 때문이다. 일부 종의 멸종은 이리듐이 퇴적한 시기 이전에 일어났다. 어떤 종은 소행성이 충돌하기도 전에 멸종한 게 분명했다.

그러나 천문학 가설은 좀처럼 잦아들지 않았다. 고생물학자 데이비드 라우프(David Raup)와 존 셉코스키(John Sepkoski)는 멸종에 규칙적인 주기 가 있어 약 2600만 년마다 절정에 이른다는 사실을 밝혀냈다. 정확한 주 기성은 여전히 논란거리이지만, 수많은 천문학자가 이러한 패턴과 맞아 떨어지는 주기를 발견했다. 그들은 태양의 쌍둥이별이 존재한다고 가정 했다. 네메시스(Nemesis)라고 일컫는 이 가상의 별이 2600만 년에 한 차례 씩 '혜성 소나기'를 뿌려 지구를 불바다로 만들고 대기를 먼지로 뒤덮어 바다와 대기를 냉각시킨다는 것이다. 우리가 겪은 가장 추운 해는 크라카 토아섬 같은 화산 분화와 관련이 있으므로 이러한 설명은 그럴싸하게 들 린다.

대멸종이 왜 일어났는지 설명해주는 확실한 이론은 없다. 혹자는 여전 히 대멸종이 실제로 일어났는지에 대해서조차 의문을 표한다. 하지만 적 어도 화석에 새겨진 멸종 기록은 생명체의 역사에 관해 우리에게 뭔가를 말해준다. 바로 완벽하게 동일한 유기체가 등장하고, 멸종하고, 다시 살 아나는 주기를 되풀이하는 법은 없다는 것이다. 한 종이 사라지면 새로운 종이나 다른 종이 그 뒤를 잇는다. 때로 생물체가 크게 번성하던 시기 뒤 에, 페름기처럼 생물체가 거의 깡그리 멸종한 시기가 오래오래 이어지기도 한다. 페름기의 대멸종에서 서서히 벗어나기까지는 수천만 년이 걸렸다. 오늘날 세계의 열대 우림과 연안해 대부분을 파괴하고 있는 우리는 다시 못 볼 수많은 생명체의 멸종을 받아들일 각오를 해야 한다. 만약 앨버트로스가 사라진다면 그 비슷한 새를 볼 거라고 기대해서는 안 된다. 만약 흰긴수염고래(blue whale)의 마지막 개체를 죽인다면, 그처럼 장엄한 생명체는 앞으로 수천만 년 내로, 아니 영영 다시 나타나지 않으리라고 보는 게 맞다. 멸종은 과거에도 그랬듯 지금도, 미래에도 한 번 일어나면 다시는 돌이킬 수 없다.

심해 속으로

19세기 이전 우리가 해저에 대해 알게 된 경로는 얕은 바다에서 진주나 해면을 채취하는 잠수부의 눈을 통해, 아니면 대개 15미터를 넘지 않는 천해의 바다을 훑는 저인망 어선을 통해서가 고작이었다. 영국 맨(Mann) 섬 출신의 에드워드 포브스(Edward Forbes)는 심해저에 살아가는 바다 생물을 가장 체계적으로 관찰한 최초의 박물학자 중 하나였다. 1820년대에 몇 차례 작은 범선을 타고 바다로 나간 그는 배 옆으로 철제 저인망을 던져 전에 한 번도 본 적 없는 수많은 바다 생물을 건져 올렸다. 그리고 지중해 깊은 바다에서는 생물을 거의 발견하지 못했으므로, 깊이 약 550미터 넘는 바다에서는 생물이 살지 않는다고 추측했다.

포브스의 가설은 이내 그릇된 것으로 드러났다. 노르웨이의 미카엘 사르스(Michael Sars)를 비롯한 여러 사람이 그보다 깊은 곳에서 생명체가 풍부하게 서식하고 있음을 밝혀낸 것이다. 그렇기는 해도 깊은 바다에서 살아가는 생물을 저인망으로 채집하기란 쉽지 않았다. 저인망을 아래로 내리고, 바닥을 따라가며 훑고, 그런 다음 다시 위로 끌어올리려면 수백수천 미터의 밧줄을 조작하고 배를 몇 시간이고 정지 상태로 유지해야 한다. 밧줄 대신 피아노선을 사용하고, 전력 구동 윈치(winch)와 증기 기관을 사용하자 얼마간 도움이 되었다. 19세기 말경 흑해처럼 해저 바닷물에 산소가 부족한 해분을 제외하고는 전 세계의 심해에서 동물을 발견했다. 한동안 해양생물학자들은 바티비우스(Bathybius)라 일컫는 끈끈한 원시 점액이 바다 바닥을 뒤덮고 있다고 믿었지만, 유명한 탐험선 챌린저호에 승선한 과학자들은 그것이 퇴적물을 단지(jar)에 보관할 때 생기는 물질에 불과하다는 것을 보여주었다. 심해 바닥에서 살아가는 생명체의 종수는 얼마 되지 않아 보임에도 광범위하게 분포하고 있었다.

20세기에는 더 많은 표본(그중 일부는 꽤나 희귀했다)을 채취하고 분류한 것 말고는 큰 진척이 없었다. 심해에서 이상하게 생긴 조개껍데기 안에 든 생명체를 발견했다. 네오필리나(Neopilina)라고 부르는 그 표본은 조개·고둥 따위를 포함하는 연체동물의 조상과 가장 관련이 깊은 동물로 여겨졌다. 심해 바닥을 생물 종이 거의 살아가지 않고 생물학적으로 몹시 따분한 장소로 여기던 우리의 관점은 새로운 탐사 기법을 개발하면서 완전히 달라졌다.

1950년대에는 상황이 극적으로 변했다. 해양생물학자 하워드 샌더스(Howard Sanders)와 로버트 헤슬러(Robert Hessler)는 정교한 폐쇄 장치가 달린 해저표본채집기를 사용하기 시작했다. 이제 심해 저인망은 심해저에서 수면 위로 400미터를 올라오는 동안 더는 물에 씻겨나가지 않을 터였다. 이러한 새로운 표집법은 심해 바닥에 대한 우리의 생각을 180도 바꿔놓았다. 심해는 빈약하기는커녕 더없이 풍요로운 장소였다. 그곳에는 그 비슷한 대륙붕의 진흙 바닥보다 많은 동물 종이 살아가고 있었다. 샌더스와 헤슬러는 매우 안정된 심해의 환경과 심해 바닥의 연륜 덕에 생물 종이 진화하기는 해도 멸종하지는 않는 것 같다고 주장했다.

1960년대에 해양학자들은 기술 혁명의 덕을 톡톡히 보았다. 이즈음 항해는 무선 삼각 측량(radio triangulation)에 힘입어 꽤나 정확해졌는데, 이는 곧 바다 어디에서나 약 1미터 이내의 오차로 선박의 위치를 알아내는 인공위성으로 대체되었다. 1950년대에 심해 잠수정이 해구 중 가장 깊은 곳의 깊이를 측연선으로 측량할 즈음, 탐사는 하나같이 까다롭고 관측은 너무도 제한적이었다. 그러나 1960년대 들어서는 잠수정이 일상적으로 탐사에 나섰으며, 이제 심해 바닥을 탐험하는 것도 심지어 대양 한가운데에 자리한 해령의 암석 지대 둘레를 정확히 항해하는 것도 가능해졌다. 미해군과 우즈홀 해양연구소가 공동 제작한 앨빈호〔Alvin: 해양학자 앨린 바인(Allyn Vine)의 이름을 딴 것이다〕 같은 잠수함에는 카메라, 로봇 팔, 다양한 센서를 장착했다. 에드워드 포브스가 사용한 철제 저인망과는 현저히 다른, 비약적으로 개선된 장비였다.

어떻게 보면 우리가 심해의 작용에 관해 통찰을 얻게 된 것은 기술의 실패 덕분이었다. 앨빈호는 1968년 사고로 대빗(davit: 구명정·앵커·사다리 따위를 올리거나 내릴 때 사용하는, 갑판에 설치한 소형 기중기—옮긴이)에서 떨어져나가 1540미터 깊이의 바다에 가라앉았다. 다행히 아무도 다치지는 않았지만, 선진적인 군사 기술에 힘입어 제조한 잠수함을 잃어버렸으니 서둘러 회수해야 했다. 1년쯤 뒤 20세기 최고의 기술을 총동원한 인양 작업을 통해 앨빈호를 다시 수면 위로 끌어올렸다. 앨빈호 안에는 1년 전 바로 그 운명의 날 잠수하기로 했던 과학자들의 점심이 고스란히 남아 있었다. 여러분은 볼로냐샌드위치, 사과 한 알, 부용(bouillon: 고기나 채소 등을 넣고 끓여 만든 육수─옮긴이)이 든 보온병 따위가 바다 바닥에서 1년을 묵으면 어떤 모습일지 상상할 수 있을 것이다. ……그러나 아마도 당신의 상상은 보기 좋게 빗나갔으리라. 음식이 거의 훼손되지 않은 것이다. 사과는 냉장고에 몇 주 넣어둔 것 같은 모양이었다. 샌드위치를 현미경으로 살펴보던 우즈홀 해양연구소의 해양학자에게 얼마나 상했냐고 묻자 그는 빵을 한 입 베어 먹는 것으로 답을 대신했다. 당연히 좀 짜지긴 했지만 충분히 먹을 만했던 것이다. 다만 그는 볼로냐소시지에 도전할 만큼 용감하지는 못했다. 그런데 빵은 실온에 노출되자마자 금방 상해버렸다.

심해저가 얕은 바다의 바닥처럼 작용하지 않는다는 것은 틀림없었다. 사과는 연안의 만에 던져놓으면 이내 썩어버린다. 그러나 심해에서는 박테리아의 활동 속도가 눈에 띄게 느리다. 심해 박테리아는 위에서 가랑비처럼 떨어지는 빈약한 유기 물질에 느릿느릿 작용하도록 적응했다. (심해 바닥의 강한 수압과 낮은 온도가 어우러져 미생물의 증식 속도 또한 늦어진다.) 아주 작은 유기 물질이 심해를 찾아오는데, 이들 대부분은 몸동작이 무척이나 느리다. 심해 바닥의 먹이는 대개 표층수에서 침강한 것이지만, 실제로 바닥까지 내려오는 기나긴 여행을 견디고 살아남는 먹이는 얼마 되지 않는다. 심해 물고기는 먹이를 구경하기 힘든 탓에 근육이 제대로 발달하지 않으며, 말 그대로 살이 축 늘어져 있다. 심해 바닥의 생물은 위에서 느릿느릿 떨어지는 먹이에 활동 수위를 맞추는 것 같다. 뜨거운 온천은 이러한 일반 원칙에서 벗어난 예외적인 곳이다. 온천 가까이에서 살아가는 동물은 수많은 박테리아를 먹이로 삼을 수 있기 때문이다.

깊은 바닷속에는 숱한 신비가 숨어 있지만, 우리는 이제 위치를 추적해 관찰하고 실험하고 채집할 수 있는 도구를 확보했다. 위성 항법(satellite navigation: 인공위성을 이용해 배나 비행기가 항로를 정하는 방법─옮긴이)을 이용하면서, 거실에 있는 가구처럼 세세한 부분까지 탐사 가능해졌다. 아주 민감한 주사식 수중음파탐지기(scanning sonar)와 원격 조종 잠수정을 사용해 북대서양에서 타이타닉호와 비스마르크호(Bismark: 제2차 세계대전 당시 활약한 독일 전함—옮긴이)의 위치를 알아낸 적도 있다. 원격 조종 잠수정은 해저에서 체계적으로 이동하며 중간중간 표본을 채집하거나 비디오테이프로 녹화할 수 있다. 에드워드 포브스가 미지의 바닷속으로 무턱대고 저인망을 던지던 시절을 떠올리면 참으로 격세지감이 든다.

그들은 어디로 가며, 어떻게 돌아오는가

나는 태평양 북서쪽의 어느 섬에서 내 아들 네이선(Nathan)이 몇 척의 배—사실은 목재 덩어리—를 파도에 실려 보내는 광경을 지켜보았다. 파도 위에서 깐닥거리며 표류하던 그 소함대가 멀어지자, 우리는 언젠가 그것들이 당도할 먼 해안을 떠올렸다. 그것들은 일본에 도착할까? 밴쿠버섬에 도착할까? 아니면 이곳 해안으로 다시 돌아올까? 1년 뒤 뉴욕주 롱아일랜드섬의 조류 세곡(tidal creek, 潮流細谷: 연안의 주 조류로와 조간대를 잇는 비교적 작은 규모의 수로—옮긴이)에서 조류에 맞서 씨름하는 어린 뱀장어 몇 마리를 보면서도 같은 생각을 했다. 그러나 우리는 알고 있었다. 그 뱀장어들이 수천 킬로미터 떨어진 망망대해에서 더없이 환상적인 항해를 마치고 막 돌아왔다는 것을.

뱀장어는 조류 세곡이나 강에서 진흙 속에 사는 작은 동물을 잡아먹으며 살아간다. 척추뼈 몇 개의 차이밖에 없지만, 어쨌거나 북유럽과 북아메리카 동부 연안에는 유럽뱀장어나 아메리카뱀장어 같은 변종도 존재한다. 유럽뱀장어와 아메리카뱀장어는 태어나서 몇 년이 지나면 망망대해로 먼 항해에 나선다. 바다 바닥 인근에서 헤엄을 쳐 수천 킬로미터 떨어진 사르가소해로 여행을 떠나는 것이다. 아무도 녀석들이 어떻게 그토록 먼 길을 항해할 수 있는지 정확히 알지 못한다. 그곳에 도착한 뱀장어는 알을 낳고, 드넓은 열대 바다의 얕은 물에서 새끼가 부화한다. 유럽뱀장어와 아메리카뱀장어는 각기 약간 다른 해역에 알을 낳지만, 그 알에서 갓 부화한 뱀장어 새끼들은 모두 함께 멕시코 만류의 표층수를 따라 북쪽으로 이동한다. 아메리카뱀장어는 어쩐 일인지는 몰라도 좌우간 그 해류를 벗어나 북아메리카 동부 연안을 향해 서쪽으로 헤엄쳐 간다. 그리고 유럽뱀장어는 동쪽으로 계속 이동해 대서양을 건너 북유럽의 강줄기로 향한다.

이 이야기에서 가장 놀라운 대목은 아이슬란드와 연관이 있다. 미국의 진화생물학자 조지 윌리엄스(George C. Williams, 1926~2010)는 유럽뱀장어와 아메리카뱀장어의 중간쯤 되어 보이는 뱀장어를 채집했다. 그리고 동료들과 함께 유전자 분석을 통해 이 뱀장어가 사르가소해에서 아메리카뱀장어와 유럽뱀장어 사이에 태어난 잡종임을 밝혀냈다. 이 잡종 뱀장어는 필시 아메리카와 유럽 사이 어딘가로 향하도록 유전적으로 프로그래밍되어 있는 듯했다. 그래서 최종 목적지를 아이슬란드로 삼은 것이다.

녀석들은 왜 생식을 위해 몇 천 킬로미터에 달하는 머나먼 길을 떠날까? 그리고 하필이면 왜 그 장소가 사르가소해일까? 왜 유전적으로 프로그래밍되었을까? 모든 것은 필시 산란 및 먹이 활동 장소와 관련이 있을 것이다. 그러나 두 장소가 그토록 멀리 떨어져 있어야 하는 필연적 이유라도 있을까? 우리는 알 수 없다. 뱀장어는 대서양이 훨씬 짧아서 횡단하기 쉬웠던 수백만 년 전에 구축한 경로를 끝내 고집하는 것일까?

태평양에서 수천 킬로미터나 떨어진 목적지를 찾아가는 불가사의한 능력을 보여주는 뱀장어의 맞수는 바로 연어다. 성년 연어로서 드넓은 외해에 서식하는 종은 크게 여섯 가지다. 바다에서 2~3년의 세월을 보낸 연어는 자신이 본시 태어난 강을 향해 헤엄쳐 가기 시작한다. 녀석들은 강의 본류를 찾아낸 다음, 폭포와 천적에 맞서 싸우며 상류를 향해 몇 백 킬로미터를 거꾸로 헤엄쳐 올라가 결국 자신이 몇 년 전 알에서 부화한 장소인 지류의 자갈밭에 당도한다. 녀석들은 어떻게 돌아가는 길을 어김없이 찾아내는 것일까? 고향으로 돌아가는 길을 안내하는 것은 물의 냄새일 가능성이 높다. 하지만 그보다 더 중요한 것은 왜 그런 고달픈 여행을 감행하느냐 하는 점이다. 바다에서는 이런 기나긴 여행이 더없이 중요한 의미를 지니는 것처럼 보인다.

방랑벽은 수많은 바다 동물의 생애 주기에서 한 시기를 차지한다. 수많은 무척추동물은 부유(浮游) 유생이라 일컫는 긴 유년 단계를 거친다. 유생은 해류를 타고 떠돌면서 다른 플랑크톤을 잡아먹는다. 대부분은 몇 주 동안 떠다니지만 수개월에서 1년까지 버틸 수 있는 유생도 있어 드넓은 바다를 헤엄쳐 건너기도 한다. 콜럼버스가 태어나기 한참 전에도 수많은 고둥의 유생이 대서양 전역을 떠돌아다녔다. 폴리네시아 사람들이 이 섬에서 저 섬으로 대이주를 하기 몇 백만 년 전에도 산호충 유생은 드넓은 대서양을 누비고 다니며 마셜군도에서 하와이제도를 거쳐 파나마까지 이동했다.

이런 대이동에는 과연 무슨 의미가 담겨 있을까? 연어의 경우엔 충분한 이유가 있다. 강은 알이 포식 동물의 위협을 받지 않고 발달 과정을 거칠 수 있는 이상적 산란 장소니까 말이다. 그러나 얼마 뒤에는 외해의 대형 물고기만이 몸집 큰 성년 연어의 게걸스러운 식욕을 채워줄 수 있다. 그래서 먹이 활동 장소가 몇 천 킬로미터나 떨어져 있음에도 산란 장소에서의 이주를 강제하는 패턴이 자리 잡은 것이다. 하지만 녀석들은 왜 정확히 제 부모가 산란한 장소로 돌아가는 걸까? 왜 다른 강들의 상류는 안 되는 걸까? 이런 문제는 나에게 입증 가능한 답이 없는 심오한 수수께끼로 남아 있다.

　무척추동물의 경우 여행은 대개 왕복 여정이 아니다. 유생은 해류와 바람에 실려 먼 해안으로 떠나며, 다시는 부모 곁으로 돌아오지 않는다. 왜 이런 일이 벌어질까? 왜 부모는 새끼들을 가까이 두고 이전 세대를 길러 낸 서식지에서 지내도록 도와주지 않는 걸까? 바다 서식지는 하나같이 한동안 현상을 유지하는가 하면, 이내 모종의 거대한 재앙이 닥쳐 파괴된다. 바다는 생명체가 굼벵이처럼 느러터지게 이동해도 좋은 자비로운 곳이자 아무런 변화도 없는 장소라고 생각하기 쉽지만, 실은 그와 정반대다. 이를테면 산호초는 이따금 허리케인이나 사이클론의 습격을 받는데, 그럴 때면 어른 키만 한 산호가 장난감처럼 매가리 없이 넘어지기도 한다. 거센 폭풍은 자동차만 한 커다란 바위를 3미터 넘게 사뿐히 들어 부두에 얹어놓기도 한다. 자신이 살아온 위험하기 짝이 없는 이런 곳에서 새끼들이 살아가도록 놔두다니, 안 될 말이다! 아마도 그래서 부유하는 유생은 새로운 삶터를 찾아 나서는 듯하다. 자신이 태어난 곳은 이내 파괴되고 말 것이라 믿고 대비책을 마련하는 것이다. 또한 이는 새끼들로 하여금 다른 곳으로 떠남으로써 부모와 먹이를 놓고 다투는 민망한 상황을 피하도록 하는 방편일지도 모른다. 이때까지만 해도 녀석들의 여행은 그저 정처 없는 포식 활동일 뿐이다.

　오랜 떠돌이 생활을 하던 무척추동물은 한 가지 문제에 부딪친다. 정착할 시기가 닥쳤을 때 어떻게 알맞은 거처를 찾느냐 하는 문제다. 일부 무척추동물은 결코 알맞은 거처를 찾지 못한다. 어떤 때는 물속에 몇 주 동안 머물러 있어도 해류가 이들을 멀리까지 실어다주지 않는다. 이따금 소용돌이가 일어 겨우 앞으로 나아가던 유생을 처음 출발한 해안에 도로 내동댕이치기도 한다. 또 어떤 때는 바다로 휩쓸려가거나, 아니면 바닥으로 내려가 적절한 거처를 발견하기도 전에 다른 바다 동물의 먹이가 되기도 한다. 그러나 상당수 유생은 적합한 서식처를 찾으며, 그렇게 할 수 있는 수단을 잘 발달시켜왔다.

따개비와 굴은 유생으로서 삶을 시작한다. 유생은 해류에 실려 몇 주 동안 떠돌다가 이내 바닥에 붙어 성년으로서 정착하고 살아갈 준비를 한다. 녀석들의 여행은 거의 전적으로 해류가 좌우하지만, 몇 가지 묘책이 부모의 서식지에서 속절없이 휩쓸려나가지 않도록 그들을 지켜준다. 강어귀에서 강물은 유생을 쓸어 바다로 데려가려는 경향이 있다. 강물이 바닷물과 만나면 덜 짠 강물은 밀도가 낮은 바닷물 위로 흐른다. 따라서 유생은 표층에 머물러 있으면 쉽게 휩쓸려간다. 유생은 이런 원하지 않는 여행을 피하기 위해 반드시 표층수가 상류로 흐르는 밀물 때에만 표층수로 올라간다. 썰물 때는 바다 바닥이나 해안으로 이동해 휩쓸려가는 일을 피한다. 강어귀의 유생은 발달 과정을 거치는 동안 강 상류로 이동했다가 결국에는 강어귀의 적절한 장소에 정착하는 것 같다.

유생은 또한 적절한 장소에 정착하기 위해 매우 특이한 신호를 사용한다. 다슬기(marsh snail)는 조수가 가장 높이까지 오르는 지점인 진흙 습지에서 살아간다. 실제로 이곳은 2주에 한 번씩만, 그러니까 대조기 동안에만 바닷물이 들어오는 지역이다. 대조의 만조 때 유생이 방출되면, 녀석들은 정확히 2주 동안 플랑크톤 상태로 유영한다. 그런 다음 플랑크톤 상태에서 벗어나 제 부모가 살던 장소와 똑같은 수위의 조수 지대에 정착한다. 이는 매우 중요하다. 다슬기는 공기를 들이마시는 동물이라 무한정 물에 잠긴 곳에서는 생존할 수 없기 때문이다.

유생의 정착과 관련해 가장 놀라우면서도 이해하기 어려운 예는 심해의 뜨거운 온천 주위에서 살아가는 조개류일 것이다. 이 동물의 유생은 2000~4000미터 깊이의 심해에서 표층수까지 헤엄쳐 올라가 그곳에서 플랑크톤을 잡아먹고 산다. 유생이 그렇게 한다는 것은 무척이나 놀라운 일이다. 하지만 그러고 나서 제 부모의 집으로 돌아가거나 다른 적절한 환경을 찾아간다는 사실은 더더욱 놀랍다. 녀석들은 아마도 다른 곳에서는 살아갈 수 없는 것 같다. 오직 이런 심해 지역에서만 발견할 수 있는, 유황이 풍부한 환경이 필요하기 때문이다. 한때는 이런 동물이 살아갈 수 있는 서식지가 훨씬 더 넓었을 것이다. 가령 최근 고래의 시체가 조개류와 함께 발견되었는데, 그 조개는 해저의 뜨거운 온천 주위에서 볼 수 있는 것과 매우 유사했다. 썩어가는 고래가 유황 화합물을 방출하고, 이것이 해저 온천 부근에서 크게 번성하며 조개의 먹이가 되는 종류와 똑같은 박테리아를 부양한 것이다. 고래의 시체는 인간이 20세기에 그 씨를 말리기 전까지만 해도 바다 전역에 훨씬 더 광범위하게 퍼져 있었다. 우리는 고래를 남획함으로써 저도 모르게 신비하기 짝이 없는 미지의 심해 동물군이 딛고 있던 발판을 없애버린 셈이다.

태양을 향해 뻗어 있는 백만 개의 촉수

여러분은 해수면 아래로 뛰어들자마자 가지 많은 흰 뿔처럼 생긴 사슴뿔

산호(elkhorn coral)를 볼 것이다. 이들의 흰 백악질 몸체는 먹이를 찾아 눈을 번득이는 덩치 큰 물고기를 피해 안전한 거처를 구하려 틈새를 쏜살같이 쏘다니는 수천 마리의 다채로운 물고기와 선명한 대조를 이룬다. 사슴뿔산호 틈바구니에서 다른 산호들은 석회질 골격으로 바닥을 뒤덮고 있다. 녀석들은 삐뚤빼뚤한 둔덕에서 정교한 반구에 이르기까지 각양각색의 뇌 주름 모양의 연조직으로 이뤄져 있다.

산호를 감상하려면 낮게 나는 비행기를 타는 게 좋다. 바다 쪽으로 검푸른 파도가 길이 수 킬로미터, 너비 1.5킬로미터에 달하는 드넓은 해안을 따라 길게 펼쳐진 산호 위에 부서진다. 하늘에서 내려다보면 커다란 둔덕이 바다 위로 튀어나와 있고, 그 사이에 가로놓인 해협을 통해 바닷물이 밀려든다. 어느 때는 바위의 깨진 틈새로 바닷물이 치솟기도 한다. 산호초는 엄지손톱만 한 동물 수백 마리가 분비한 석회질 골격의 집합체다. 그러나 이 자그마한 동물들이 오스트레일리아 동부 해안가에 1800킬로미터가량 길게 뻗은 그레이트배리어리프(Great Barrier Reef: '대보초'라고도 함─옮긴이)를 만들었다. 또한 바다 한가운데 있는 해산 꼭대기에 고리 혹은 말발굽 모양의 거대한 환상(環狀) 산호도를 만들어내기도 한다. 이 촉수 달린 난쟁이 군단은 지도자가 따로 없지만, 수백만 년 동안 장대한 기획을 추진해온 결과 해양의 경이로움 가운데 첫손에 꼽히는 걸작을 만들어냈다.

산호충은 생물학에서 미니멀리즘(minimalism: 최소 요소로 최대 효과를 노리는 것─옮긴이)을 보여주는 비근한 사례다. 대체로 너비가 2센티미터 정도에 불과한 산호충은 위쪽으로 열려 있고, 동그란 윗부분에 작은 촉수들이 달려 있는 부드러운 컵 모양이다. 촉수는 미세한 동물 플랑크톤을 잡아 컵 안으로 들여간다. 컵은 위이자 장이자 배설 기관이다. 산호는 흔히 수십만 개의 개체(폴립)가 군집을 형성한다. 각각의 폴립은 아래쪽에 석회질 골격을 분비하고, 전체 군집은 석회층에 또 다른 석회층을 얹어 결국 거대한 석회 구조물을 만들어낸다. 녀석들은 덩치를 거대하게 불리거나 섬세한 가지 모양을 이룬다.

산호는 느릿느릿 성장한다. 둔덕 모양의 산호는 매년 기껏해야 1.3센티미터 정도밖에 자라지 않는다. 폴립의 체내 조직 속에는 수많은 작은 단세포 식물, 곧 황록공생조류(zooxanthellae)가 살아가고 있다. 이 조류는 여전히 식물처럼 기능한다. 요컨대 태양빛을 흡수해 당분 등 생물이 필요로 하는 여러 필수 영양소를 생성한다. 광합성을 통해 만든 당분 상당량은 산호충에게 전달되며, 그 덕분에 산호충은 좀더 빠르게 성장할 수 있다. 대신 산호충은 황록공생조류를 제 조직에 품어 보호한다. 따라서 이들의 상호 의존성은 서로에게 보탬을 준다. 황록공생조류가 없다면 산호는 그토록 빨리 자라지 못한다. 아울러 이러한 공생 관계 없이는 산호초도 결코 몸집을 키우지 못한다.

다윈은 이력 초기에 산호초를 통해 과학적 식견을 쌓았다. 그는 환상산호섬이 어떻게 발달했는지 궁금했다. 그리고 산호가 위로 성장하는 것과 보조를 맞추는 속도로 환초(atoll reef)는 차츰 가라앉을 거라고 추정했다. 섬이 가라앉자 해수면 가까이 있던 산호는 계속 자라났고, 그에 따라 산호의 살아 있는 부분은 늘 해수면 가까운 위치를 유지했다. 그러나 살아 있는 산호초는 심해의 죽은 산호더미 위에서 계속 자라야 한다. 이런 과정이 충분히 오래 지속되면, 환상산호섬은 필시 두께가 수십에서 수백 미터에 이르는 석회질 덩어리로 커질 것이다. 만약 여러분이 환상산호섬에 드릴로 구멍을 뚫는다면, 먼저 그 산호 암석층을 뚫고 그 산호가 처음 성장을 시작한 원래의 기반암에 도달할 것이다. 환상산호섬은 바다 한가운데에서 분화한 화산의 꼭대기이므로 기반암은 아마도 화산 용암으로 이뤄져 있을 것이다.

다윈의 생각은 옳았으나, 이 문제는 그가 산호초침하론을 발표하고 100년이 지난 뒤까지도 제대로 증명되지 못했다. 마침내 1952년 한 무리의 과학자가 태평양 서부의 에니위톡(Enewetak) 환상산호섬에 드릴로 구멍을 뚫었다. 1200미터 높이의 산호초를 뚫고 들어가던 그들은 오래된 화성암과 맞닥뜨렸다. 지질학자들은 현대적 연대 추적 기법을 써서 그 산호초가 약 4000만 년 넘게 자라온 것임을 밝혀냈다. 촉수 달린 작은 산호충이 햇볕을 쬐기 위해 필사적으로 애써온 결과였다.

바다 서식지 중 복잡다단한 생물학적 상호 의존성을 이보다 더 잘 보여주는 곳은 없다. 만약 파나마의 태평양 쪽 앞바다에서 산호초 위로 잠수한다면, 악마불가사리(crown of thorns starfish)가 자신이 즐겨 먹는 먹잇감인 포실로포라(Pocillopora) 산호한테 다가가는 모습을 볼 수 있을 것이다. 달리 거칠 게 없으면 악마불가사리는 그 산호 위로 기어 올라가 살을 뜯어 먹는다. 그러나 산호에 접근할 때 산호 군집 바닥의 틈새나 홈에 웅크리고 있던 게나 물고기의 날랜 공격을 받기도 한다. 게나 물고기는 보호받기 위해 산호 틈새에 몸을 숨겨야 하며, 그 보답으로 산호가 자라지도 더 많은 틈새를 만들지도 못하게 막는 포식자(악마불가사리)로부터 산호를 돌봐준다.

산호초에서는 수많은 어종이 부지런한 청소부 물고기, 곧 양놀래기(wrasse)에 의존해 살아간다. 양놀래기는 일종의 청소 서비스 센터, 즉 클리닝 스테이션(cleaning station)을 운영하는데, 하루에도 수백 마리의 물고기가 그곳에 들른다. 청소부 물고기 양놀래기는 찾아오는 고객들한테 다가가 제 존재를 광고하고, 그들의 표면에 붙은 기생충을 떼어 먹기 시작한다. 양놀래기는 심지어 포식자 물고기의 입안으로 들어가기도 한다. 물론 이따금 청소부가 작업 중이라는 사실을 깜빡 잊고 포식자 물고기가 양놀래기를 잡아먹는 사고가 일어나기도 한다. 어쨌거나 이런 서비스가 없다면 수많은 물고기들이 기생충 때문에 맥을 못 추고 말 것이다.

산호초에서 수많은 종이 상호 의존적인 삶을 살아가는 것은 분명한 사실이다. 그렇지만 알고 보면 산호초는 위험천만한 장소다. 산호 폴립 군집의 맨 윗부분과 수많은 육식성 어류가 무서운 세계에 노출된 가엾은 동물을 마구 먹어치우기 때문이다. 산호초의 많은 부분은 적이 다가와도 도망칠 능력이 없는 고착 동물로 뒤덮여 있다. 이들 종 가운데 상당수가 몇 천 년에 걸쳐 놀라운 방어 기제를 발달시켰다. 그중 가장 기이한 녀석은 황산을 작은 덩어리꼴로 만들어 표피로 수송하는 우렁쉥이(멍게)다. 우렁쉥이를 한 입 베어 문 포식 동물은 누구라도 시큰하면서 타는 듯한 느낌에 화들짝 놀라고 만다. 우렁쉥이는 그것만으로 성이 차지 않는다 싶으면 말[馬]을 죽이고도 남을 만큼 유독한 금속 원소, 곧 바나듐을 체내에 농축한다. 또한 흔히 볼 수 있는 동물인 채찍산호(sea whip), 플렉사우라(Plexaura)는 생물학적으로 매우 강력한 호르몬인 프로스타글란딘(prostaglandin)을 다량 생산한다. 이 호르몬은 모든 동물에 들어 있지만, 대체로 아주 적은 양이다. 그런데 채찍산호에는 프로스타글란딘이 몇 퍼센트나 들어 있다. 채찍산호를 먹은 동물은 거의 예외 없이 구역질을 해대기 시작하며 두 번 다시 덤벼들지 못한다. 그런데 놀랍게도 '홍학의 혀(flamingo tongue snail)'나 불갯지렁이(fireworm)는 이 유독한 채찍산호를 먹고도 아무 탈 없이 살아간다. 그렇지만 이들이 어떻게 독의 위험을 피해갈 수 있는지는 아무도 모른다.

산호초는 절묘하게 균형을 이루는 자연의 모습을 보여준다. 산호초에서는 생물 간의 경이로운 상호 의존성을 발견할 수 있다. 우리는 대륙이나 바다에서처럼 산호초에서도 영원성을 느낀다. 이 해저판 에덴동산은 결코 죽음이나 파괴 따위와는 어울리지 않아 보인다. 하지만 이런 이미지는 사실과 한참 거리가 멀다. 산호초도 어김없이 성장과 파괴, 질병에 의한 훼손과 회복, 치명적 한파와 뒤이은 온난화 그리고 복구라는 주기를 되풀이한다.

위협적인 폭풍우대는 대부분 산호초가 가장 잘 자라는 열대 해역을 가로지른다. 카리브해에는 허리케인이 늦여름과 가을에 몇 차례 들이닥친다. 몇 천 킬로미터의 드넓은 바다를 천천히 움직이는 허리케인은 너울거리며 철썩이는 무시무시한 파도를 수면에 일으킨다. 수면을 가로지르는 바람의 운동은 바닷속에서 물이 회전하도록 만들고, 그에 따라 물층을 아래로 끌어내린다. 시속 160킬로미터의 바람은 깊이 30미터를 훌쩍 넘는 바다 바닥을 파괴할 정도로 위력적이다. 가장 큰 산호 대부분이 자라는 바다 상층부 9~15미터 수위에서는 시속 160킬로미터의 바람이 사람보다 더 큰 산호를 넘어뜨려 산산조각 낼 수 있다. 1961년에는 영국령 온두라스 해안을 따라 이동하던 허리케인이 8킬로미터에 이르는 해안 지대에 늘어선 살아 있는 산호초를 엉망으로 만들었다. 그 후 조류가 다시 그 산호초에 대량 서식하기 시작했고, 본연의 장엄한 모습을 되찾기까지 족히 20년은 더 걸렸다. 1970년대에 허리케인 앨런(Allen)도 자메이카 북부 해안에 비슷한 피해를 입혔다. 사이클론은 태평양의 산호초를 쑥대밭으로 만들고, 정기적으로 거대한 산호 폴립 군집을 갈가리 찢어놓는다. 다시 말하거니와 이것이 본래대로 회복하려면 대개 20년은 걸린다.

1960년대에 생물학적 대재앙이 한 가지 발생했는데, 그 원인은 오늘날까지도 명확히 밝혀지지 않고 있다. 태평양의 악마불가사리는 엄청나게 풍부한 산호 군집을 먹어치우지만 대체로 분포 밀도는 낮은 편이었다. 그런데 불과 몇 년 사이 인도양과 태평양 전역에서, 그러니까 홍해부터 태평양 한복판의 환상산호섬까지 그 수가 폭발적으로 증가하기 시작했다. 괌 해안 지대의 90퍼센트 이상이 악마불가사리의 습격으로 초토화되었다. 악마불가사리는 본래 야행성에 독립생활을 하는 습성이 있었는데, 먹이를 찾아 떼 지어 몰려다니며 낮에도 약탈을 일삼는 쪽으로 바뀌었다. 그레이트배리어리프에서는 악마불가사리가 드넓은 지역을 엉망으로 헤집어놓았다. 그레이트배리어리프는 해안 도시와 포효하면서 달려드는 태평양 파도 사이에 놓여 있는데, 오스트레일리아 사람들은 그 보초가 사라질까 우려해 악마불가사리 떼를 막을 방법을 궁리하는 비상대책위원회를 꾸리기에 이르렀다. 수백 명의 과학자와 박물학자가 잠수복을 입고 악마불가사리를 연구하거나, 포름알데히드 주사로(갈가리 찢긴 불가사리는 마법사의 자루걸레처럼 조각난 수만큼 재생된다는 것을 기억하라!) 놈들을 없애는 일에 나섰다. 악마불가사리의 수수께끼를 풀기 위한 노력에 250만 미국달러에 상당하는 돈을 사용했다.

1970년대에 들어서자 악마불가사리는 거의 처음 번식하던 때와 마찬가지로 삽시간에 사라지기 시작했다. 산호를 과도하게 먹어치운 결과 나중엔 먹을 게 없어 대거 굶어 죽으면서 개체 수가 급감한 것이다. 산호초는 서서히 되살아나기 시작했으며, 악마불가사리의 대규모 발생은 그쯤에서 멈추었다. 그런데 애초에 악마불가사리는 어떻게 그처럼 크게 번식한 것일까? 이는 대체로 풀리지 않는 수수께끼다. 다만 산호초생물학자 찰스 버클랜드(Charles Burkeland)는 폭풍이 (유생의 먹이인 식물 플랑크톤의 성장을 촉진하는) 영양분을 바다로 쓸어다주지 않으면 악마불가사리 유생이 굶어 죽는다고 주장했다. 이것이 한 가지 해명은 될지 모르나 실제 실험 상황에서 불가사리 유생은 먹이가 부족하다 해도 그리 쉽사리 굶어 죽는 것 같지 않았다. 먹이가 모자라면 유생의 성장이 다소 느려질 뿐이었다. 그러나 성장 속도의 저하조차 자연에서는 치명적 결과로 이어질 가능성이 있다. 폭풍우가 발생하고 나서 불가사리가 이상 증식한 사례가 몇 차례 있었는데, 이것이 버클랜드의 가설을 뒷받침하는 주된 증거다.

산호초는 절묘한 균형 상태를 유지하고 있을까? 증거에 따르면 그렇지 않은 것 같다. 지난 수십만 년 동안 해수면은 상승과 하강을 되풀이했고, 일부 산호초는 번갈아가며 물에 잠기고 침식했다. 산호초는 폭풍우, 먹성 좋은 육식동물의 이상 증식, 질병에 의해 파괴된다. 그 과정에서 산호초는 주요 생물학적 요소를 잃어버리지만, 얼마간 변화를 겪을지라도 살아남아서 성장하고 번성한다. 1980년대 초, 카리브해에서 가장 번성하던 성게 한 종이 (아마도 전염병 때문이 아닌가 싶은데) 종적을 감추었다. 처음에는 그 성게의 먹이인 해조가 엄청나게 증식하기 시작했지만, 이내 그것을 먹어치우는 물고기가 성게의 빈자리를 대신했다. 산호초는 균형 상태가 아니라, 모든 미세 폴립이 태양을 향해 거침없는 성장을 이어가는 역동적인 변화 상태에서 살아간다.

우리는 '우리를 둘러싼 바다'를 파괴할 수 있는가

한때 바다는 건너기에 너무 멀고 광대한 곳이었으며, 알려지지 않은 거대한 빈 공간이었다. 옛 뱃사람들이 바다를 항해하고, 노를 젓고, 여기저기 돌아다니면서 바다의 신비는 서서히 풀리기 시작했고, 머나먼 육지의 풍요로운 자원이 유혹의 손짓을 했다. 바다와 육지는 그 비율이 알려지면서 약간 더 작게 느껴졌다. 배가 점차 빨라지고 지리 정보가 좀더 확연해지자 무역과 정복이 뒤따랐다. 바다는 파도가 넘실대는 고속도로망이 되다시피 했다.

바다는 한때 세계를 이어주는 길이었지만, 이제 우리와 바다는 그와는 다른 유대관계를 맺고 있다. 한때 미나마타(水俣: 일본 구마모토현에 있는 도시-옮긴이)에서는 어부들이 문어와 물고기, 성게와 게를 잡아들였는데, 지금은 우리가 바다에 버린 수은에 중독(미나마타병-옮긴이)된 사람들이 절름거리며 길을 걸어 다닌다. 드넓은 바다는 한없는 풍부함의 원천이지만, 맨해튼섬보다 더 큰 어망이 바다에서 물고기를 싹쓸이하고, 외해에서는 아직도 동력으로 작동하는 작살에 맞아 고래들이 죽어가고 있다. 우리가 내다버린 오물은 가리비의 먹이인 거머리말을 위협하고, 연안해에서 물고기를 비롯한 바다 생물의 생존에 꼭 필요한 산소를 앗아간다. 옛 해상로에조차 대형 유조선이 점점이 산재해 있는데, 이들은 걸핏하면 암초에 좌초해 끈적거리는 유독성 기름으로 바다를 오염시킨다. 그런데 우리가 바다처럼 광활한 어떤 것을 독성 물질로 더럽힐 수 있다면 어떻게 될까?

전망은 그리 밝지 않다. 바다는 우리의 길이요, 식량 공급처요, 놀이 공간이다. 그러나 또한 우리의 하수구요, 독성 폐기물 처리장이요, 시시각각 다가오는 환경적 대재앙을 떠넘길 수 있는 최후의 보루이기도 하다. 세계의 거의 모든 강어귀는 심한 오염과 남획으로 파괴되었다. 런던·코펜하겐·뉴욕·베네치아를 비롯한 세계 대도시 대부분은 큰 강어귀나 연안에 들어서 있다. 뉴욕주에서는 이스트(East)강이 한때 낚시꾼의 천국이었고, 스태튼(Staten)섬 해안에는 세계적으로 이름난 굴 양식장이 있었다.

하지만 다 옛날이야기가 되었다. 과거의 굴 양식장은 진즉에 세계 최대 쓰레기장으로 전락했다. 이스트강에는 여전히 물고기가 살지만 강물은 이들이 안전하게 살기 힘들 정도로 깊이 병들었다. 베네치아 석호는 물이 오염되어 조류가 숨을 쉬지 못한다. 그 물이 빠져나가는 아드리아해는 포강(Po River: 이탈리아 북부를 가로질러 흐르는 강―옮긴이) 계곡에서 흘러나온 독성 폐기물까지 더해져 심한 몸살을 앓고 있다.

우리가 흘러보낸 하수는 이미 연안해 대부분을 위험에 빠뜨렸다. 하수는 영양분을 포함하고 있는데, 그 영양분이 분해되면 플랑크톤 형태의 미생물이 이를 흡수한다. 소량은 실질적으로 해가 되지 않으며, 사실상 식물 생산을 촉진하는 효과도 있다. 그러나 도시 지역에서 흘러나온 과도한 영양분은 식물 생산을 필요 이상 자극해 플랑크톤 형태의 미생물 다수가 그보다 큰 동물에 의해 소비되지 못하는 지경에 이른다. 대신 플랑크톤 미생물은 죽어서 해저에 가라앉고 박테리아에 의해 분해된다. 박테리아는 산소를 소비한다. 뉴욕 항 같은 곳에서는 하수에 화합물이 포함되어 있는데, 그 화합물은 산소와 직접 결합함으로써 물속에 들어 있는 산소를 고갈시킨다. 결국 해저의 바닷물에 산소가 부족해짐에 따라 연안해가 서서히 죽어간다. 저산소증(hypoxia)이라고 알려진 산소 결핍 상황은 지나치게 인구가 밀집한 세계 연안 지역 어디에서나 흔히 볼 수 있다. 안타깝게도 그 영양분을 제거하는 청소 비용이 막대해 사회가 이를 기꺼이 지불하려 할지 미지수다. 오늘날 전반적 기류는 비관적이고, 연안해는 점점 더 산소가 부족해지고 있다.

우리가 물고기를 한 마리 잡는다 해도 안심하고 먹을 수 있을 만큼 건강하리라는 보장은 없다. 건강에 이로운 기름을 함유한 저콜레스테롤 생선의 가치가 날로 높아지면서, 우리는 물고기가 다양한 물질(그중 상당수가 암을 일으키는 것으로 밝혀졌다)에 오염되어 있음을 깨달았다. 최근 몇 년 동안, 아메리카와 유럽 연안해에서 살아가는 수많은 물고기에 폴리염화비페닐(polychlorinated biphenyls, PCBs)과 다이옥신(dioxin)—둘 모두 발암물질로 의심된다—이 농축되어 있는 것으로 드러났다. 뉴욕주 허드슨강에는 줄무늬농어(striped bass)가 풍부하고 맛도 좋으나 다량의 폴리염화비페닐을 함유하고 있다. 따라서 낚시꾼들은 잡더라도 먹지는 말라는 주의를 받는다. 폴리염화비페닐은 본래 기계용 윤활제로 제조되었는데, 사용 뒤 강에 마구 버려졌다. 허드슨강에서는 꽃게(blue crab)도 중금속인 카드뮴에 오염된 상태다. 카드뮴은 니켈-카드뮴 전지 생산 공장에 인접한 작은 만에서 배출한 것으로 추정된다. 연안 거주 인구가 급증함에 따라 점점 더 많은 조개 양식장이 문을 닫고 있다. 우리가 내다버린 하수에 섞여 바다에 이른 수많은 병원성 미생물 탓이다. 난개발이라는 말이 잘 실감나지 않거든 지금 당신이 살고 있는 해안 지대를 내려다보라. 가능한 공간이라면 어디에든 해안가를 빈틈없이 채우며 들어선 건물이 보일 것이다.

연안의 농경지와 습지에 살충제를 거침없이 뿌려대는 것 역시 바다 생물에 큰 타격을 입혔다. 연안의 농경지에서 쓸려나온 살충제 키폰(kepone)은 체서피크만의 제임스(James)강으로 흘러들어 그곳의 꽃게 어장을 못 쓰게 만들었다. 그 살충제는 몇 ppb(1ppm의 1000분의 1. 혼합물이나 용액에 존재하는 초미량 물질의 농도를 나타내는 단위—옮긴이) 농도만으로도 어린 꽃게를 죽음에 이르게 한다. 레이첼 카슨이 DDT의 위험을 경고하기 전에 갈색사다새(brown pelican), 물수리(osprey), 물고기를 잡아먹는 흰머리수리(bald eagle) 등 비길 데 없이 아름다운 우리 시대의 바닷새 상당수가 멸종 위기에 처해 있었다. DDT는 지방 조직에 축적되어 생식이나 알

껍데기 형성을 방해한다. DDT에 오염된 다른 생물 종을 잡아먹은 바닷새는 체내 조직에 유독 잔류물이 쌓여간다. 이제 전 세계적으로 DDT 사용을 널리 금지함에 따라 새들이 서서히 되살아나고 있다. 하지만 여전히 다른 살충제를 농경지에 점점 더 많이 사용하고 있다. 심지어 굴을 성가시게 한다는 이유로 구멍을 파고 사는 유령새우(ghost shrimp: '쏙'이라고도 함—옮긴이)를 죽이기 위해 조간대 모래밭에까지 살충제를 뿌려대는 실정이다.

이제 기름에 대해 말할 차례다. 100년 전 포경 선원들은 보스턴과 뉴욕에서 등불을 밝히는 데 필요한 연료용 기름을 얻기 위해 향유고래를 잡으러 우르르 항해에 나섰다. 오늘날 바다는 석유 수송로 구실을 한다. 대형 유조선이 바다를 누비고 다니면서 20만 배럴 넘는 석유를 실어 나른다. 하지만 이는 그다지 완벽한 과정이 못 된다. 유조선은 걸핏하면 암초에 부딪쳐 격랑이 이는 바다에 기름을 흘린다. 우리 인간이 끊임없이 연료를 필요로 하는 까닭에 바다는 기름으로 오염되고 연안은 망가진다. 우리는 아합 선장(Captain Ahab: 허먼 멜빌의 소설 《모비딕》에 나오는 인물—옮긴이)처럼 기름을 확보하려 혈안이 되어 있다.

최초로 발생한 골치 아픈 기름 유출 사고는 1967년 유조선 토리 캐니언호(Torry Canyon)의 난파에 따른 것이었다. 파도가 세차게 몰아치는 바다에서, 그 유조선은 암초와 충돌해 굉음을 내며 부서졌다. 기름이 새어나와 영국제도 해안을 뒤덮었다. 참혹한 사고였다. 바닷새들은 평소 같으면 보송보송한 두꺼운 깃털층으로 추위를 막고, 그보다 약간 뻣뻣한 깃털이 서로 포개진 또 다른 층으로 외부 물질을 차단한다. 그런데 기름은 외부와 차단하는 바깥 깃털층을 망가뜨렸고, 안쪽의 보송보송한 깃털층을 맥없이 주저앉혔다. 기름을 뒤집어쓴 새들은 부리로 몸을 단장하다 독성 때문에 죽거나, 그게 아니면 추운 바다에 속절없이 노출되어 죽어갔다. 새 말고 다른 바다 동물도 기름을 잔뜩 뒤집어썼다. 설상가상으로 구조대원이 독성 분산제(dispersant)까지 바다에 뿌려대는 바람에 사태가 더욱 악화되었다. 본래 기름을 분해할 목적으로 사용한 분산제는 엉뚱하게도 바다 동식물을 죽음으로 몰고 갔다. 보다 못한 영국 정부는 공군 폭격기를 동원해 그 유조선과 새고 있는 나머지 기름을 모두 불태워버렸다.

이는 시작에 불과하고, 끝은 보이지도 않는다. 수십 건의 사고가 잇따르면서 바다는 기름으로 오염되었고, 수없이 많은 바닷새와 바다 생물이 목숨을 잃었다. 코드곶에서 진행한 연구에 따르면, 1960년대 말 기름 유출 사고가 일어나고 1년이 지난 뒤에도 조개에서 계속 유독 기름이 발견되었다. 프랑스의 브르타뉴도 캘리포니아의 샌타바버라도 기름 유출 사고로 막대한 대가를 치렀다.

가장 청정한 천혜의 바다마저 떼죽음의 위험을 피해가지는 못했다. 어떻게든 기름을 손에 넣으려는 과욕으로 우리는 알래스카 노스슬로프(North Slope: 알래스카 북부 해안의 유전 지역 — 옮긴이)에서 북태평양의 항구 밸디즈(Valdez: 알래스카 남동부에 있는 부동항 — 옮긴이)까지 송유관을 설치했다. 아마 우리는 그 덕에 몇 년간 좀더 많은 기름을 제공받을 수 있을 것이다. 빙하 그림자 아래 자리한 암석 해안에서는 독수리가 물고기를 사냥하고, 물개가 흥겹게 떠들어대고, 새끼 연어가 바다로 긴 여행을 나설 채비를 하고 있다. 바닷물 속에는 다시마가 암석질 바닥에서 해수면까지 길게 뻗은 채 숲을 이룬다. 이 거대한 해조는 날마다 몇 센티미터씩 자란다. 많은 이들이 이 송유관을 건설하는 것은 어리석은 짓이라고 경고했다. 송유관으로 수송한 기름을 잔뜩 실은 초대형 유조선은 제동 거리가 1.5킬로미터 이상으로 너무 길고, 방향을 트는 것도 턱없이 굼떠 돌발 상황이 닥치면 속수무책일 수밖에 없다는 이유에서였다. 그러던 중 우려하던 일이 벌어지고 말았다. 1989년 3월 24일, 유조선 엑손 밸디즈호(Exxon Valdez)가 암초에 부딪쳐 세계에서 가장 아름답고 자원도 풍부한 기나긴 해안 지대 위로 1200만 갤런의 기름을 쏟아낸 것이다. 수천을 헤아리는 바닷새·물개·수달이 떼죽음을 당했고, 기름이 몇 천 제곱킬로미터에 이르는 해역을 뒤덮었다. 지금껏 한 번도 자연의 질서를 거스르는 인간의 침입에 시달려본 적 없는 해안가와 사랑스러운 바위섬이 기름을 잔뜩 뒤집어썼다.

기름은 이 거대한 북부 지역을 망가뜨리는 것으로도 모자라 가장 멀리 떨어진 해역인 남극 대륙의 연안마저 더럽혔다. 1989년 1월, 아르헨티나 유조선이 전복되어 20만 갤런에 가까운 기름을 유출했다. 이 일로 수천 마리의 펭귄·물개·바닷새가 몰살당했다. 남극의 겨울은 혹독해서 그 어떤 구조의 손길도 미치지 못했다.

당신은 선박의 도선사·선박 회사·정부를 비난할 수 있다. 그러나 어떤 안전 조처도 상대적으로 발생 빈도가 낮거나 드물게 일어나는 사고까지 샅샅이 예방할 수는 없다. 거센 파도가 굽이치는 바다는 여전히 위험 지역이며, 풍랑은 선박의 운명을 좌지우지한다. 우리가 바다보다 유조선을 더 앞세우는 한 새들은 죽어가고 바다는 기름으로 뒤덮이게 마련이다.

이제 더는 바다를 항해하면서 인간이 침입한 흔적을 보지 않기란 불가능하다. 플라스틱 부유물이 온 천지에 떠다닌다. 우리가 처한 곤경을 상징적으로 보여주는 예는 바로 연안에, 특히 미국 북동부 연안에 쓸려온 의료용 주사기다. 의료 폐기물을 처리하는 데 적잖은 비용이 들기 때문에 많은 사람이 연안해에 아무 거리낌 없이 쓰레기를 내다버리고 있다. 한 번이라도 이런 주삿바늘에 발을 찔린 사람은 두 번 다시 신나게 해변을 뛰어다니지 못할 것이다.

이 문제는 언젠가 끝날까? 아니면 우리는 너무 늦은 다음에야 이 문제에 대해 우려하기 시작할까? 산소가 부족하고 악취가 풍기는 강어귀든, 종양이 생긴 물고기든, 쓰레기가 잔뜩 쌓인 죽은 해저든 문제의 조짐은 곳곳에서 찾아볼 수 있다. 우리는 인간의 입김에 끄떡도 않고 파괴당하지 않을 것처럼 보이던 자연 세계를 빠른 속도로 정복하고 있다. 이제 바다에서 인간의 손이 닿을 수 없는 후미진 곳이란 더 이상 존재하지 않는다. 우리는 물고기를 떼죽음에 이르게 할 수도, 최소한 연안해를 모두 망가뜨리기에 충분한 독성 물질을 흘려보낼 수도, 모든 산소를 고갈시키기에 모자람이 없을 만큼 많은 하수 영양분을 마구 내다버릴 수도 있다. 끊임없이 인구가 몰려들도록 내버려두고 우리 자신의 파괴적 속성에 주의를 기울이지 않는다면, 연안해는 끝내 파멸에 이르고 말 것이다. 심해가 유일하게 바람직한 쓰레기 폐기장이라고 우기는 사람도 있다. 너무 근시안적인 생각이다. 급증하는 인구가 심해 바닥을 방사성 핵종, 하수 침전물 찌꺼기, 유독 물질 따위로 뒤덮을 날도 머지않았다. 바다 전체는 약 1000년에 한 번씩 크게 뒤섞이므로, 용해성 독성 물질이 심해 바닥에서 올라와 바다 전역에 퍼지기까지는 그리 오랜 시간이 걸리지 않을 것이다.

우리는 더 이상 팔짱을 끼고 앉아서 기다릴 수만은 없다. 지금대로라면 50년쯤 뒤에는 연안해가 손쓰기 힘든 지경으로 오염될 것이기 때문이다. 옛 뱃사람들은 몇 천 년 동안 바다와 맞선 싸움에서 번번이 패배했다. 오늘의 우리는 끝내 바다를 정복했지만, 그에 따른 막대한 대가를 치르고 있다. 바다를 구하려면 새로운 용기가 필요하다. 용맹한 선장이나 튼튼한 선박 따위가 안전 운항을 보증해주던 시대는 지났다. 우리는 이제 바다 자원을 잘 관리하고, 바다를 하수 시설로 사용하지 않도록 유의해야 한다. 그리고 다시 한 번 바다로 나아가야 한다. 이번만큼은 지난 수 세기 동안 우리를 바다로 이끌어준 탐험이나 정복 욕구가 아니라, 바다를 깨끗 이 정화하고 말겠다는 그 못지않은 일념을 지니고서 말이다.

제프리 레빈턴(Jeffrey S. Levinton)

참고문헌 ▪

▰▰▰▰▰▰▰▰▰

바다와 바다의 삶에 관한 일반 정보

Begelow, Henry B. and Edmonson, W. T. *Wind Waves at Sea, Breakers and Surf,* U.S. Navy, Hydrographic Office Pub. no. 602, Washington, U.S. Government Printing Office, 1947. pp. 177. 연안이나 바다의 파도에 관한 흥미롭고 실질적인 정보로 가득하며, 무척 잘 읽힌다.

Johnson, Douglas W. *Shore Processes and shoreline Development.* New York, John Wiley and Sons, 1919. pp. 584. 기본적으로 해안 지대의 변화에 관심 있는 지질학자나 엔지니어를 독자층으로 삼는 책이다. 하지만 '파도의 작용(The Work of Waves)' 장은 그 어떤 것과도 비교할 수 없을 정도로 흥미진진하다.

Marmer, H. A. *The Tide*, New York, D. Appleton and Co., 1926. pp. 282. 작고한 저자는 조석 현상에 관한 빼어난 미국 전문가로, 책에서 조석의 복잡한 작용을 잘 풀어 설명한다.

Maury, Matthew Fontaine. *Physical Geography of the Sea*, New York, Harper and Brothers, 1855. pp. 287. 바다를 역동적 총체로 간주한 최초의 책으로, 해양학의 기초를 닦은 것으로 평가받는다(절판).

Murray, Sir John, and Hjort, Johan. *The Depths of the Ocean*. London, Macmillan,

---

▪ 이제는 바다를 다룬 과거의 기본 서적 상당수가 절판되어 구하기 어렵다. 하지만 이런 책들이 제공하는 빼어난 지식을 참고하기 위해 도서관을 뒤지고 다닐 만한 가치는 있다.

1912. pp. 822. 주로 북대서양을 항해한 노르웨이 연구선 미카엘 사르스호(Michael Sars)의 연구에 기초한 이 책은 오랫동안 해양학의 필독서로 꼽혔다. 하지만 지금은 절판되어 구하기 어렵다.

Ommaney, F. D. *The Ocean*, London, Oxford University Press, 1949. pp. 238. 일반인을 독자층으로, 바다와 바다의 삶에 관한 내용을 사려 깊고 유쾌하게 담아냈다.

Russell, F. S. and Yonge, C. M. *The Seas*. London, Frederick Warne and Co., 1928. pp. 379. 주로 생물학적 관점에서 쓴 이 책은 '바다'라는 주제를 매우 포괄적으로 다룬다.

Sverdrup, H. U., Fleming, Richard, and Johnson, Martin W. *The Oceans*. New York, Prentice-Hall, Inc., 1942. pp. 1087. 현대의 해양학 교과서로 인정받는 책이다.

바다 관련 정보를 다룬 책 가운데 읽을 만한 것으로는 (미국 바깥 해역의 경우) 미국 수로국의 항해 지침서, (미국 연안 해역의 경우) 미국 해안측지국의 연안 항해 안내서를 추천한다. 이들 책에는 세계의 해안 지대와 연안 해역에 관한 소상한 설명뿐 아니라 빙하, 바다 얼음, 폭풍우, 바다 안개에 관한 매혹적인 정보가 가득 실려 있다. 어떤 책은 각 지역의 지리적 특색을 담고 있기도 하다. 인적이 드물고 접근하기 까다로운 외딴 해안을 다룬 글은 특히나 흥미롭다. 발행 기관에서 책을 구입할 수 있을 것이다. 영국 해군성(British Admiralty)을 비롯해 대다수 해양 국가의 관련 기관도 비슷한 시리즈를 발간하고 있다.

바다 생물과 환경의 관련성

Hardy, Alister. *The Open Sea*. Part Ⅰ, The World of Plankton, Boston, Houghton Mifflin Co., 1956. pp. 335. Part Ⅱ, *Fish and Fisheries*, Boston, Houghton Mifflin Co., 1959, pp. 322. 해양생물학을 연구한 1부와 2부는 우선 연안 해역을 넘어선 진짜배기 바다에서 살아가는 거의 알려지지 않은 바다 생물과 이들을 먹고 사는 물고기에 대해 기술한다.

Hesse, Richard, Allee, W. C., and Shmidt, Karl P. *Ecological Animal Geography*. New York, John Wiley and Sons(2nd Ed., 1951). pp. 597. 살아 있는 생명체와 이들이 환경과 맺고 있는 복잡한 관계를 잘 보여주는 빼어난 책이다. 바다 광물에 대해 풍부하게 다루며, 바다 동물을 설명하는 데 책의 4분의 1가량을 할애한다.

Murphy, Robert Cushman. *Oceanic Birds of South America*. New York, Macmillan, 1948. pp. 1245. 2 vols(첫 판은 1936년 미국자연사박물관에서 출간). 바다와 새의 관련성, 바다 동식물과 환경의 관련성을 이해하고자 하는 이들에게 적극 추천한다. 거의 알려지지 않은 해안과 섬에 대해 다루는 이 책은 한 번 잡았다 하면 놓기 힘들 만큼 잘 읽힌다. 광범위한 참고문헌 목록도 실려 있다(절판).

Wallace, Alfred Russell, *Island Life*, London, Macmillan, 1880. pp. 526. 섬에서 살아가는 생명체의 기본적인 생명 활동을 흥미진진하게 다룬다.

Yonge, C. M. *The Sea Shore*. London, Collins, 1949. pp. 311. 일반 독자를 대상으로 하는 이 책에는 해안(특히 영국의 해안)에서 살아가는 동식물에 관한 매혹적이고도 권위 있는 이야기가 실려 있다(절판).

Ricketts, E. F. and Clavin, Jack. *Between Pacific Tides*. Stanford, Stanford University Press, 1948, pp. 365. 미국의 태평양 연안을 탐험할 때 필히 챙겨야 할 책이다.

탐험과 발견

Babcock, William H, *Legendary Islands of the Atlantic; a study in medieval geography*. New York, American Geographical Society, 1922. pp. 385. 초기의 바다 탐험과 멀리 떨어진 육지에 관한 연구를 다룬다(절판).

Beebe, William. *Half Mile Down*. New York, Harcourt Brace, 1934. pp. 344. 해수면 아래 800미터 지점의 바다를 직접 목격한 저자가 그곳의 광경을 생생하게 묘사한 독보적인 책이다.

Brown, Lloyd A. *The Story of Maps*. Boston, Little, Brown, 1940. pp. 397. 특히 '안식처를 찾아가는 여정(The Haven Finding Art)' 장에는 초창기 항해를 다룬 흥미로운 내용이 가득 실려 있다.

Challenger Staff. *Report on the Scientific Results of the Exploring Voyage* of H. M. S. Challenger, 1873~1876. 40 vols. 특히 1권의 1부와 2부(항해 이야기)를 참조하면 역사적인 챌린저호 탐험에 관한 흥미진진한 이야기를 접할 수 있다. 도서관을 이 잡듯 뒤져보라.

Cousteau, Jacques-Yves and Frederic Dumas, *The Silent World*. New York, Harper and Brothers, 1953. pp. 288. 바닷속에서 오랫동안 멋진 시간을 보낸 쿠스토의 경험을 공유할 수 있는 매혹적인 책이다.

Darwin, Charles. *The Diary of the Voyage of H. M. S. Beagle*(원고 편집: Nora Barlow). Cambridge, Cambridge University Press, 1934. pp. 451. 다윈이 비글호를 타고 항해하면서 실제로 적어 내려간 참신하면서도 매력적인 기록이다.

Dugan, James. *Man Under The Sea*. New York, Harper and Brothers, 1956. pp. 332. 지난 5000년 동안 인간이 바닷속을 탐사해온 역사를 흥미진진하게 정리해놓은 유익한 책이다.

Heyerdahl, Thor. *Kon-Tiki*. Chicago, Rand McNally & Co., 1950. pp. 304. 허술하기 짝이 없는 뗏목을 타고 태평양을 건너간 6명의 현대판 바이킹 모험 여행. 바다를 다룬 걸작으로 꼽기에 조금도 손색이 없다.

지구와 바다의 역사

Brook, C. E. P. *Climate Through the Ages*. New York, McGraw-Hill, 1949. pp. 395. 과거의 기후 변화를 명료하고 읽기 쉽게 풀어놓은 책이다(절판).

Coleman, A. P. *Ice Ages, Recent and Ancient*. New York, Macmillan, 1926. pp. 296. 홍적세와 그 이전 시기의 빙하기를 다룬 책이다(절판).

Daly, Reginald. *The Changing World of the Ice Age*. New Haven, Yale University Press, 1934. pp. 271. 신선하고, 흥미롭고, 정열적으로 주제를 다룬다. 지질학적 배경 지식이 있다면 훨씬 더 쉽게 읽을 수 있다(절판).

Our Mobile Earth, New York, Charles Scribner's Sons, 1926. pp. 342. 일반인을 독자층으로 하는 이 책은 지구의 발전 역사를 빼어나게 묘사한다(절판).

Hussy, Russell C. *Historical Geology: The Geological History of North America*.

New York and London, McGraw-Hill, 1947. pp. 465(절판). Miller, William J. *An Introduction to Historical Geology, with Special Reference to North America*. New York, D. Van Nostrand Co., 6th Ed. 1952. pp. 499. Schuchert, Charles, and Dunbar, Carl O. *Outlines of Historical Geology*. New York, John Wiley and Sons, 1941. pp. 291. 세 책 모두 일반 독자를 위해 매혹적인 주제에 관한 개념을 훌륭하게 전달한다. 저자들의 각기 다른 논의를 통해 나름의 이득을 얻을 수 있다.

Shepard, Francis P, *Submarine Geology*. New York, Harper and Brothers, 1948. pp. 348. 여전히 개척 단계인 해저지질학 분야의 첫 번째 교과서다.

바다를 다룬 빼어난 산문

여기서 소개한 책은 끊임없이 달라지는 변화무쌍한 바다의 특성을 다양하게 포착하고 있다. 다들 내가 정말이지 좋아하는 책이다.

Beston, Henry. *The Outermost House: A Year of Life on the Great Beach of Cape Cod*. New York, Rinehart and Company, 1949. pp. 222.

Conrad, Joseph. *The Mirror of the Sea*. New York, Doubleday, Anchor Books, 1960. pp. 304〔콘래드의 《사적인 기록(A Personal Record)》과 합본〕.

Hughes, Richard. *In Hazard*. New York, Harper and Brothers, 1938, pp. 279 〔1943년 Penguin Books에서도 출간〕.

Melville, Herman, *Moby Dick*(Modern Library, New American Library, Pocket Books를 비롯해 수많은 판본이 있다).

Nordhoff, Charles, and Hall, James Norman. *Men Against the Sea*. Boston, Little, Brown, 1934. pp. 251(1946년 Pocket Books에서도 출간).

Tomlinson, H. M. *The Sea and the Jungle*. New York, Modern Library, 1928. pp. 332. Paper: Dutton(Everyman).

'후기'에서 논의한 주제에 관해 좀더 소상하게 알고 싶으면 아래의 책들 참조.

해저의 확장

Kennett, J. *Marine Geology*. Englewood Cliffs, Prentice-Hall, 1982. 학생들에게 해양지질학이라는 방대한 주제를 소개하기에 더없이 좋은 교과서다.

Scientific American. *Ocean Science*. San Francisco, W. H. Freeman, 1977. 바다에 관해 알고 싶은, 교육받은 비전문가들이 읽으면 좋다.

전 지구적 온도 조절 장치

Dansgaard, W., J. W. C. White, and S. J. Johnsen. "The abrupt termination of the Younger Dryas climate event," *Nature*. vol 339, 1989. pp. 532-535. 마지막 빙하기 말엽의 급격한 기후 변화를 전문적으로 다룬 짤막한 논문이다.

Houghton, R. A. and G. M. Woodwell. "Global climatic change," *Scientific American*. vol 260, 1989. pp. 36-44. 화석 연료 연소와 삼림 벌채가 세계 기후에 미치는 영향을 다룬 글이다.

Imbrie, John, and Katherine Palmer Imbrie, *Ice Ages: Solving the Mystery*. Short Hills, Enslow Publishers, 1979. 빙하기 관련 천문학 이론을 역사적으로 개괄한 책이다.

Jones, P. D., T. M. L. Wigley, and P. B. Wright. "Global temperature variations between 1861 and 1984," *Nature* vol 322, 1986. pp. 430-434. 20세기의 지구 온난화를 다룬 전문적인 논문이다.

멸종

Stanley, S. M. *Extinction*. New York: Freeman, 1987.

동물의 이주와 유생 이동

Childress, R. J. and M. Trim. *Pacific Salmon*. University of Washington Press, 1979. 태평양 연어의 이주 등 생명 활동 전반을 다루는 대중서로, 아름다운 삽화가 실려 있어 이해에 도움을 준다.

Harden Jones, F. R. *Fish Migration*. London: Edward Arnold, 1968.

Strathman, R. R. "Feeding and nonfeeding larval development and life-history evolution in marine invertebrates," *Annual Review of Ecology and Systematics*, vol 16, 1985, pp. 339-361. 바다 무척추동물의 유생이 발달·분산하는 특성을 다룬 전문적인 논문이다.

산호초

Birkeland, C. "The Faustian traits of the crown-of-thorns starfish," *American Scientist*, vol 77, 1989. pp. 154-163.

Levinton, J. S. 1982. *Marine Ecology*. Englewood Cliffs, Prentice-Hall, 1982. 20장과 21장에서 산호초의 생명 활동을 다룬다.